计算机应用基础实训指导

——非电子信息类专业适用（非零起点）

高立军 主编

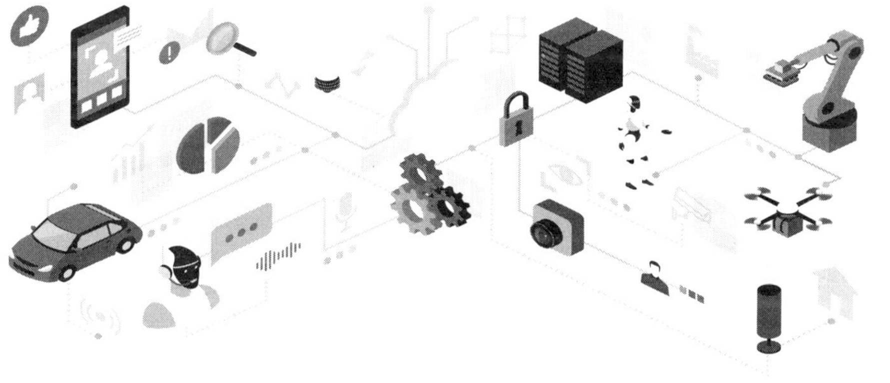

清华大学出版社
北京

内容简介

本书以“信息处理过程”为主线，以 Windows 7 和 Office 2010 为主要工具，内容共包含 8 个单元：信息技术与计算机、信息获取与数字化、信息管理与人机沟通——Windows 7 操作系统应用、网络技术与信息安全、图文信息处理技术、信息统计与分析、多媒体信息处理、信息展示与发布。

本书引入全国计算机等级考试(一、二级)和全国计算机信息高新技术考试的有关模块作为课后习题，既能达到课后自学、巩固所学知识的目的，又可以加强学生通过计算机相关等级考试的能力。

本书既可以作为高等院校和高等职业学院非电子信息类专业的计算机公共基础课的教材，也可以作为全国计算机等级考试(一、二级)和全国计算机信息高新技术考试的参考用书，还可以作为计算机应用培训教材。

图书在版编目(CIP)数据

计算机应用基础实训指导 ：非电子信息类专业适用：非零起点/高立军主编. —北京：清华大学出版社，2020. 8

ISBN 978-7-302-52233-1

Ⅰ. ①计…　Ⅱ. ①高…　Ⅲ. ①电子计算机－高等学校－教学参考资料　Ⅳ. ①TP3

中国版本图书馆 CIP 数据核字(2019)第 015010 号

责任编辑：刘翰鹏
封面设计：刘艳芝
责任校对：李　梅
责任印制：宋　林

出版发行：清华大学出版社
网　　址：http://www.tup.com.cn，http://www.wqbook.com
地　　址：北京清华大学学研大厦 A 座　　**邮　　编**：100084
社 总 机：010-62770175　　**邮　　购**：010-62786544
投稿与读者服务：010-62776969，c-service@tup.tsinghua.edu.cn
质量反馈：010-62772015，zhiliang@tup.tsinghua.edu.cn
课件下载：http://www.tup.com.cn，010-83470410
印 装 者：三河市少明印务有限公司
经　　销：全国新华书店
开　　本：185mm×260mm　　**印　　张**：16.25　　**字　　数**：374 千字
版　　次：2020 年 8 月第 1 版　　**印　　次**：2020 年 8 月第1 次印刷
定　　价：39.00 元

产品编号：081101-01

前　言

当前，随着信息技术在社会发展中占据越来越重要的地位，人类社会已经完全进入了信息化时代。掌握信息技术、学会利用信息资源已经成为现代人必备的基本素质。计算机是信息处理的核心工具，它帮助人们处理工作、生活中的各种问题，因此，掌握计算机的基本知识、基本操作，已经成为当代大学生的一门必修课。

本书作为清华大学出版社组织编写的计算机应用基础系列教材之一，主要面向高等院校和高等职业学院非电子信息类专业的学生。本书编写以"信息处理过程"为主线，以 Windows 7 和 Office 2013 为主要工具，内容共包含 8 个单元：信息技术与计算机、信息获取与数字化、信息管理与人机沟通——Windows 7 操作系统应用、网络技术与信息安全、图文信息处理技术、信息统计与分析、多媒体信息处理、信息展示与发布。

本书特色如下。

(1) 关注学生学习基础，重视衔接，凸显大学计算机基础教育特点。

本书根据高等学校专科层次对学生计算机能力的要求选择和组织内容，与高中阶段课程进行有效衔接。在每个单元学习开始之前设置"能力自测"模块，对学生掌握计算机知识的情况进行评估，帮助教师充分掌握学生的学习状况，便于进行分类教学。

(2) 融合信息处理理念，按照信息处理的流程安排教材结构。

本书按照信息的获取、加工、处理、存储、表达、展示、发布、加密等流程安排知识内容，帮助学生在学习过程中逐渐形成信息处理的核心能力。

(3) 遵循职教规律，以目标为引领，注重技能培养。

本书以案例为主线，根据每个任务要培养的技能提出明确的任务目标，并给出具体的操作步骤，使学生在学习时更有针对性，有利于增强其学习兴趣，提高其学习效率。

(4) 教学过程与取证相结合，增加教学内容的广度，使学习目标更加明确。

本书引入全国计算机等级考试(一、二级)和全国计算机信息高新技术考试的有关模块作为课后习题，既能达到课后自学、巩固所学知识的目的，又可以加强学生通过计算机相关等级考试的能力。

(5) 提供多类型课件,达到辅教辅学的目的。

本书提供课程教学 PPT、案例操作过程视频等,一方面辅助教师开展教学;另一方面可以帮助学生完成课前预习、课后复习,达到辅教辅学的目的。

本书由北京信息职业技术学院高立军担任主编,由北京经济管理职业学院刘森晶、邹勤、马雪梅,北京工业职业技术学院贾民政,北京北大方正软件职业学院毛俊婵,北京培黎职业学院何元娇,北京信息职业技术学院杨学瑜共同编写。其中,第 1 单元由高立军编写,第 2 单元由刘森晶编写,第 3 单元由邹勤编写,第 4 单元由贾民政编写,第 5 单元由毛俊婵编写,第 6 单元由何元娇编写,第 7 单元由马雪梅编写,第 8 单元由杨学瑜编写。本书在编写过程中得到了计算机界、职业教育领域、企业行业专家的指导,在此表示诚挚的感谢!

由于编者的学识水平有限,书中难免存在不足之处,恳请读者批评指正。

编　者

2020 年 2 月

目 录

第1单元 信息技术与计算机

学习目标

(1) 了解信息素养相关的概念和内涵。
(2) 了解计算机的基本概念和分类。
(3) 掌握计算机的五大功能部件。
(4) 理解计算机系统的层次结构。
(5) 掌握常用工具软件的安装。
(6) 掌握微型计算机外部设备的功能和特点。

1.1 能力自测

1. 知识水平测评

结合以往对计算机知识的了解,在20分钟内回答以下问题。
(1) 请解释主机、CPU、运算器、存储器和系统软件的含义。
(2) 你知道现在常用的CUP有哪些品牌?能说出它们的优势吗?

2. 技能水平测评

(1) 将主机与外设(键盘、鼠标、显示器等)进行连接,连接后加电测试整机。
(2) 将计算机与投影仪连接,并展示一个文档。

1.2 学习指南

1. 知识要点

信息技术与计算机
知识要点.pdf

2. 技能指南

连接主机与外设步骤如下。

(1) 连接鼠标与键盘的接口。

(2) 连接显示器的数据线。

(3) 连接显示器的电源线。

(4) 连接声卡接口。

(5) 连接主机的电源线。

(6) 加电测试整机。

1.3 实验指导

实验:微型计算机的装配与连接

1. 实验目的

(1) 熟悉微型计算机的硬件组成与配置。

(2) 熟练掌握微型计算机主机与主要输入/输出设备的连接方法。

2. 实验内容

(1) 仔细观察微型计算机的主机、显示器、键盘和鼠标等几个组成部分。

(2) 连接主机与主要输入/输出设备。

3. 实验步骤

1) 观察机箱内部结构

在教师的指导下,打开计算机机箱,查看机箱内部结构(图 1-1)、主板结构(图 1-2)和机箱外部接口(图 1-3)。

2) 连接微型计算机各个部件

要使用计算机,先要把键盘、鼠标、显示器、音箱等外设同主机连接起来,具体操作步骤如下。

(1) 连接键盘和鼠标。目前市场上常见的键盘和鼠标有 PS/2 和 USB 两种接口。如果是 PS/2 接口,则将键盘插头接到主机背面的紫色 PS/2 插孔上;鼠标插头接到主机背面的绿色 PS/2 插孔上。如果是 USB 接口,只需要将该接口插入机箱上的 USB 接口。

(2) 连接显示器的数据线。不论是 VGA 接口还是 HDMI 接口,显示信号线的连接都有方向,连接时要注意插孔的方向。在连接显示器的信号线时不要用力过猛,以免损坏插头中的针脚,只要把信号线插头轻轻插入显卡的插座中,VGA 接口需要拧紧插头上的两颗固定螺栓。

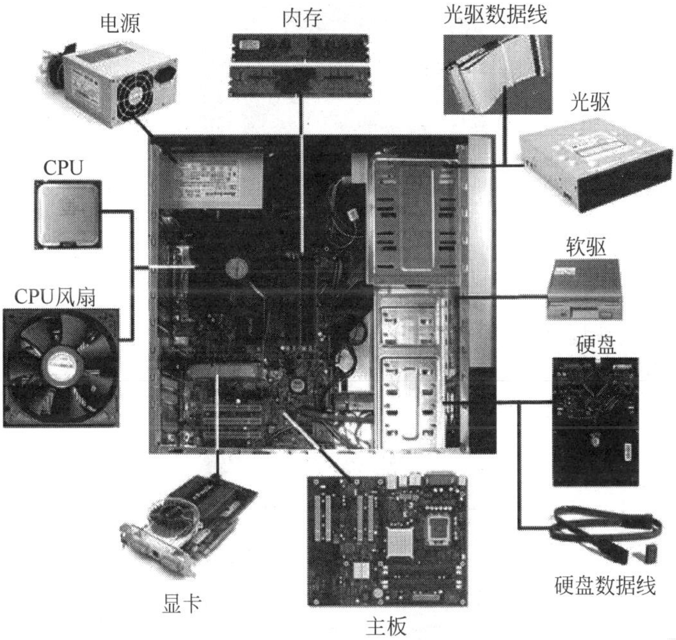

图 1-1　机箱内部结构

图 1-2　主板结构

(3) 连接显示器的电源线。根据显示器的不同,有的将电源连接到主板电源上,有的则直接连接到电源插座上。

(4) 连接声卡的接口。声卡后部的接口一般注明了各个插孔的用途,一般包括绿色的音箱/耳机接口、红色的麦克风接口、蓝色的音频输入接口,以及可以连接 MIDI 设备或者游戏手柄等设备的 15 针接口。

(5) 连接主机的电源线。

现在,所有的设备都已经安装完成,可以启动计算机了。启动计算机后,可以听到 CPU 风扇和主机电源风扇转动的声音,还有硬盘启动时发出的声音。显示器开始出现开

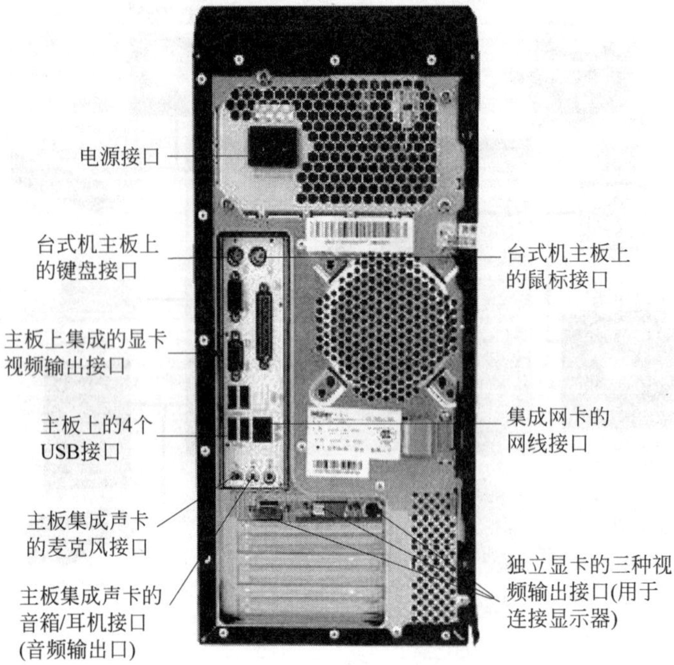

图 1-3 机箱外部接口

机画面,并且进行自检。

如果在启动中显示器没有显示正常的开机画面,或者主板蜂鸣器发出报错声响,可以按照下面的方法查找原因所在。

(1) 确认给主机电源供电。

(2) 确认主板已经供电。

(3) 确认 CPU 安装正确,CPU 风扇通电。

(4) 确认内存安装正确并且内存功能正常。

(5) 确认显卡安装正确。

(6) 确认显示器与显卡连接正确,并且显示器通电。

要使计算机运行起来,还需要进行硬盘的分区和格式化,然后安装操作系统及显卡、声卡等驱动程序。

1.4 习题精解

1. 选择题

(1) 世界上第一台电子计算机是 1946 年在美国研制的,其名称的缩写是( )。

A. ENIAC　　B. MARII　　C. EDSAC　　D. EDVAC

答案:A

解析：1946 年 2 月，世界上第一台电子计算机 ENIAC（Electronic Numerical Integrator And Calculator，电子数字积分计算机）在美国宾夕法尼亚大学诞生，它的出现具有划时代的意义。

（2）计算机最早的应用领域是（　　）。

A. 过程控制　　B. 数值计算　　C. 人工智能　　D. 信息处理

答案：B

解析：计算机的应用领域有科学计算、数据处理、实时控制、计算机辅助设计等，但是电子计算机的特长是高速度、高精度地计算复杂的数学问题，所以数值计算是计算机最早的应用领域。

（3）基于冯·诺依曼的“程序存储”设计思想设计的计算机硬件系统包括（　　）。

A. 主机、输入设备、输出设备

B. 控制器、运算器、存储器、输入设备、输出设备

C. 主机、存储器、显示器

D. 键盘、显示器、打印机、运算器

答案：B

解析：美籍匈牙利数学家冯·诺依曼与美国宾夕法尼亚大学莫尔电气工程学院的莫奇利小组合作，在他们研制的 ENIAC 的基础上提出了一个全新的存储通用电子计算机的方案，即 EDVAC 计算机方案。在该方案中，冯·诺依曼提出计算机应包括运算器、控制器、存储器、输入设备及输出设备五大部件。

（4）第四代计算机使用的逻辑器件是（　　）。

A. 晶体管　　B. 中小规模集成电路

C. 电子管　　D. 大规模及超大规模集成电路

答案：D

解析：根据计算机所采用的逻辑器件（电子器件）的不同，可以将计算机的发展划分为四个阶段，第一代计算机到第四代计算机分别采用电子管、晶体管、中小规模集成电路、大规模和超大规模集成电路作为主要的逻辑器件。

（5）下列各存储器中，存取速度最快的是（　　）。

A. 内存储器　　B. CD-ROM　　C. 硬盘　　D. 软盘

答案：A

解析：内存的特点是容量小，存取速度快，可直接与 CPU 和输入设备交换信息。外存的特点是容量大，存取速度慢，只能通过内存与 CPU 和输入/输出设备交换信息。

（6）能直接与 CPU 交换信息的存储器是（　　）。

A. 软盘存储器　　B. CD-ROM　　C. 硬盘存储器　　D. 内存储器

答案：D

解析：内存储器是 CPU 根据地址总线直接寻址的存储空间，由半导体器件制成。外存储器不能与 CPU 直接交换数据，必须通过内存与 CPU 交换数据。

（7）有关微型计算机系统总线描述正确的是（　　）。

A. 地址总线是单向的，数据总线和控制总线是双向的

B. 控制总线是单向的,数据总线和地址总线是双向的

C. 控制总线和地址总线是单向的,数据总线是双向的

D. 三者都是双向的

答案:A

解析:总线由一组导线和相关控制电路组成,是各种公共信号线的集合,用于微型计算机系统各部件之间的信息传递。总线包括用于传送数据的数据总线、传送地址信息的地址总线和传送控制信息的控制总线。数据总线用于传输数据信息,是双向总线,CPU 既可以通过数据总线从内存或输入设备输入数据,也可以通过数据总线将内部数据送至内存或输出设备。地址总线用于传送 CPU 发出的地址信息,是单向总线。控制总线用于传送控制信号、时序信号、状态信息等,有的是 CPU 向内存和外设发出的信息,有的则是内存或外设向 CPU 发出的信息,但控制总线作为一个整体是双向的。

(8) 下列设备中,可以作为计算机输入设备的是(　　)。

A. 显示器　　B. 打印机　　C. 绘图仪　　D. 鼠标

答案:D

解析:常见的输入设备有键盘、鼠标、扫描仪、麦克风、摄像机等,常见的输出设备有显示器、打印机、绘图仪等。

(9) 以下设备中,既可作为输入设备,又可作为输出设备的是(　　)。

A. 触摸屏　　B. 打印机　　C. 鼠标　　D. 扫描仪

答案:A

解析:触摸屏是输入设备,通过触碰屏幕可以发出指令。触摸屏也是输出设备,屏幕会输出结果。

(10) 字长是 CPU 的主要性能指标之一,它表示(　　)。

A. CPU 一次能处理二进制数据的位数

B. CPU 最长的十进制整数的位数

C. CPU 最大的有效数字位数

D. CPU 计算结果的有效数字长度

答案:A

解析:一般来说,计算机在同一时间内处理的一组二进制数称为一个计算机的字,而这组二进制数的位数就是字长。

2. 简答题

(1) 内存与外存有哪些相同点和不同点?

答案:内存的存储速度较快、容量小,直接与 CPU 连接,是计算机中主要的工作存储器。当前运行的程序与数据存放在内存中,属于临时存储器。

外存的存取速度较慢,但容量很大,不能被 CPU 直接访问。计算机执行程序和加工处理数据时,外存中的信息先送入内存后才能使用,即计算机通过外存与内存不断交换数据的方式使用外存中的信息,属于永久性存储器。常见的外存设备有硬盘、光盘等。

(2) 计算机的主要性能指标有哪些?

答案：计算机的性能涉及体系结构、软硬件配置、指令系统等多种因素。一般来说，主要有下列技术指标：字长、运算速度、时钟频率（主频）、存储容量、外部设备配置、软件配置、系统的兼容性、系统的可靠性和可维护性、性价比等。

（3）简述“程序存储”原理的内容。

答案：冯·诺依曼提出的“程序存储”原理包含以下思想。

① 计算机应包括运算器、控制器、存储器、输入设备及输出设备五大基本部件。

② 计算机程序运行所需要的数据以二进制形式存放在计算机的存储器中。

③ 将编写完成的程序送入内存，然后启动计算机工作，计算机不需要操作人员干预，能自动逐条读取指令和执行指令。

冯·诺依曼设计思想最重要之处在于明确地提出了“程序存储”的概念，其全部设计思想实际上是对“程序存储”概念的具体化。

（4）新一代信息技术包括哪些技术（或领域）？特点是什么？

答案：新一代信息技术是指以物联网、云计算、大数据、人工智能为代表的新兴技术。特点如下：

① 万物都能互联；

② 集中处理信息；

③ 数据技术成为主流；

④ 跨界融合催生智能产品和智能化服务。

1.5　综合任务

1.5.1　任务：信息素养训练

任务：信息素养训练.pdf

1.5.2　任务：个人计算机的选配

1. 任务目的

掌握计算机硬件组成与性能评价指标。

2. 任务要求

选购用于影视动画制作的计算机硬件并进行合理配置，价格在 8000～15000 元。

3. 任务分析

本任务旨在考查学生对计算机系统的组成及性能指标的理解。计算机硬件购置应先经过互联网了解行情,然后根据个人计算机用途和资金列出购置清单,选择符合实际需求的硬件。

4. 步骤提示

(1) 根据个人计算机的用途,确定个人需求,包括计算机用于何种类型的影视动画制作,可以接受的价格等。

(2) 了解计算机系统的组成及各配件的主要技术指标。

(3) 查询计算机硬件行情。通过专门的网站或相关论坛,了解计算机的品牌、配置、性能和报价等行情信息。

(4) 确定选购方案。选购价格为 8000～15000 元的组装机,填写表 1-1,给出理由与评价。

表 1-1 计算机配置清单

配件名称	配 件 型 号	单价/元
CPU		
主板		
内存		
显示器		
显卡		
硬盘		
光驱		
电源		
机箱		
鼠标		
键盘		
其他		
总 价		

1.6 考 证 辅 导

1. 全国计算机等级考试考证辅导

1) 考试要求

一级考试的基本要求为: ①具有微型计算机的基础知识(包括计算机病毒的防治常识); ②了解微型计算机系统的基本功能和作用,掌握 Windows 的基本操作和应用。

一级考试的考试内容包括: 计算机的发展、类型及其应用领域。

二级考试的基本要求为: 掌握计算机基础知识及计算机系统组成。

二级考试的考试内容包括：①计算机的发展、类型及其应用领域；②计算机软硬件系统的组成及主要技术指标。

2）模拟练习

(1) 美国的第一台电子数字计算机诞生于(　　)。

A. 1936 年　　B. 1946 年　　C. 1952 年　　D. 1959 年

答案：B

解析：世界上第一台电子计算机是 1946 年 2 月诞生的 ENIAC。

(2) 以微处理器为核心组成的微型计算机属于(　　)计算机。

A. 第一代　　B. 第二代　　C. 第三代　　D. 第四代

答案：D

解析：微型计算机(简称微机或 PC)是 1971 年出现的，属于第四代计算机。它的一个突出特点是将运算器和控制器集成在一块芯片上，称为微处理器。

(3) 冯·诺依曼在他的 EDVAC 计算机方案中，提出了两个重要的概念，它们是(　　)。

A. 采用二进制和存储程序控制的概念

B. 引入 CPU 和内存储器的概念

C. 机器语言和十六进制

D. ASCII 编码和指令系统

答案：A

解析：冯·诺依曼在研制 ENIAC 的基础上提出了一个全新的存储程序通用电子计算机方案(EDVAC 方案)，主要包括两个重要的概念：一是在计算机内部，程序和数据采用二进制代码表示；二是把程序和处理问题所需的数据，均以二进制编码形式预先按一定顺序存放到计算机的存储器中，即提出了存储程序的概念。

(4) 个人计算机属于(　　)。

A. 微型计算机　　B. 小型计算机　　C. 小巨型机　　D. 中型计算机

答案：A

解析：计算机分为巨型机、大型通用机、微型计算机、工作站和服务器。个人计算机属于微型计算机。

(5) 计算机的发展方向是微型化、巨型化、智能化和(　　)。

A. 模块化　　B. 系列化　　C. 网络化　　D. 功能化

答案：C

解析：计算机的发展趋势是巨型化、微型化、网络化和智能化。

(6) 中央处理器 CPU 包括(　　)。

A. 控制器和运算器　　B. 控制器、运算器和内存储器

C. 内存储器和控制器　　D. 内存储器和运算器

答案：A

解析：中央处理器主要包括运算器和控制器两大部分。

(7) 计算机中运算器的作用是(　　)。

A. 控制数据的输入/输出

B. 控制主存储器与辅存储器间的数据交换

C. 协调和指挥整个计算机系统的操作

D. 完成各种算术运算和逻辑运算

答案:D

解析:运算器是计算机中执行各种算术运算和逻辑运算的部件。

(8) 下列说法中,正确的是(　　)。

A. 硬盘是唯一的外部存储设备

B. U 盘的容量远大于硬盘的容量

C. 光盘的容量远远小于硬盘的容量

D. 硬盘的存取速度比软盘的存取速度慢

答案:C

解析:常见的外存储器有硬盘、U 盘和光盘等。硬盘是微型计算机上主要的外部存储设备,它的存储容量远大于 U 盘和光盘,存取速度也比 U 盘和光盘快。

(9) 内存的大部分由 RAM 组成,其中存储的数据在断电后(　　)丢失。

A. 不会　　B. 部分　　C. 完全　　D. 不一定

答案:C

解析:RAM 有两个特点,一个是可读/写性,一个是易失性,即电源断开后,RAM 中的内容立即丢失。

(10) ROM 是指(　　)。

A. 存储器规范　　B. 随机存储器

C. 存储器内存　　D. 只读存储器

答案:D

解析:ROM 的全称是 Read Only Memory,即只读存储器。

(11) 条码阅读器属于(　　)。

A. 计算设备　　B. 输入设备　　C. 存储设备　　D. 输出设备

答案:B

解析:条码阅读器是用于读取条形码所包含的信息的一种设备。在计算机输入/输出设备中属于输入设备。

(12) 计算机系统是由(　　)组成的。

A. 主机及外部设备　　B. 主机、键盘、显示器和打印机

C. 系统软件和应用软件　　D. 硬件系统和软件系统

答案:A

解析:计算机系统由硬件系统和软件系统组成。硬件系统由主机和外部设备组成,软件系统由系统软件和应用软件组成。

(13) 计算机的软件系统分为(　　)。

A. 程序和数据　　B. 工具软件和测试软件

C. 系统软件和测试软件　　D. 系统软件和应用软件

答案：D

解析：计算机软件分为系统软件和应用软件两大类。

(14) 以下属于高级语言的有(　　)。

A. 汇编语言　　B. C 语言　　C. 机器语言　　D. 以上都是

答案：B

解析：程序设计语言分为机器语言、汇编语言和高级语言三类。常用的高级语言有 C/C++、C＃、Java、VB、Delphi 等。

(15) 高级语言编写的程序必须转换成(　　)程序，计算机才能执行。

A. 机器语言　　B. 汇编语言　　C. 中级语言　　D. 算法语言

答案：A

解析：用高级语言编写的源程序是无法被直接执行的，必须翻译成机器语言才能执行。

2. 全国计算机信息高新技术考试考证辅导

此部分内容在全国计算机信息高新技术考试中不涉及。

第2单元　信息获取与数字化

本单元的学习旨在帮助读者掌握新时代、新时期的信息获取和处理方式。信息可以是字符、数字、文字，也可以是图像、声音、动画、视频等。读者可以运用计算思维与互联网思维结合专业特色学习信息的获取途径和加工方法，针对专业特点选取有效信息，并对信息进行识别、加工、处理与存储。

学习目标

运用计算思维与互联网思维结合专业特色找到信息获取的方法、途径，选取有效信息，并对信息进行识别与处理。

(1) 信息的分类与文件存储命名。

(2) 获取信息的思路与有效信息的获取。

(3) 信息的类型及主要格式。

2.1　能力自测

1. 知识水平测评

在20分钟内回答以下问题。

(1) 你知道如何输入特殊字符(如√、∴)吗？

(2) 对图片信息获取的方式有哪些？

(3) 你知道如何存储优酷、土豆等视频网站中的视频吗？

(4) 你知道智能手机拍摄的视频如何上传到计算机吗？

2. 技能水平测评

(1) 新建一个Word文档，输入“赟”“琎”和特殊符号‰、§。

(2) 请将文件夹中的风景图片上传，并且可以在任意PC端、移动端的设备上下载。

(3) 跨领域、行业的信息获取与处理。

2.2　学习指南

1. 知识要点

信息数字化知识要点. pdf

2. 技能要点

1）图片的转换

实现图片格式转换最简单的方法就是利用“Windows 画图”工具实现。利用 Windows 画图工具打开相应的图片，选择“文件”|“另存为”命令，选择相应的图片格式，即可完成 JPG、GIF、BMP 以及 PNG 等图片格式转换，如图 2-1 所示。

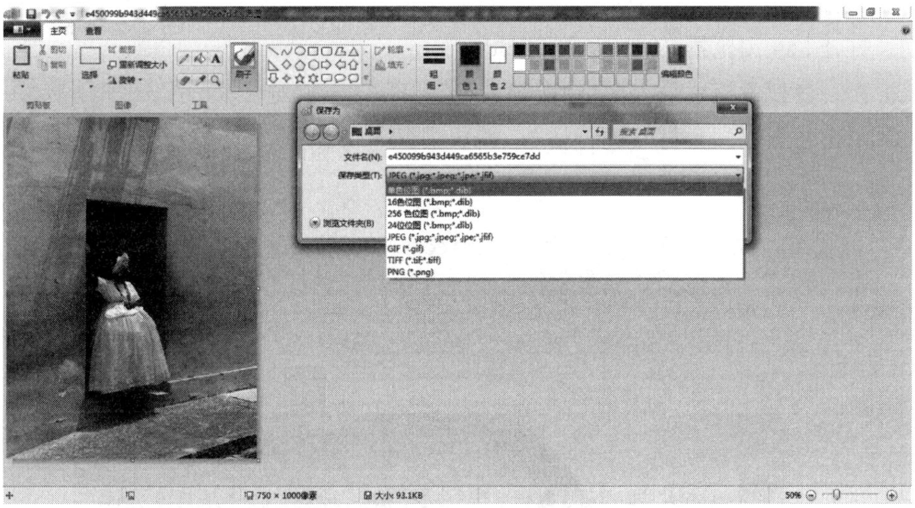

图 2-1　Windows 图画工具的存储格式

也可以使用专业图像处理软件 Photoshop 完成更多格式的转换，将格式转换成需要的作图模式，如图 2-2 所示。

2）视频的转换

视频的种类众多，应用场景也不同，因此需要借助相应的软件进行格式的转换。常用的视频格式有影像（Video）格式和流媒体（Stream Video）格式。每一种格式的文件需要有对应的播放器，如 MOV 格式文件用 QuickTime 播放，RM 格式的文件用 RealPlayer 播放。如果需要在 RealPlayer 播放器上播放 MOV 格式的文件，需要对视频进行格式转

图 2-2　Adobe Photoshop CS5 的存储格式

换。目前使用的格式转换软件有格式工厂、狸窝视频转换器、视频转换王等,这些软件都有免费版本,可以到百度中搜索下载。

视频的转换.mp4

下面按照以下操作进行视频的录制,然后完成视频格式转换。

(1) 打开 360 浏览器,输入 www.baidu.com。

(2) 在百度搜索框中输入文字“视频素材”。

(3) 单击任意视频素材并进行播放,播放视频上方出现“边播边录”,单击该插件,如图 2-3 所示。

图 2-3　360 浏览器的“边播边录”功能

（4）在 360 浏览器插件中可以看到该视频，根据需要选择“超清、高清、标清”模式，如图 2-4 所示。区域录制模式可以在屏幕上截选区域，单击“完成”按钮，最后单击红色按钮进行录制，如图 2-5 所示。

图 2-4　视频模式选择

图 2-5　视频录制区域选择

（5）在快剪辑软件中，可以看到刚才录屏的文件，在这里可以进一步对视频进行加工，如添加音乐、音效、字幕、转场等功能，如图 2-6 所示。单击“保存导出”。

（6）设置文件格式与命名。根据素材与文件的命名方法，选择相应的视频格式与导

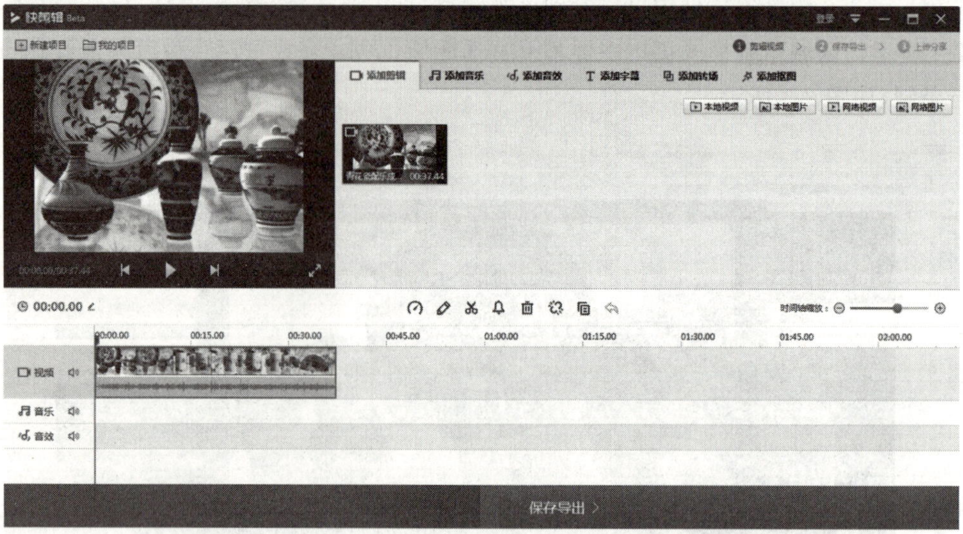

图 2-6　对录制后的视频进行编辑界面

图 2-7　开始导出

出尺寸,将文件存储在相应的项目文件夹中,单击“开始导出”,如图 2-7 所示。在图 2-8 中单击“下一步”按钮,最后导出视频。导出的视频可以进行分享与云存储,如图 2-9 所示。最后,在文件夹中检查网页截屏并导出的素材,完成该素材的收集,如图 2-10 所示。

3)信息可视化与大数据可视化

以图表的方式表达一些用户的关系、人物的关联,甚至是事情的发展,是当前大数据结合信息可视化的数据展示模式。如阿里巴巴公司在每年令人激情澎湃的“双十一”活动中,淘宝网通过数据展示的方式,生动形象地把个人消费历程一一展示给用户,酷炫的报告图表直观、形象地呈现出了消费者的消费信息与消费习惯。

图 2-8　进行下一步视频的导出

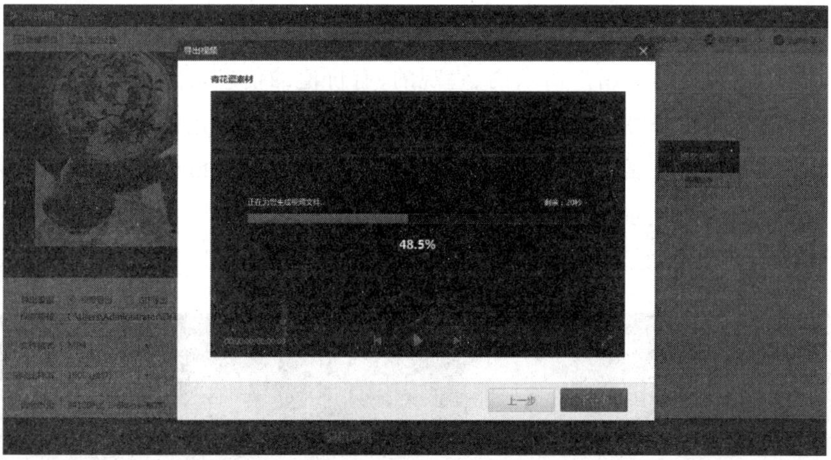

图 2-9　导出的视频可以进行分享与云存储

图 2-10　可分享、保存该视频

信息可视化是对抽象的数据进行直观视觉呈现的研究，通过利用图形图像的相关技术与方法，帮助人们理解和分析数据。

数据可视化囊括了信息可视化、信息图形、知识可视化、科学可视化以及视觉设计方面的所有发展与进步。如果对数据信息进行充分适当的组织与整理，无论其是静态的还是动态的，都将为我们提供某种方式或手段，从而帮助我们洞察其中的究竟，找出问题的答案，发现形形色色的关系，或许还能让我们理解在其他形式下不易发觉的事情。信息可视化致力于创建那些以直观方式传达抽象信息的手段和方法。可视化的表达形式与交互技术则是利用人类眼睛通往心灵深处的广阔带宽优势，使用户能够目睹、探索以至理解大量的信息。

随着大数据时代的到来，面向海量数据的信息可视化技术已经成为当前研究与实践的潮流。IBM 副总裁阿尼尔·贾因(Anil Jain)提出了大数据的 5V 特点，即 Volume(大量)、Velocity(高速)、Variety(多样)、Value(低价值密度)、Veracity(真实性)，这些特点也正是传统信息可视化模式转型为大数据可视化的挑战。如何在海量的低价值密度信息中，分析、整理、挖掘出满足用户需求的、直观的、有价值的信息，并通过人机交互的可视化手段进行呈现，是大数据可视化的一个发展趋势。大数据可视化在经济、金融、互联网、交通、教育等领域均有着非常广泛的应用前景，图 2-11 展示了 Martin Grandjean 将开源网站 OpenFlights.org 上的航班飞行数据进行可视化展示的案例，从可视化结果中可以直观地看出世界各地的机场规模、航线运力等信息。这张图还可以制作成为动态数据。

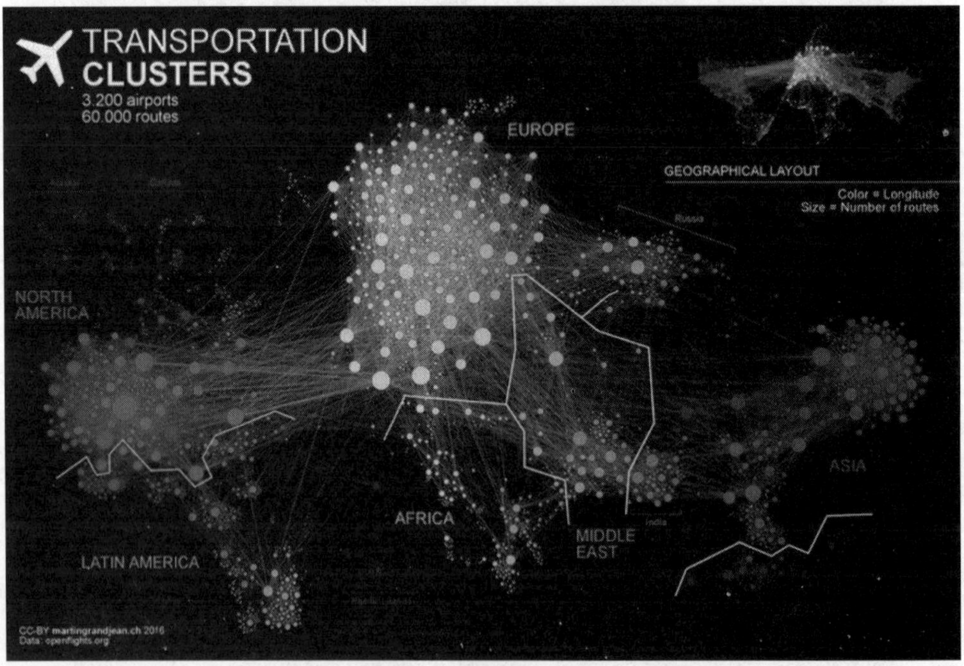

图 2-11　航班飞行数据进行可视化展示

以前要制作各种图表很多人都会选择 Flash，但是 Flash 成本较高，图表较多时很耗系统性能。随着越来越多纯 JS 框架的出现，让大家有了更多的选择，学习一些简单的编程可以帮助大家实现数据可视化效果。目前，实现大数据可视化的工具有很多，一些大型公司会自己研发大数据工具。下面通过一款由百度公司开发的大数据可视化平台——echarts(http://echarts. baidu. com)，制作一个自己满意的数据可视化效果。

信息可视化与大数据可视化. mp4

(1) 打开浏览器，输入网址 http://echarts. baidu. com/index. html。

(2) 单击上方下拉式菜单“实例”，选择“官方实例”，如图 2-12 所示。

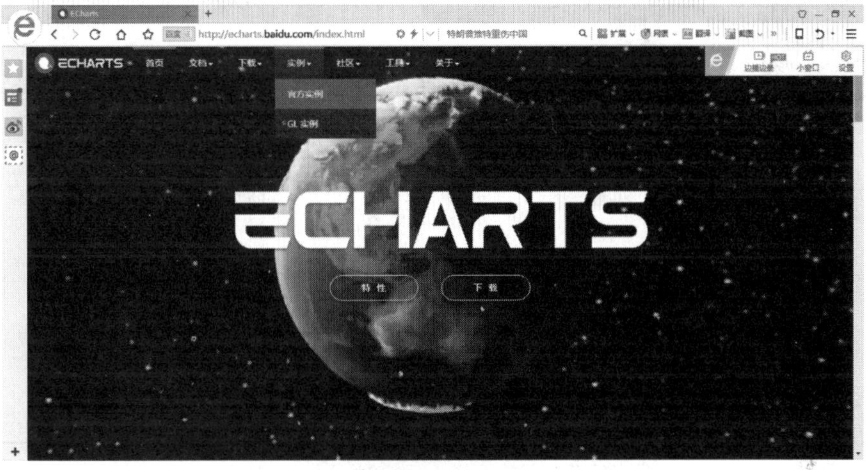

图 2-12　百度开发的数据可视化工具 echarts

(3) 左侧是数据的各种呈现方式，如图 2-13 所示。选择 Pie 饼状图，右侧出现所有饼状图的可视化效果，选择 doughnut，如图 2-14 所示。

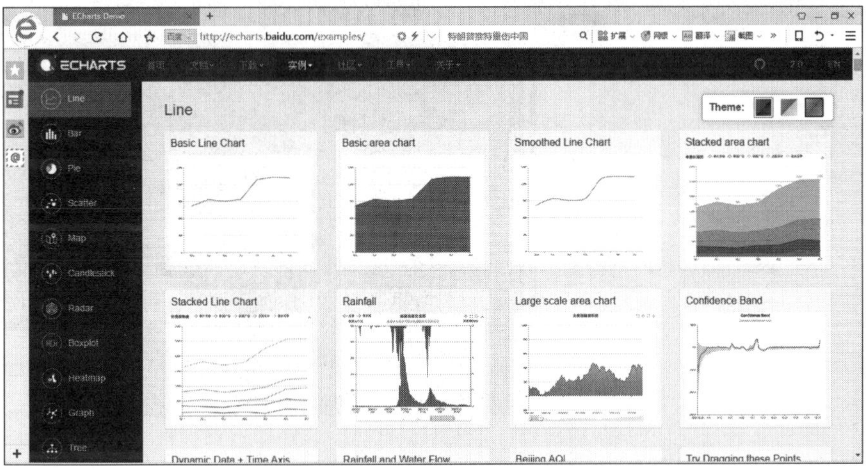

图 2-13　echarts 数据呈现方式

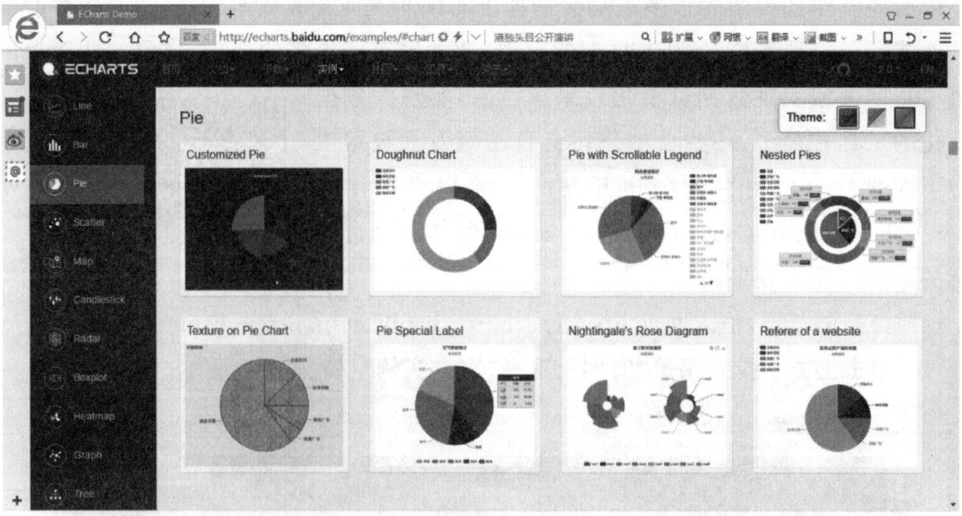

图 2-14　饼状图样式

(4) 在 doughnut 界面修改参数与数据，右侧的交互区域可以单击查看实时修改效果。

图 2-15 是根据 2014—2016 年出境旅游人数制作的动态交互数据。

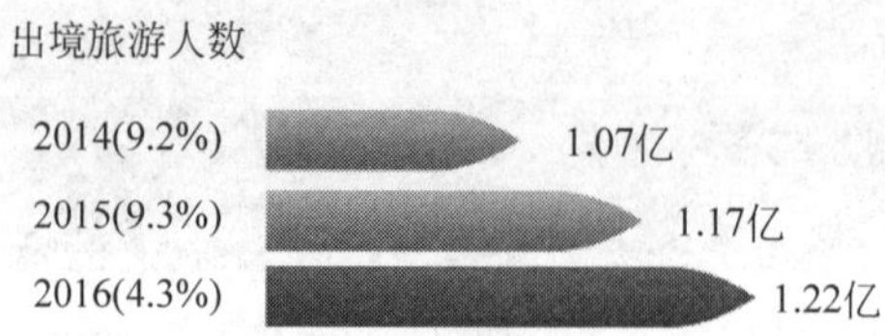

图 2-15　2014—2016 年出境旅游人数

在右侧的代码区域修改样式颜色为 dark 模式，如图 2-16 所示。

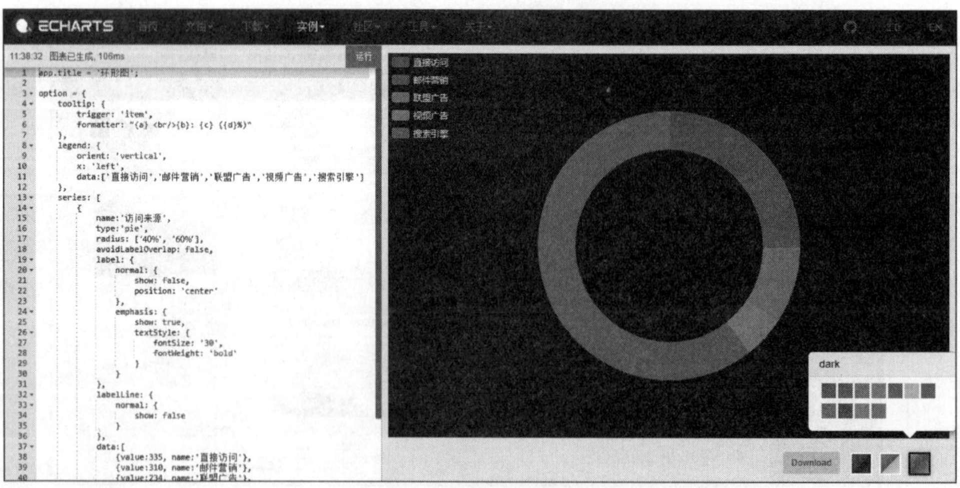

图 2-16　图形模式设定

（5）将 data：['直接访问','邮件营销','联盟广告','视频广告','搜索引擎']五个选项修改为'2016','2015','2014'。同时修改左侧命名数据，如图 2-17 所示。

```
data:[
      {value:335, name:'2016'},
      {value:310, name:'2015'},
      {value:234, name:'2014'},
      ]
```

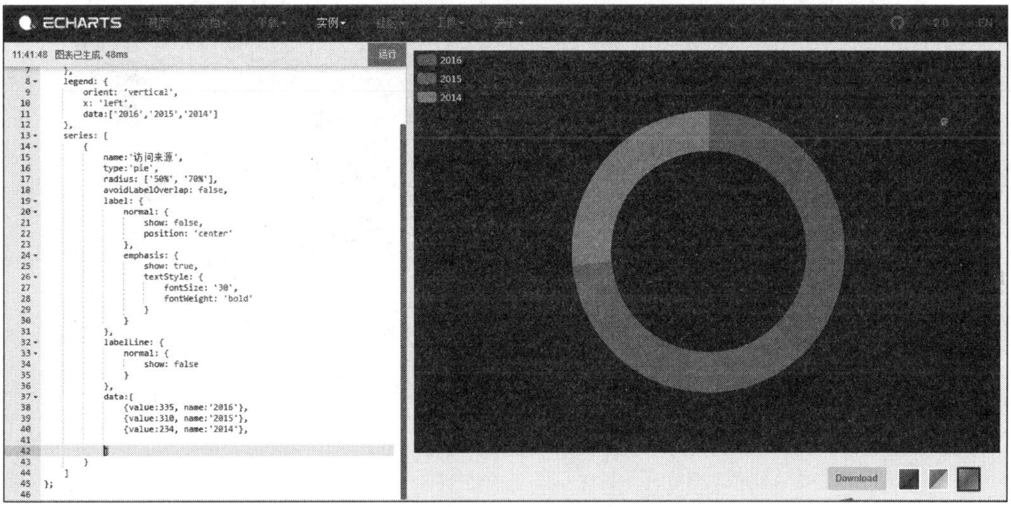

图 2-17　通过代码修改后的图形样式

（6）在 radius：['40%','60%']中修改饼图的面积，可修改为 radius：['30%','70%']，如图 2-18 所示。

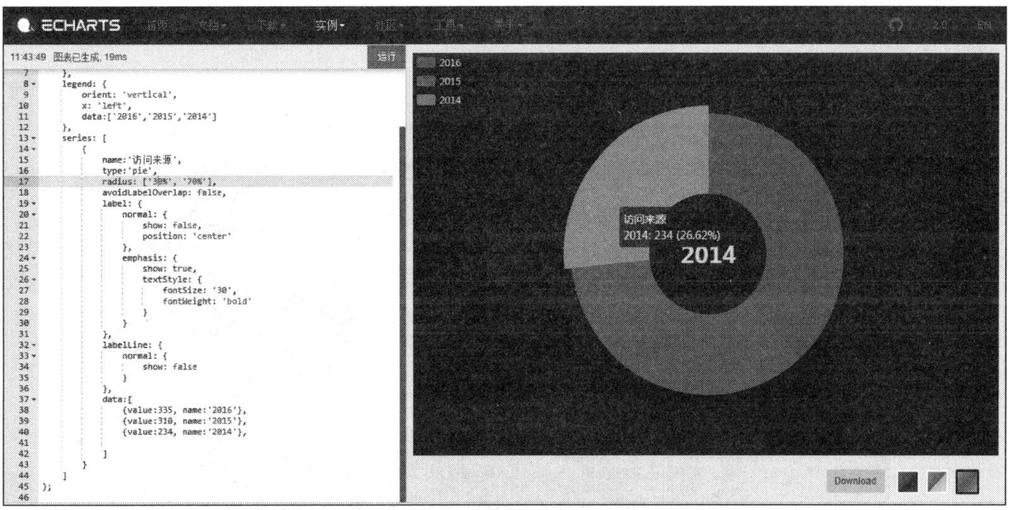

图 2-18　通过代码修改后的饼图面积

(7) 修改消费数据,将每年的消费金额输入 value 对应不同的年份中。

```
data:[
      {value:1.22, name:'2016'},
      {value:1.17., name:'2015'},
      {value:1.07, name:'2014'},
      ]
```

(8) 单击右侧 download 下载数据,进行存储,如图 2-19 所示。

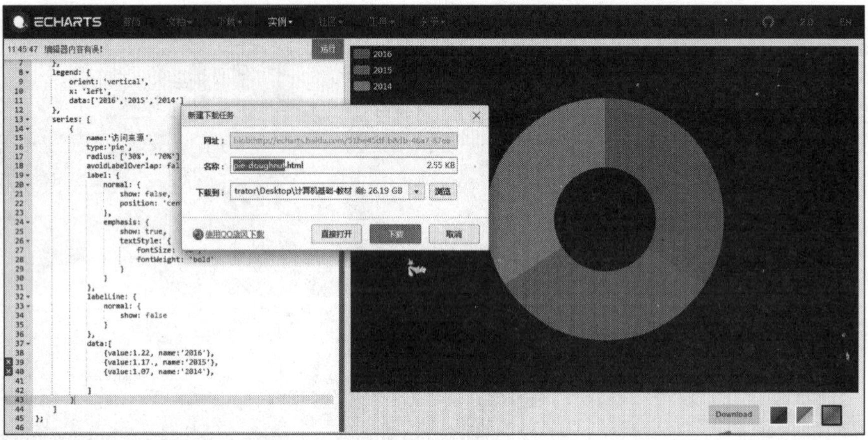

图 2-19　从平台下载数据

4) GIF 动图处理

制作 GIF 文字的动图效果.mp4

很多在线网页可以制作 GIF 动图(也叫闪图),如 http://www.uupoop.com/gif/。它融合了在线 PS、闪图制作、照片编辑等多个功能,不用下载安装软件即可在线使用。下面就使用这个工具完成一个 GIF 动图的制作。

(1) 打开网站,单击“创建一张新图片”,如图 2-20 所示。

图 2-20　在线闪图制作网站 www.uupoop.com

(2) 设置图片相应参数，单击“确定”按钮。如图 2-21 所示。

图 2-21　新建图片的参数设定

(3) 在线网页版本中有多个窗口功能可供选择，为了方便本次的闪图制作，只保留需要的界面功能，包括图层、历史记录、GIF 动图功能，如图 2-22 所示。

(4) 单击左侧工具栏“文字”工具，如图 2-23 所示。输入文字 GIF，参数设置如图 2-24 所示，单击“确定”按钮。

(5) 单击右侧 GIF 动图面板的“添加帧”，出现和目前窗口操作一样的单帧图像，如图 2-25 所示。

(6) 在图层面板上新建“图层 1”。再在“图层 1”上单击，使其保持选中状态，如图 2-26 所示。

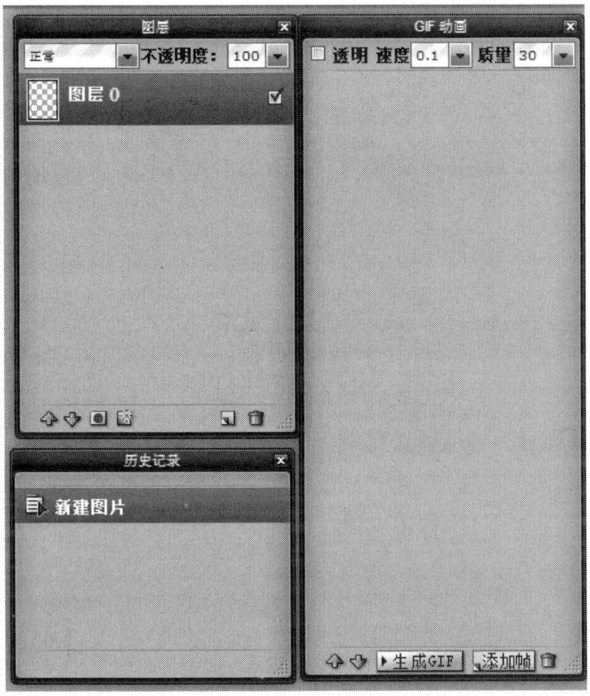

图 2-22　根据需求设定的界面样式

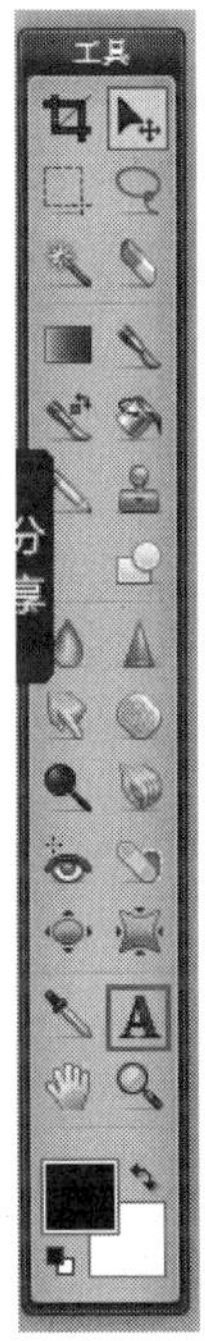

图 2-23　工具栏中的文字工具

(7) 使用“画笔工具”调用画笔样式，选择星光笔刷，更改颜色为黄色，如图 2-27 所示。在“画布”中透明区域单击，绘制出星光图案。在 GIF 动图面板单击“添加帧”，如图 2-28 所示。绘制一笔，单击添加帧功能，反复此操作多次，可以生成带星光效果的 GIF 动图，如图 2-29 所示。

(8) 单击“生成 GIF”，保存文件到计算机中，GIF 动图制作完成。

图 2-24　输入文字 GIF

图 2-25　新建添加帧

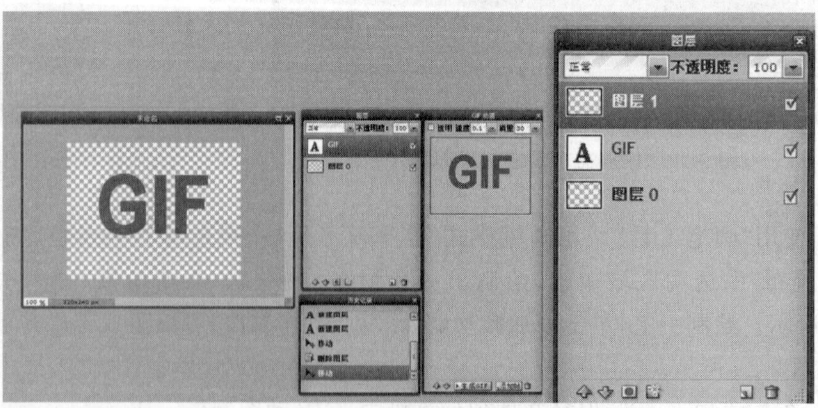

图 2-26　新建图层

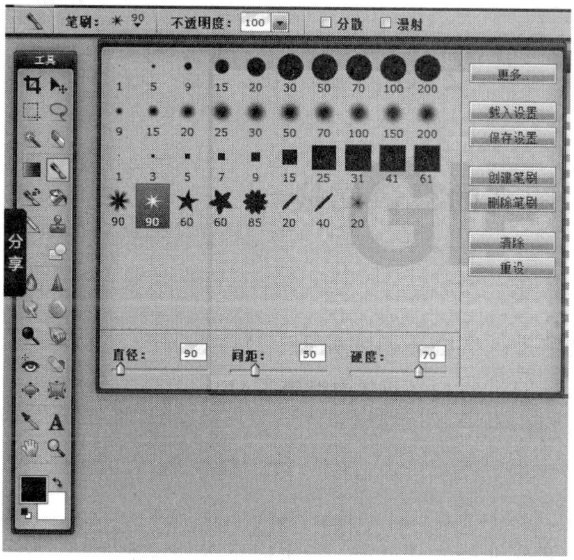

图 2-27　选择星光笔刷

图 2-28　绘制星光

图 2-29　反复操作

2.3 实验指导

2.3.1 实验:图文的数码转换

1. 实验目的

(1) 将图片中文字进行文档转换并处理;

(2) 掌握图片信息的格式与转换;

(3) 图片修改与制作。

2. 实验内容

(1) 图片中文字部分进行文档转换、制作成可编辑文档并存储;

(2) 图片的编辑。

3. 实验步骤

1) 运用移动终端设备拍摄相关素材

(1) 检索手机中拍摄的图文照片,要求文字清晰,图片分辨率达到1024×768像素以上。

(2) 右击,查看图片属性,如图2-30所示,确认图片分辨率、尺寸等是否满足要求。

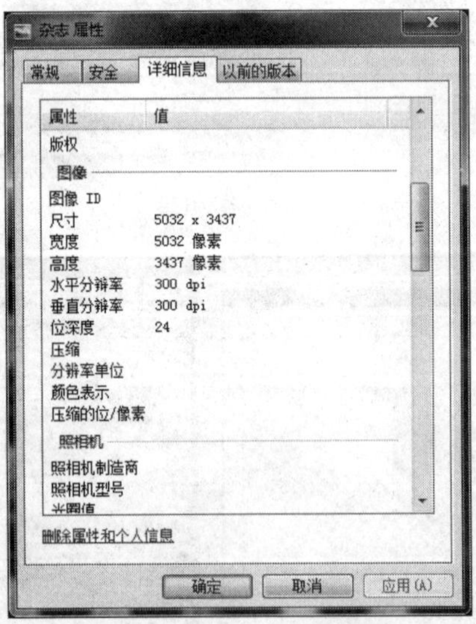

图2-30 素材2的图像参数

2) 将文字素材进行转码处理

(1) 使用移动设备进行转码。

① 将手机、iPad拍摄的照片使用微信小程序的传图识字功能打开导入照片,可将素

材文字使用手机进行放大拍摄，如图 2-31 所示。

② 该软件自动生成文字，通过点击手机屏幕选择文字，如图 2-32 所示。

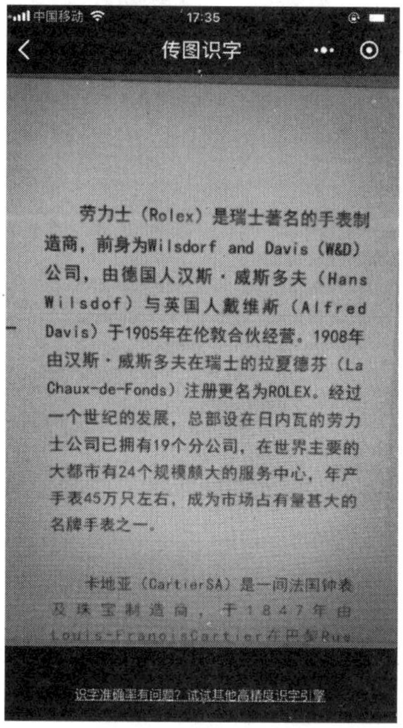

图 2-31　使用手机拍摄的素材 2 文字

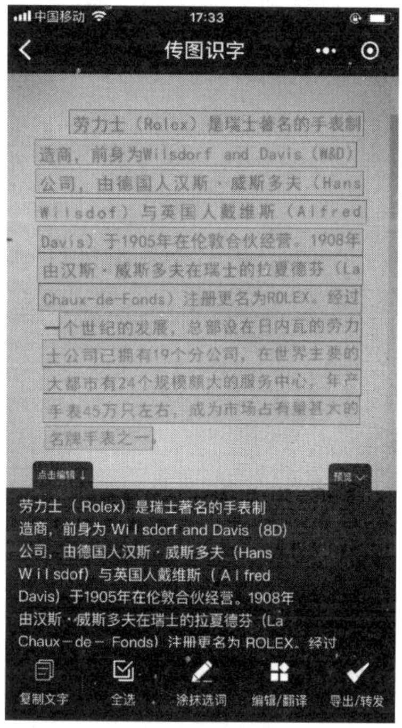

图 2-32　选择拍摄的文字

③ 生成的文字可以使用复制文字、发送邮件、导出文件、转发好友多种方式存储或上传，如图 2-33 所示。

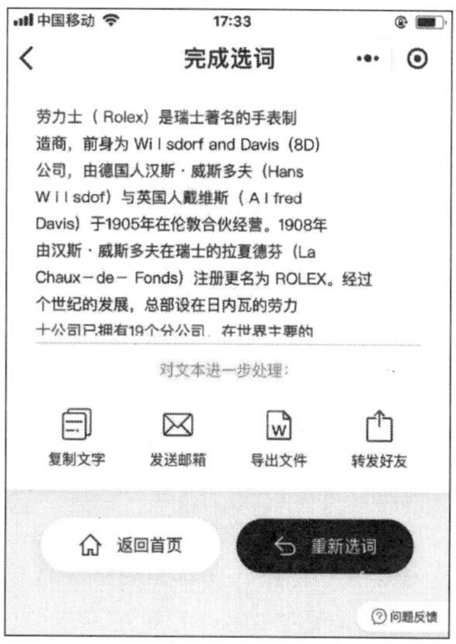

图 2-33　已完成的文字转换

(2) 网页端进行转码。

① 打开网站 http://www.pdfdo.com/image-to-txt.aspx,该网站提供多种在线转码工具,PDF 转多种格式、PDF 编辑器、Word 处理、Excel 处理和 PPT 处理等,如图 2-34 和图 2-35 所示。

网页端进行转码.mp4

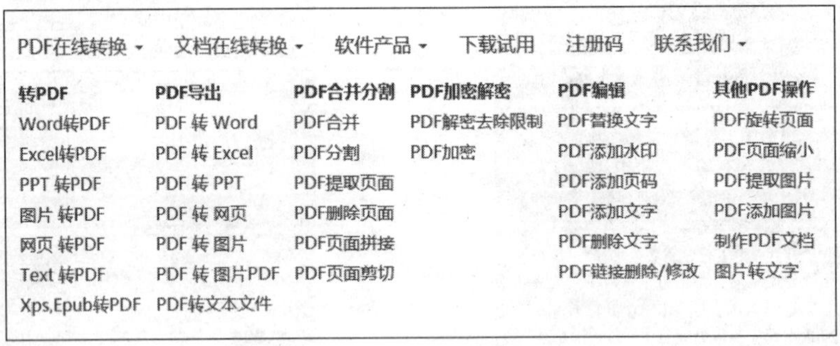

图 2-34 PDF 文件的转换

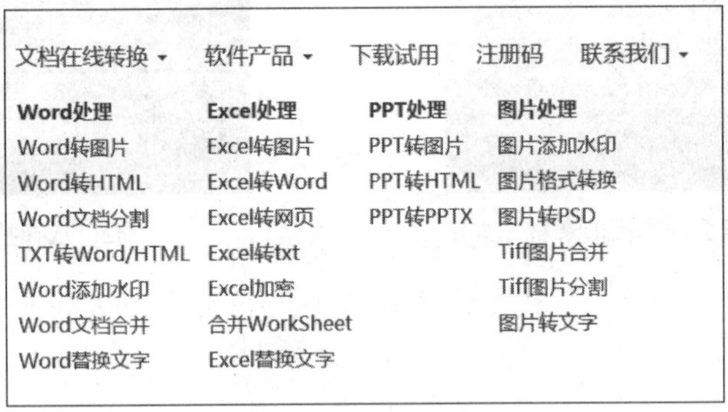

图 2-35 多种文档的转换

② 单击"选择图片文件",选中"杂志.jpg"上传,单击"图片转文字",如图 2-36 所示。

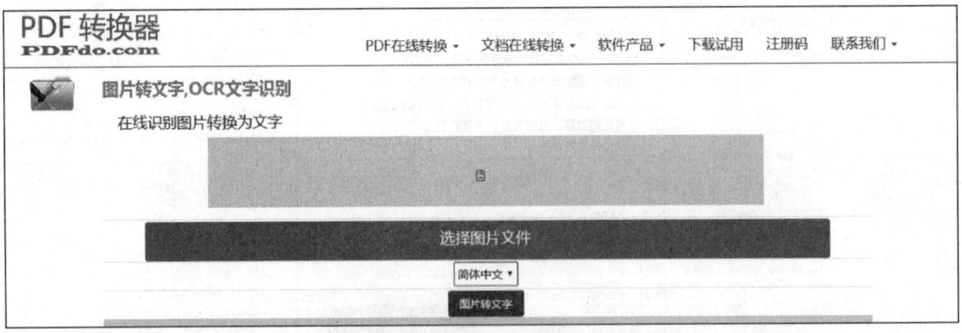

图 2-36 选择计算机中图片文件

③ 转换完成后,单击生成的 TXT 文件,或者下载存储,如图 2-37 所示。

④ 检查转化后的文字,如果有乱码,手动调整和校对,如图 2-38 所示。

图 2-37　图片生成 TXT 文件

1 ROLEX 劳力士必乃八鲫）、，、试。洲匀‘麟嘿．’呼下．，，。豁女阅口叫臼，口勺卜勺卜劳力士（ Rol ex ）是瑞士著名的手表制造商，前身为 Wi lsdorf 。 nd oavis （ W 吕。）公司，由德国人汉斯 · 威斯多夫（ Han 。 Wi Isdof ）与英国人戴维斯（ Alfred Dav 15 ）于 1905 年在伦敦合伙经营。 1908 年由汉斯 · 威斯多夫在瑞士的拉夏德芬（ La Chaux — de — Fonds ）注册更名为尺 OL （ x 。经过一个世纪的发展，总部设在日内瓦的劳力士公司已拥有 19 个分公司，在世界主要的大都市有 24 个规模颇大的服务中心，年产手表 45 万只左右，成为市场占有量甚大的名牌手表之一。 TIPS 提示＼、、．产订，．．。，．’．心．t 二犷 2 以盯旧飞卡地亚口才」男士手表的选购技巧卡地亚（ CartierS ˆ ）是一间法国钟表及珠宝制造商，于 1847 年由 Louis — FranoisCartier 在巴黎尺 ue Montorguei 1 31 号仓 1 』 办。 1874 年，其子亚法 · 卡地亚继承其管理权，由其孙子路易 · 卡地亚、皮尔 · 卡地亚与积斯 · 卡地亚将其发展成世界著名品牌。现为瑞士历峰集团（ Compagn ie 「 1 nanci 己 re Richemont SA ）下属公司。 1904 年曾为飞机师阿尔拔图 · 山度士 · 度门设计世界上首只戴在手腕的腕表——卡地亚山度士腕表（ Cartier Santos ）。介绍了男士手表品牌、男士手表排行榜 10 强、男士手表推荐之后，很多人会问男士手表的选购技巧是什么？通常人们以手表走时的声音来判断手表的好坏，这是没有科学根据的，手表的质量主要是由实际走时的精度来决定的。下面给大家总结几点男士手表的选购技巧： 1．’ t ，钾刃姚月腼洲附甲，；峨巧劲勃——经：口翼曝鼸澎斌 3 OMEG 人欧米茄欧米茄（又一 n｝’日）丫一）是国际著名制表企业和品牌，英文名。 mega ，代表符号“ 0 ”。由路易士 · 勃兰特始创于 1848 年，欧米茄标志着制表历史上的光辉成就，傲视同济。 2011 年 7 月，欧米茄公司在淘宝网上，以 898 元的低价购得价值数万元的欧米茄表后，发现是假货。为此，欧米茄公司将淘宝网告上法院， 7 月 20 日，二中院开庭审理了此案。男式如何选择一款适合自己的腕表 4 CASIO 卡两欧卡西欧（ cAs 10 ）丁丫。二 6 ? 52 （ casio ， Inc ）（日语：力夕才计算器株式会社 Kas 卜 io Kei sanki ）是个总部位于日本东京，生产电子仪器，电子计算器的公司。卡西欧手表是日本三大品牌之一，多年来以真正多功能的 G — sHOcK 手表著称于世。卡西欧手表所代表的活力、年轻、时尚、多功能的品牌形象已深入民心。卡西欧公司一向以技术领先于同行为己任，历年都会有技术的突破。考虑好要选购男士手表的种类：机械、电子、石英。机械手表使用寿命较长，技术成熟，但是会有误差，一天的误差一般为 5 ˝ 15 秒；电子手表功能强大，比较准时，但是一两年需要更换电池；石英手表时间准确，可以制作的比较薄，机芯的寿命一般为 5 — 10 年。 2 手表的材质。男士手表的材质主要有纯金、镀金、合金、不锈钢、钛、橡胶、陶瓷等，纯金售价很昂贵；镀金容易磨损；不锈钢、钛、合金价格适中；橡胶价格实惠造型多样；陶瓷价格实惠款式漂亮。 3 都说男人三件宝：钱包、皮带和手表。一个男人有没有品味，不是看他的长相、身高，而是只要看他手上戴的以及腰上围的就有几分判断。男人手上戴的除了结婚戒指外，唯一的装饰品就是手表。金黄色的手表比同样款式的金手链对于男士来说更有品味。手表在一定程度上代表了男士的身份，被称之为“腕上的服装”。手表在男士身上有化腐朽为神奇的魔力。目前市场上男士手表品牌众多、款式各异，如何选择与身份相匹配的手表成为困扰众多男士的问题，今天就由小编给大家介绍 4 款男士手表。手表的灵敏度：主要注意摆针自动起摆的灵活性。将没有上过发条停止走动的手表轻轻晃动一下，注意秒针的走动情况，如果秒针很快停止走动，说明灵敏度高。 L

图 2-38　对乱码进行校对

3）对图片素材进行编辑

对图片素材进行编辑.mp4

（1）使用在线图片编辑工具或者计算机软件打开图片（第二单元-素材 2-杂志图片），以 Photoshop 软件为例，如图 2-39 所示。

（2）使用工具箱中的裁切工具，将左侧的图片进行裁切，解除限定比例，取消宽度、高度设置，如图 2-40 所示。

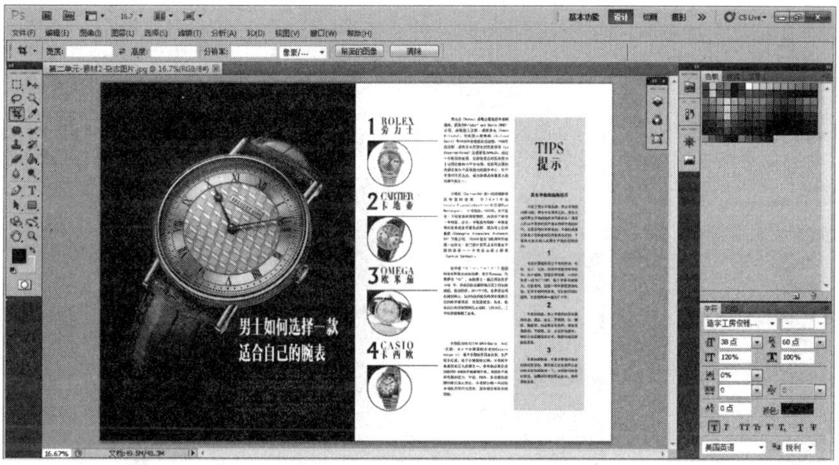

图 2-39　打开文件后的 Photoshop 界面

（3）使用裁切工具，将所需要的图片进行裁切。双击完成操作，如图 2-41 所示。

4）调整图片

（1）选取需要删除图片上的文字，使用工具箱的“套索工具”，将“男士如何选择一款……”的白色字体部分选中。注意选中的文字区域不要影响图片的内容。适当时候可进行放大观看，如图 2-42 所示。

图 2-40　使用裁切工具

图 2-41　裁切完成

(2) 选取需要删除图片上的文字的背景色。使用工具箱中的“吸管工具”在文字附近的黑色区域进行单击,吸取颜色,如图 2-43 所示。

(3) 删除白色字体。选区与颜色选择完成后,按 Delete 键删除白色字体,跳出“填充”对话框,单击“确定”按钮,如图 2-44 所示。

图 2-42　选取工具

图 2-43　吸取背景色

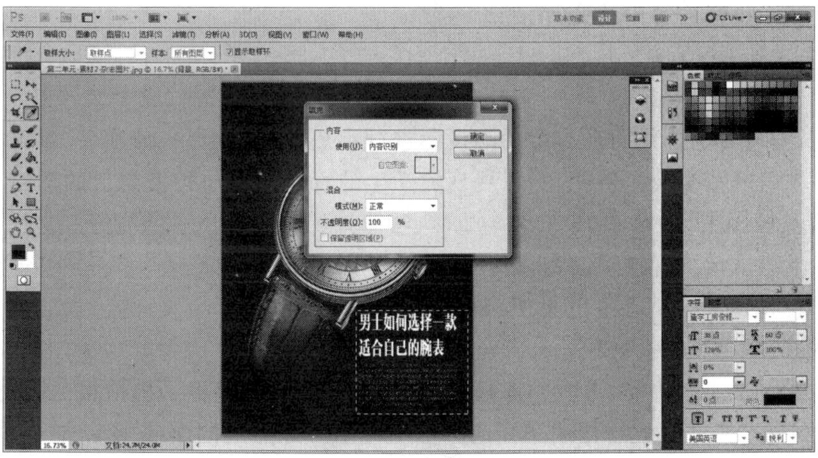

图 2-44　删除字体

(4) 将修改完成的图片另存为一张重新命名的图片,图片格式选择.psd,方便接下来的操作,如图 2-45 所示。

图 2-45 修改后的图片

2.3.2 实验:视频图像的获取

1. 实验目的

(1) 掌握现有器材的视频拍摄方法;

(2) 掌握从拍摄器材中上传到计算机的方法。

2. 实验内容

(1) 使用专业视频软件学习视频的编码并进行格式转换;

(2) 存储视频内容中的音频。

3. 实验步骤

1) 以小组为单位使用现有移动端设备进行小短片的拍摄

(1) 小组成员拟定拍摄主题,以展现大学生的青春活力与积极向上的学习生活为主,主题可涉及校园生活、课堂学习、课余生活、法律知识等内容。

(2) 小组成员分配任务,写出较为详细的分镜头脚本。

(3) 表 2-1 为脚本案例,可在此基础上进行修改和调整。

2) 将拍摄短片的素材导入计算机中

(1) 因为是团队协作,不同的素材在不同的手机中,因此将手机拍摄的素材上传到计算机时,要根据文件的大小使用不同的方法。在同一地点的同学使用 USB 数据线连接手机和计算机,然后在计算机中找到手机存储,在手机文件中找到需要上传到计算机的视频,直接拖曳至计算机中即可。

表 2-1　脚本设计

编剧：王××
导演：李××
摄影：张××
主演：赵××、刘××、林××
故事简介：校园中的一切、生活中的点点滴滴，无不记录着我们的青春、我们的 20 岁、我们的成长

镜号	景别	拍摄方式	内容	
			画面	旁白
1	远景		树林中斑驳的阳光照在地上，照在教学楼上……	20 岁，意味着身体的发育成熟，也意味着心理的成长
2	远景		路边结伴匆忙走过的同学，教室里相互学习的同学	更意味着你将越来越接近一个更加真实的社会并在其中经历、感受、磨炼、收获
3	远景		一群人在路上结伴走，其中一个拿着篮球	20 岁的我们有些许迷茫，成长，曾经看来是那么的美好
4	近景		打篮球的场景	日日夜夜都在憧憬着，渴望那种不被父母束缚的自由
5	近景	只拍膝盖以下	操场上的人渐渐走远	现在，我们长大了
6	中景		只剩下一个人失落地抱着球盯着篮筐	或许会对幼时的憧憬感到些许的沮丧
7	特写	球的运动	投篮，球旋转进筐	原来成长并不如我们想象的那般美好
8	特写		俯身汗水掉落到地上	这其中的酸甜苦辣只有经历过才会明白
9	特写		篮球跳动直到停住	也只有经历过才能待日后回忆时有所感慨
10	远景		一个人孤独地在黄昏中慢慢走远	成长，就是将你的哭声调成静音，这其中的种种，不经历又怎能体会
11	中景		一对情侣手牵着手漫步	20 岁，是人生的分水岭，是逐渐走向成熟的年龄
12	近景		走过来脚步的特写	有些事情也是轻描淡写，一笔带过
13	远景		推开图书馆，里面学习的人都在埋头看书，走过去找个位子坐下	做一个在对的时间做对的事情的人，做一个内心丰盈而强大的人
14	特写		桌上的书和笔特写	20 岁的你，在把新路慢慢走旧，把旧路慢慢走平
15	远景		静寂的早上笼罩在黑暗之下	20 岁以后的生活
16	特写		手机闹钟响起，烦躁地关掉闹钟扔到旁边	就是理解，是面对现实的微笑
17	近景		坐起来拿过手机，看着发呆	生活就是你开始接受你不得不做的那些你不喜欢的事
18	中景		洗漱时抬头瞥见镜子里的自己，愣了一下，拿出嘴里的牙刷，嘴里都是泡沫，不忘给自己一个自信的微笑	但是，当你发现，所有你不愿意做的事情，都是为了那件你喜欢的事而做准备，所有的忍耐和痛苦就都会觉得是值得的
19	远景		天亮了，太阳露出了光芒	无论是一片坦途的光明，还是一片绝望寂静的黑暗

续表

镜号	景别	拍摄方式	内容	
			画　面	旁　白
20	特写		系好鞋带	人总是不断向前走
21	中景		推开门大步走出来	如果你想到达明天
22	远景		一直向前走	那么此刻就不要停下脚步
23	远景		奔跑着上楼梯	20 岁的我们需要继续远行
24	中景		灯下看书到睡着	为了不辜负曾经的自己
25	中景		坐在床上背单词	为了做和曾经一样努力的自己
26	特写		成绩单上优秀的成绩	为了对得起曾经的那份隐忍与坚持
27	中景		动物园里和动物的亲密接触	20 岁的我们,用生命体验和发现生活
28	特写		动物的目光	不管现实多么惨不忍睹
29	近景		凝视动物的目光	都要持之以恒地相信
30	近景		嘴角微微上扬	这只是黎明前短暂的黑暗
31	远景		公交车站等着公交车过来,上车	20 岁的我将踏上孤独的旅行,或惆怅,或凄凉
32	远景		公交车开走,混入马路上来往的车流	20 岁,心怀梦想上路

(2) 小于 50MB 的素材可以通过建立微信群上传。

(3) 大于 50MB 的素材需要准备一个云端账号,百度云、360 云盘、iCloud 可任选其一。小组成员在手机端安装该应用,然后将素材上传到云端。

3) 对视频进行编辑

(1) 打开“快剪辑”软件,选择“专业模式”,如图 2-46 所示。

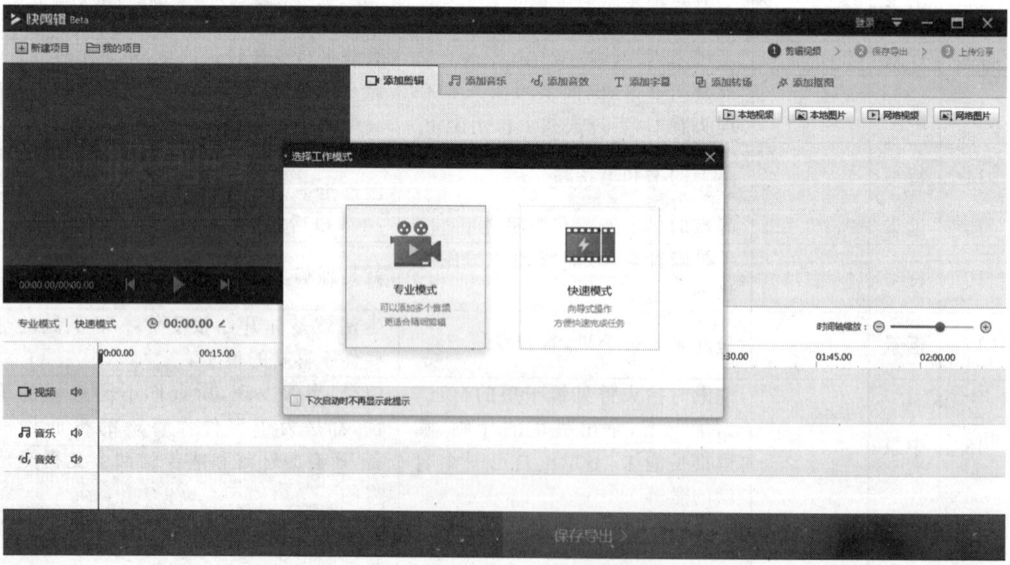

图 2-46　快剪辑软件界面

（2）单击“本地视频”导入所有拍摄完成的素材，如图 2-47 所示。

图 2-47　导入视频

（3）将素材拖曳到视频时间轴上，单击需要编辑的素材，单击“编辑”按钮，如图 2-48 所示。

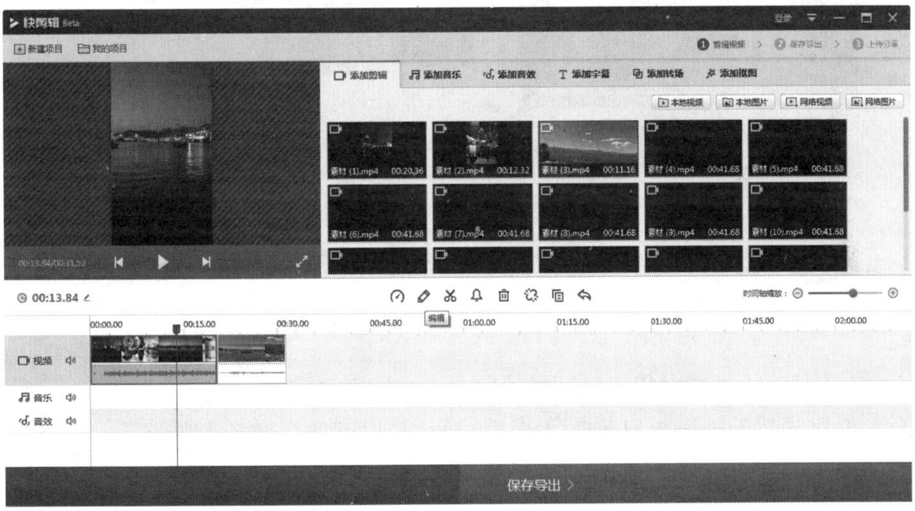

图 2-48　拖曳素材到时间轴

（4）可以对素材进行裁切、嫩肤和美白处理，针对个人信息或者需要隐藏的内容可以进行马赛克处理，最后单击“完成”按钮，如图 2-49 所示。

（5）为视频添加音乐和音效。单击“添加音乐”和“添加音效”，有系统自带的音乐库和音效库可供选择。

（6）根据视频制作的需要“添加字幕”和“添加转场”。

（7）单击“保存导出”，设置存储位置和相应的视频信息后单击“开始导出”按钮，如图 2-50 所示。

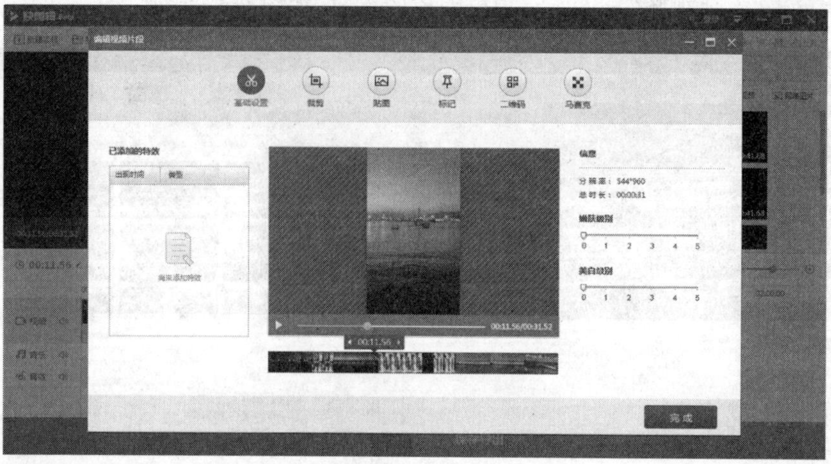

图 2-49　根据需求编辑素材

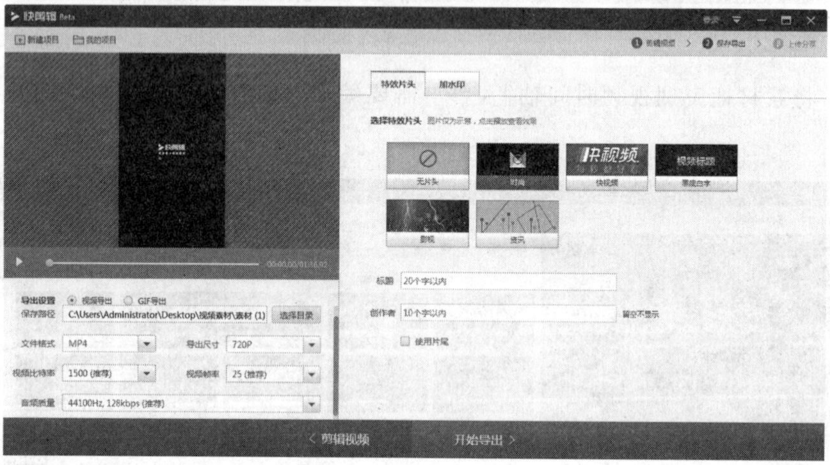

图 2-50　将制作完成的视频保存导出

4) 根据需求转码并上传

(1) 编辑完成的视频可以根据需求进行转码,以方便在网络上观看。

(2) 根据需求可以将视频上传到网络空间或者发布。

2.4　习 题 精 解

1. 选择题

(1) 计算机内部采用(　　)编码表示数据。

A. 十进制　　B. 二进制

C. 八进制　　D. 十六进制

答案：B

解析：计算机内部采用二进制形式表示数据。一切非二进制形式的数字、字符、文字、声音、图像等信息都要表示成二进制数据的形式才能被计算机传输、存储和处理。

(2) 计算机存储数据的基本单位是(　　)。

A. 字节(Byte)　　B. 二进位(bit)

C. 字(Word)　　D. 双字(Double Word)

答案：A

解析：计算机中数据的常用存储单位有位、字节和字。计算机中最小的数据单位是二进制的一个数位，简称为位(bit)。8 位二进制数为一个字节(Byte)，字节是计算机中用于表示存储空间大小的基本的容量单位。

(3) 1GB=(　　)KB。

A. 1024　　B. 1024×1024

C. 1024×1024×1024　　D. 1

答案：B

解析：1GB=1024MB=1024×1024KB。

(4) 下列图片格式中是矢量图的是(　　)。

A. JEPG　　B. AI　　C. BMP　　D. TIFF

答案：B

解析：JEPG、BMP、TIFF 都是位图格式。

(5) 下列图片格式中属于动态图的是(　　)。

A. GIF　　B. TIFF　　C. PNG　　D. JEPG

答案：A

解析：GIF 格式的另一个特点是其在一个 GIF 文件中可以保存多幅彩色图像。如果把保存在一个文件中的多幅图像数据逐幅读出并显示到屏幕上，就可构成最简单的动画。

(6) 要在浏览器中观看 SWF 动画文件，必须安装(　　)插件。

A. Adobe Flash Player　　B. Firebug

C. JavaScript Deminifier　　D. MeasureIt

答案：A

解析：SWF 可以用 Adobe Flash Player 打开，浏览器必须安装 Adobe Flash Player 插件。

(7) 下列视频格式中属于流媒体格式的是(　　)。

A. MOV　　B. AVI　　C. TIFF　　D. FLV

答案：D

解析：FLV 流媒体格式是随着 Flash MX 的推出发展而来的视频格式。由于它形成的文件极小、加载速度极快，使网络观看视频文件成为可能，

(8) 数据可视化不包括(　　)。

A. 信息可视化　　B. 图像可视化　　C. 知识可视化　　D. 视觉可视化

答案：B

解析：数据可视化囊括了信息图形、知识可视化、科学可视化以及视觉设计方面的所有发展与进步。

(9) 下列(　　)格式的视频文件接近于DVD画质的小体积视频文件。

A. MP4　　B. RM　　C. AVI　　D. MP3

答案：A

解析：目前MPEG-4(MP4)最大的吸引力是它能够保存接近于DVD画质的小体积视频文件。这种文件格式还包含以前MPEG压缩标准所不具备的比特率的可伸缩性、动画精灵、交互性甚至版权保护等一些特殊功能。

(10) 具备透明图层的图片格式是(　　)。

A. JEPG　　B. PNG　　C. BMP　　D. SWF

答案：B

解析：PNG格式是便携式网络图形，是网上接受的最新图像文件格式，从网页下载的图片大多是PNG格式。

2. 简答题

(1) 什么是矢量图，它的格式是什么？

答案：AI格式是一种矢量图形文件，适用于Adobe公司的Illustrator输出格式。与PSD格式文件相同，AI也是一种分层文件，每个对象都是独立的，它们具有各自的属性，如大小、形状、轮廓、颜色、位置等。以这种格式保存的文件便于修改，这种格式文件可以在任何尺寸大小下按最高分辨率输出。它的兼容度比较高。

(2) 什么是信息可视化？

答案：信息可视化是对抽象的数据进行直观视觉呈现的研究，通过利用图形图像方面的技术与方法，帮助人们理解和分析数据。

(3) 什么是信息的筛选与提取？

答案：我们需要专注于能够实现目标的信息，以目标为中心吸收相关的信息。聚焦到当下最重要的信息，才能高效地完成设定的目标任务。获取有效信息的目的不是储存，而是从中进行筛选与提取，获取核心内容，从而实现目标信息的全方位积累。

2.5 综合任务

2.5.1 任务：校园文化调研

1. 任务目的

运用多种信息获取途径，将你所在的学校校园文化进行信息录入(文字、图片、视频、音频)与存储，对不适合的信息进行筛选与调整。

2. 任务要求

(1) 了解什么是校园文化；
(2) 体现校园文化的信息类别与范围的设定；
(3) 以小组为单位完成校园文化的信息录入。

3. 任务分析

使用互联网了解校园文化，掌握校园文化的特点，从信息的不同层面与类型获取校园文化信息，并对信息进行筛查与处理，完成信息的通用格式存储，为今后积累素材。

4. 步骤提示

(1) 互联网搜索工具的使用；
(2) 手机端 APP 应用的检索功能（新闻类、信息类等）使用；
(3) 校园文化范围的设定；
(4) 制订信息获取方案；
(5) 完成信息的获取；
(6) 对获取的信息进行比对处理；
(7) 信息存储。

5. 任务结果

完成这一任务，可以掌握日常的信息获取方式与手段，为今后的学习奠定基础。

2.5.2　任务：信息可视化

1. 任务目的

使用给定数据通过图形图像技术与方法将数字信息进行可视化设计，帮助人们理解和分析数据。通过信息可视化手段，挖掘数据之美。

2. 任务要求

(1) 了解信息可视化的概念与成果；
(2) 对基础信息进行分析，完成信息可视化的设定；
(3) 对信息进行可视化制作，注重数据的美感与设计感。

3. 任务分析

信息爆炸的时代，识别性较高的信息被人们获取的可能性越大，因此进行复杂信息的可视化处理可以帮助人们阅读和理解。

4. 步骤提示

(1) 分析给定数据,可使用互联网工具;
(2) 对数据完成信息提取;
(3) 设计信息可视化的初步方案;
(4) 完成信息可视化的设计与制作;
(5) 将原始数据与可视化信息进行对比;
(6) 得出对比结果,并进行分析。

5. 任务结果

通过对比,发现将信息进行可视化处理,可以帮助人们理解信息,更高效地获取信息。

2.6 考证辅导

1. 全国计算机等级考试考证辅导

1) 考试要求

一级考试的考试内容包括:计算机中数据的表示、存储与处理。
二级考试的考试内容包括:计算机中数据的表示与存储。

2) 模拟练习

(1) 计算机中表示存储容量的最小单位是(　　)。

A. 字节(Byte)　　B. 二进位(bit)
C. 字(Word)　　D. 双字(Double Word)

答案:B
解析:注意最小单位与基本单位的区别。

(2) 1TB=(　　)KB。

A. 1024　　B. 1024×1024
C. 1024×1024×1024　　D. 1

答案:C
解析:1TB=1024GB=1024×1024MB=1024×1024×1024KB。

(3) 二进制数 1111001101 转换成十进制数是(　　)。

A. 973　　B. 974　　C. 975　　D. 976

答案:A
解析:$(1111001101)_2$=1×29+1×28+1×27+1×26+0×25+0×24+1×23+1×22+0×21+1×20=973。

(4) 十六进制数 3C1F 转换成二进制数是(　　)。

A. 11110000011111　　B. 11110000011110
C. 11110000001111　　D. 11101000011111

答案：A

解析：将十六进制数转换为二进制数，只要将每一位十六进制数用 4 位二进制数表示即可，不足 4 位用 0 补足。

3　　C　　1　　F

0011 1100 0001 1111

(5) 计算机中采用的标准 ASCII 编码用(　　)位二进制数表示一个西文字符。

A. 6　　B. 7　　C. 8　　D. 16

答案：B

解析：ASCII 码用 7 位二进制数表示一个字符(或用一个字节表示，最高位为 0)，共有 128 种不同组合，表示 128 个不同的字符。

(6) 已知大写的英文字母 K 的十六进制 ASCII 码值是 4B，则二进制 ASCII 码 1001000 对应的字符是(　　)。

A. G　　B. H　　C. I　　D. J

答案：B

解析：首先将二进制 1001000 转换为十六进制数 48，48 比 4B 小 3，由于 26 个小写英文字母和大写字母是按顺序存放的，所以如果 K 的十六进制码值是 4B，则十六进制数 48 表示 H。

(7) 五笔字型码属于(　　)。

A. 拼音编码　　B. 自然码

C. 全拼编码　　D. 字形编码

答案：D

解析：五笔字型完全依据笔画和字形特征对汉字进行编码，是典型的字形编码输入法。

(8) 汉字“春”的区位码是 2026，它的机内码是(　　)。

A. 343AH　　B. 2026H　　C. C0C6H　　D. B4BAH

答案：D

解析：首先将区位码 2026 转换为国标码 343AH，再将国标码 3434H 转换为机内码是 B4BAH。

(9) 存储 100 个 48×48 点阵的汉字字形码需要的字节个数是(　　)。

A. 28800　　B. 288　　C. 48×4800　　D. 48×48×100

答案：A

解析：存储 100 个 48×48 点阵的汉字字形码需要的字节数为：100×48×48÷8=28800。

(10) 汉字在计算机内部的传输、处理和存储都使用汉字的(　　)。

A. 输入码　　B. 国标码　　C. 机内码　　D. 字形码

答案：C

解析：计算机处理汉字时首先将汉字输入码转换为国标码，再转换为机内码在计算机内部存储和处理。输出汉字时首先将汉字的机内码转换为地址码，通过地址码在汉字库中提取汉字的字形码，然后显示和输出汉字。

2. 全国计算机信息高新技术考试考证辅导

1）考试要求

(1) 新建文件：在文字处理程序中新建文档，并以指定的文件名保存至要求的文件夹中。

(2) 录入文档：录入汉字、字母、标点符号和特殊符号，要求具有较高的准确率和一定的速度。

(3) 复制/粘贴：复制现有文档内容，并粘贴至指定的文档和位置。

(4) 查找/替换：在现有的文档中查找指定的内容，并替换为不同的内容或格式。

2）模拟练习

(1) 新建文件：在 Microsoft Word 2010 程序中新建一个文档，以 A2. docx 为文件名保存至考生文件夹。

(2) 录入文本与符号：按照图 2-51 所示，录入文字、字母、标点符号、特殊符号等。

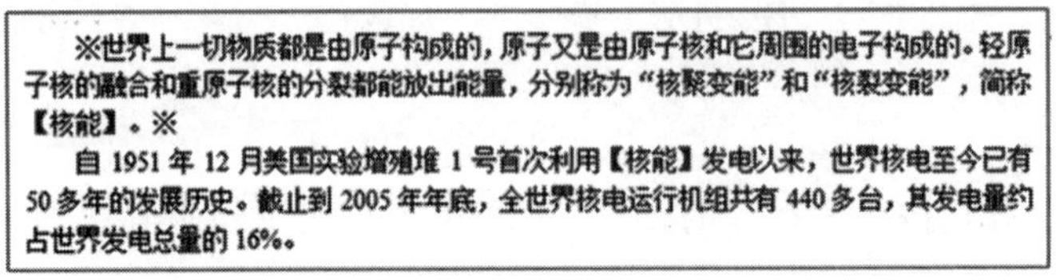

※世界上一切物质都是由原子构成的，原子又是由原子核和它周围的电子构成的。轻原子核的融合和重原子核的分裂都能放出能量，分别称为“核聚变能”和“核裂变能”，简称【核能】。※

自 1951 年 12 月美国实验增殖堆 1 号首次利用【核能】发电以来，世界核电至今已有 50 多年的发展历史。截止到 2005 年年底，全世界核电运行机组共有 440 多台，其发电量约占世界发电总量的 16%。

图 2-51　录入文字内容

(3) 复制/粘贴：将 TF2-1. docx 中全部文字复制到考生录入的文档之后。

(4) 查找/替换：将文档中所有“核站”替换为“核电站”，结果如图 2-52 所示。

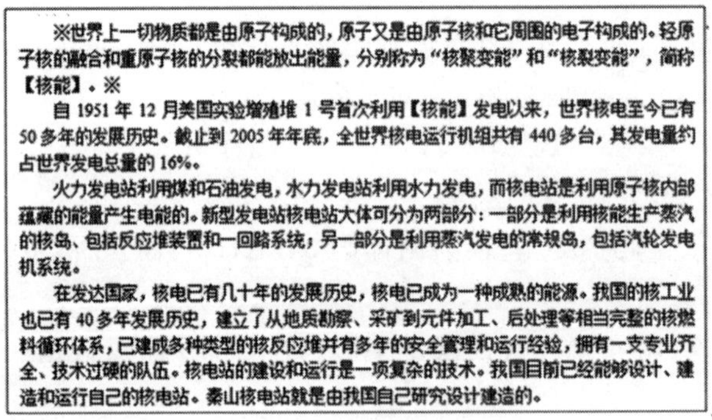

※世界上一切物质都是由原子构成的，原子又是由原子核和它周围的电子构成的。轻原子核的融合和重原子核的分裂都能放出能量，分别称为“核聚变能”和“核裂变能”，简称【核能】。※

自 1951 年 12 月美国实验增殖堆 1 号首次利用【核能】发电以来，世界核电至今已有 50 多年的发展历史。截止到 2005 年年底，全世界核电运行机组共有 440 多台，其发电量约占世界发电总量的 16%。

火力发电站利用煤和石油发电，水力发电站利用水力发电，而核电站是利用原子核内部蕴藏的能量产生电能的。新型发电站核电站大体可分为两部分：一部分是利用核能生产蒸汽的核岛、包括反应堆装置和一回路系统；另一部分是利用蒸汽发电的常规岛，包括汽轮发电机系统。

在发达国家，核电已有几十年的发展历史，核电已成为一种成熟的能源。我国的核工业也已有 40 多年发展历史，建立了从地质勘察、采矿到元件加工、后处理等相当完整的核燃料循环体系，已建成多种类型的核反应堆并有多年的安全管理和运行经验，拥有一支专业齐全、技术过硬的队伍。核电站的建设和运行是一项复杂的技术。我国目前已经能够设计、建造和运行自己的核电站。秦山核电站就是由我国自己研究设计建造的。

图 2-52　替换结果

第3单元　信息管理与人机沟通——Windows 7操作系统应用

本单元的学习旨在帮助读者掌握 Windows 7 操作系统的基本操作与应用。操作系统为人与计算机之间的沟通搭建了桥梁，让用户通过操作系统提供的各种命令和交互功能实现对计算机的各种操作，并为用户提供了一个清晰、简洁、友好、易用的工作界面。

学习目标

(1) 了解 Windows 7 操作系统的安装。

(2) 了解 Windows 7 操作系统的个性化系统配置。

(3) 掌握 Windows 7 操作系统的文件与文件夹管理。

(4) 掌握 Windows 7 操作系统的账户管理。

(5) 了解常见应用程序的操作方法。

3.1　能 力 自 测

1. 知识水平测评

(1) 你知道目前常用的操作系统有哪些吗？你的计算机使用的是什么操作系统？你的手机使用的是什么操作系统？你是否安装过操作系统，如何进行安装的？

(2) 你知道如何对 Windows 7 操作系统进行维护、优化和磁盘管理吗？你知道如何对 IOS/Android 系统进行维护、升级和管理吗？请举例说明。

(3) 你知道在计算机中如何创建、删除、重命名、移动、复制文件或文件夹吗？

(4) 你知道在手机中如何安装和删除应用程序吗？

2. 技能水平测评

1) Windows 7 个性化设置

(1) 在桌面上添加“控制面板”“网络”等图标。

(2) 将校园风光照片设置为桌面背景。

(3) 更改窗口颜色为“大海”，并启用透明效果。

(4) 将屏幕保护程序设置为“三维文字”，等待时间为 5 分钟，且恢复时显示登录屏幕。

(5) 在桌面上显示“日历”小工具。

(6) 将桌面图标按修改日期排列。

(7) 将任务栏移动到桌面顶部，并锁定任务栏。

2) 文件与文件夹的管理

(1) 在D盘新建一个文件夹“我的作业”，在文件夹“我的作业”中新建文件夹“复习”和“试卷”。

(2) 利用快捷菜单，在“试卷”文件夹中新建文件“填空题.docx”和“简答题.txt”。

(3) 将文件“填空题.docx”移动到“复习”文件夹中，设置“填空题.docx”文件的属性为只读和隐藏。

(4) 显示“我的作业”文件夹中所有文件的扩展名和隐藏文件。

(5) 搜索“我的作业”文件夹中扩展名为.docx的文件。

(6) 将“试卷”文件夹中的文件“简答题.txt”重命名为“翻译题.txt”，并复制一份到“复习”文件夹中。

(7) 显示“试卷”文件夹中文件的详细信息。

3) Windows 7常用附件的使用

(1) 对C盘进行磁盘清理。

(2) 为D盘创建一个系统还原点。

(3) 使用Windows 7自带的计算器计算100英亩等于多少公顷。

(4) 使用Windows 7自带的录音机工具录制一首歌曲。

(5) 将一张图片导入Windows 7自带的“画图工具”程序，在图片上添加标记符号，并存储为JPEG格式的图片。

4) IOS/Android系统的应用安装和删除

(1) 在手机的应用市场下载一个音乐播放程序。

(2) 卸载手机上不常用的应用程序。

3.2 学习指南

1. 知识要点

Windows 7操作系统应用知识要点.pdf

2. 技能要点

1) 设置桌面

(1) 添加桌面图标：在系统桌面的空白处右击，选择“个性化”命令，在个性化窗口的左侧，单击更改桌面图标，在“桌面图标设置”对话框中添加桌面图标。

(2) 修改屏幕分辨率：在系统桌面的空白处右击，选择“屏幕分辨率”命令，在“屏幕分辨率”窗口中设置分辨率。

(3) 添加桌面小工具：在系统桌面的空白处右击，选择“小工具”命令，在弹出的对话框中双击要添加的小工具图标，或右击图标选择“添加”。

(4) 创建快捷方式：在系统桌面的空白处右击，选择“新建”|“创建快捷方式”命令。在弹出的“创建快捷方式”对话框中根据提示进行操作。或者在开始菜单的所有程序中右击任一程序，选择发送到桌面快捷方式。

2) 设置开始菜单和任务栏

(1) 设置开始菜单：在任务栏空白处右击，在弹出的快捷菜单中选择“属性”命令，打开“任务栏和开始菜单属性”对话框。在开始菜单选项卡中，单击“自定义”按钮，在弹出的“自定义开始菜单”对话框中进行设置。

(2) 设置任务栏：在任务栏空白处右击，在弹出的快捷菜单中选择“属性”命令，打开“任务栏和开始菜单属性”对话框，在“任务栏”选项卡中进行设置。

3) 账户管理

在“控制面板”中选择“用户账户”，在“用户账户”窗口中管理账户。

4) 文件与文件夹的管理

(1) 资源管理器的启动方法：依次单击“开始”|“所有程序”|“附件”|“Windows资源管理器”命令；或右击“开始”按钮，选择“打开Windows资源管理器”命令；或打开任意一个文件夹。

(2) 新建文件或文件夹：右击空白处，选择“新建”命令，选择文件类型或文件夹，输入文件或文件夹名；或选择“文件”|“新建”命令，选择文件类型或文件夹，输入文件或文件夹名。

(3) 选取文件或文件夹：如选取全部对象，按Ctrl+A组合键；如选取单个对象，单击所选文件或文件夹的图标或名字；如选取不连续的多个对象，按住Ctrl键不放，单击所要选定的每一个文件或文件夹；如选取连续的多个对象，按住Shift键不放，单击所要选定的第一个文件或文件夹，再单击所要选定的最后一个文件或文件夹。

(4) 重命名文件与文件夹：右击文件或文件夹，选择“重命名”命令；或选中文件或文件夹，选择“文件”|“重命名”命令；或选择文件或文件夹名，输入新名；或选中需重命名的文件或文件夹，按F2键。

(5) 复制或移动文件与文件夹：选中文件或文件夹，选择“编辑”|“复制”或“剪切”命令，在目标文件夹选择“编辑”|“粘贴”命令；或右击文件或文件夹，选择“复制”或“剪切”命令，右击目标文件夹，选择“粘贴”命令；或选中文件或文件夹，按Ctrl+C组合键或Ctrl+X组合键，然后在目标位置按Ctrl+V组合键；或选中文件或文件夹，按住Ctrl键，用鼠标拖动(复制)；或选中文件或文件夹，用鼠标拖动(移动)。

注意：在同一个驱动器下直接拖动是移动，在不同的驱动器下拖动是复制。

(6) 删除文件与文件夹：将文件或文件夹直接拖到回收站；或右击文件或文件夹，单击“删除”命令；或选择文件或文件夹，按Delete键；或选中文件与文件夹，选择“文件”|“删除”命令。

(7) 文件与文件夹属性设置：右击文件与文件夹，选择“属性”命令，在属性对话框中进行设置。

(8) 搜索文件或文件夹：单击“开始”按钮，在“搜索”输入框中输入要搜索的内容；或在“Windows 资源管理器”右上角的检索中输入要搜索的内容栏。

5) 常用附件

选择“开始”|“所有程序”|“附件”命令，在附件列表中选择要使用的附件。

3.3 实验指导

3.3.1 实验：Windows 7 操作系统的个性化设置

1. 实验目的

(1) 掌握 Windows 7 系统中调整桌面布局的方法以及开始菜单、任务栏的使用方法。

(2) 掌握 Windows 7 系统中账户管理的方法。

Windows 7 的个性化设置.mp4

2. 实验内容

1) 设置桌面

(1) 在桌面添加“计算机”“用户的文件”“网络”“控制面板”图标；桌面背景设置为建筑图片；窗口颜色设置为南瓜色；屏幕保护程序设置为“彩带”，等待时间为 15 分钟。

(2) 将屏幕分辨率设置为 1280×720，文本“放大或缩小文本和其他项目”的设置为“较大”。

(3) 在桌面上添加并删除“日历”小工具。

(4) 在桌面上添加“记事本”“计算器”的快捷方式。

2) 设置开始菜单和任务栏

(1) 设置开始菜单中不显示“音乐”项目，“要显示的最近打开过的程序的数目”为 6，“要显示在跳转列表中的最近使用的项目数”为 6。

(2) 将任务栏移到桌面的最右方，设置为自动隐藏任务栏；在任务栏通知区域中显示“网络”图标，不显示“时钟”和“音量”图标。

3) 账户管理

(1) 添加一个用户，用户名为“你的名字拼音”，密码为“你的学号”，账户图片为“你的头像”。

(2) 删除刚才所建账户。

3. 实验步骤

1) 设置桌面

(1) 在系统桌面的空白处右击，选择“个性化”命令。

① 在个性化窗口的左侧，单击“更改桌面图标”，如图 3-1 所示；在“桌面图标设置”对话框中，将“计算机”“回收站”“控制面板”“网络”图标勾选，单击“确定”按钮，如图 3-2 所示。

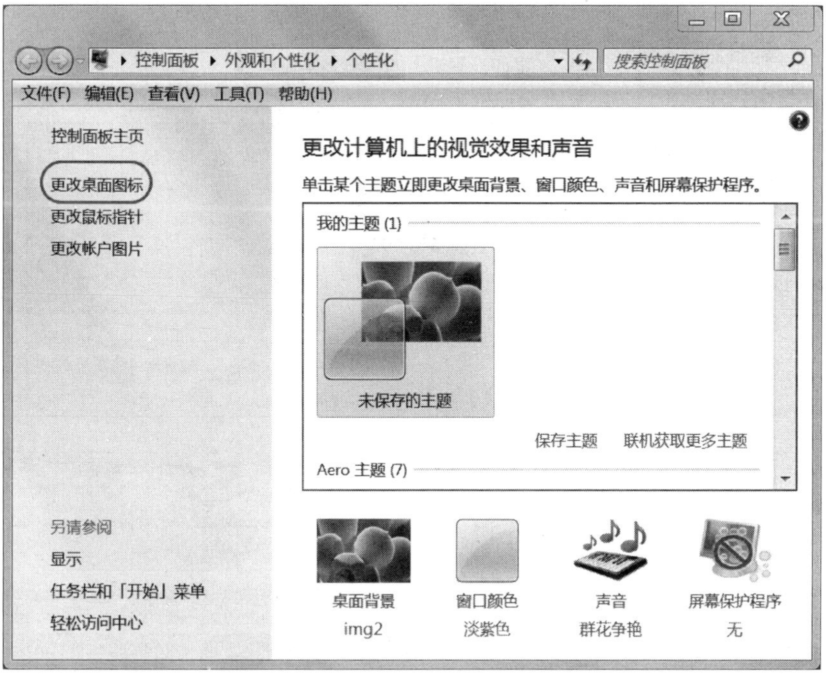

图 3-1　个性化窗口

图 3-2　设置桌面图标

② 在个性化窗口的下方选择“桌面背景”选项，选择“Windows 桌面背景”中的一幅建筑图片，单击“保存修改”按钮，如图 3-3 所示。

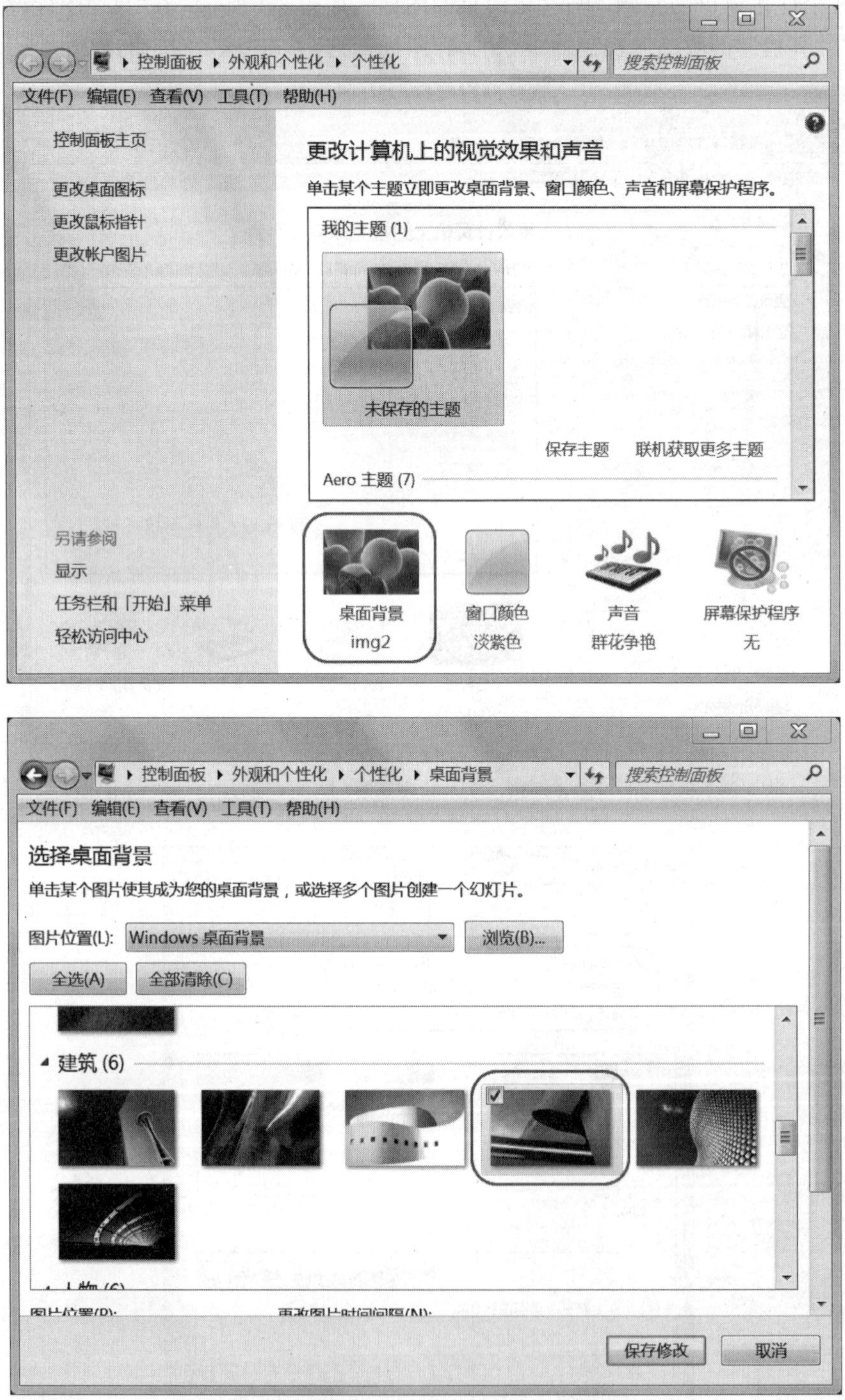

图 3-3　设置桌面背景

③ 在个性化窗口的下方选择“窗口颜色”选项，选择“南瓜色”，单击“保存修改”按钮，如图 3-4 所示。

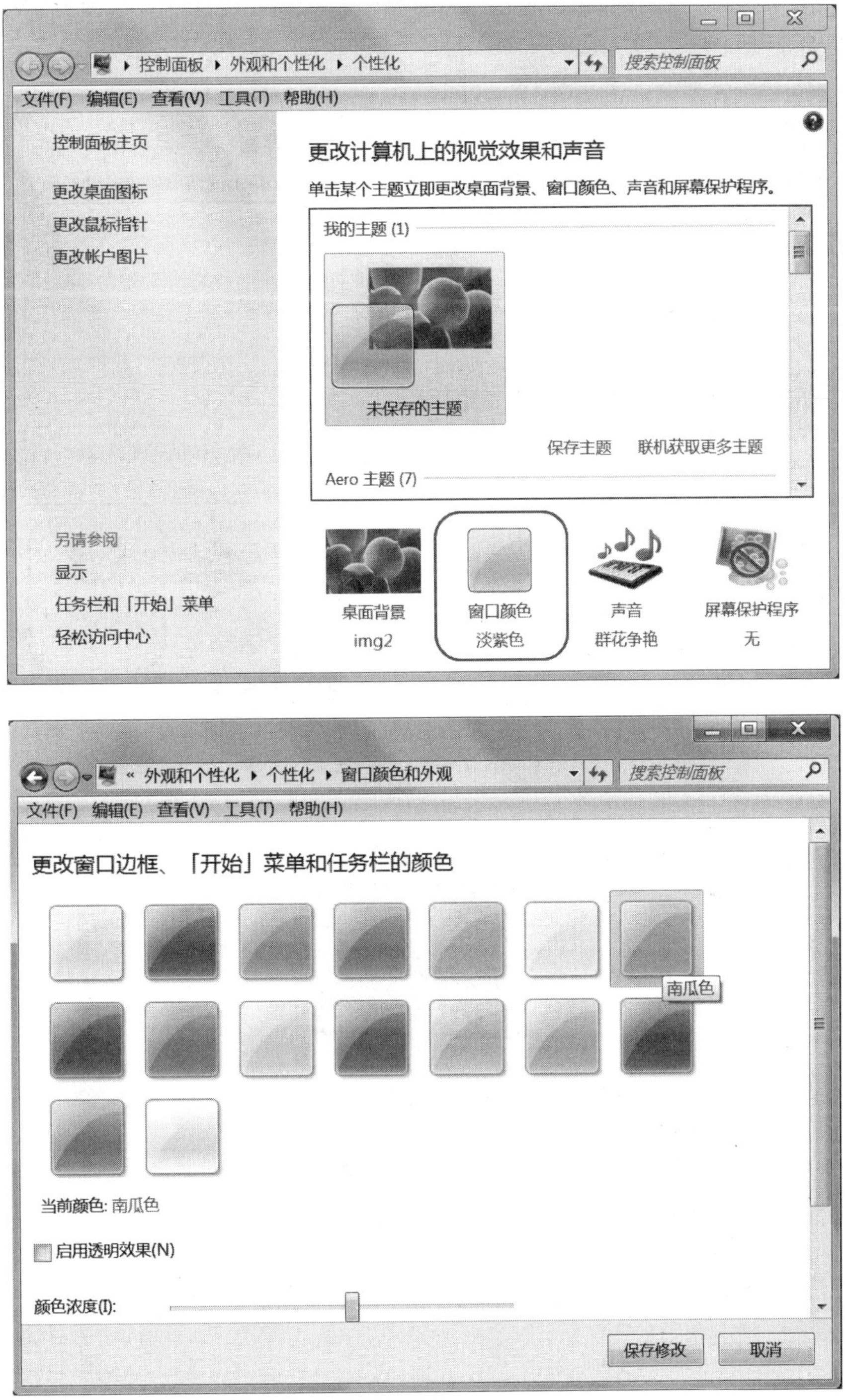

图 3-4　设置窗口颜色

④ 在个性化窗口的下方选择“屏幕保护程序”选项，在下拉菜单中选择“彩带”，等待时间设置为 15 分钟，单击“确定”按钮，如图 3-5 所示。

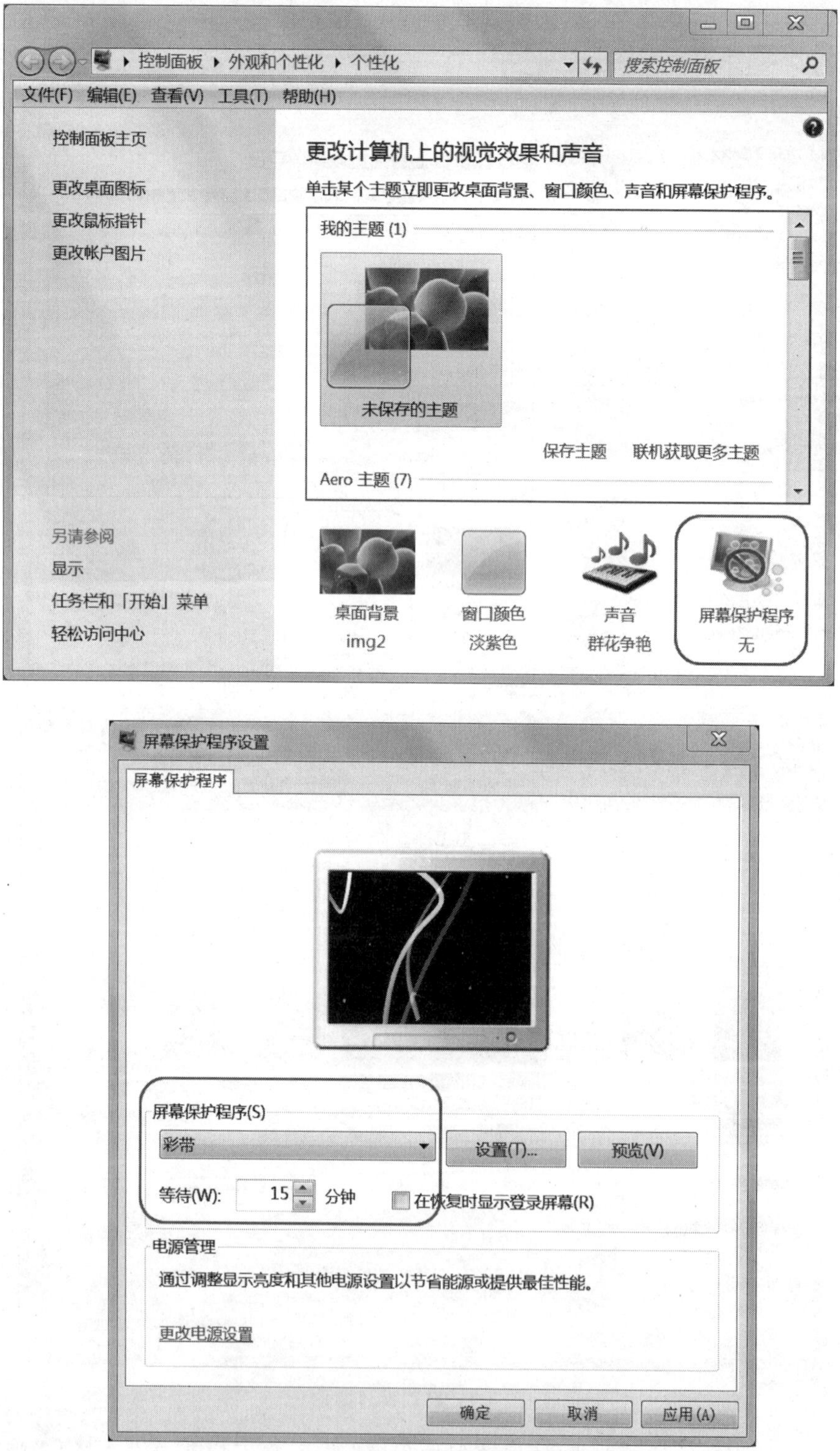

图 3-5　设置屏幕保护程序

(2) 在系统桌面的空白处右击，选择"屏幕分辨率"命令。

① 在"分辨率"下拉列表中选择 1280×720，单击"应用"按钮，如图 3-6 所示。

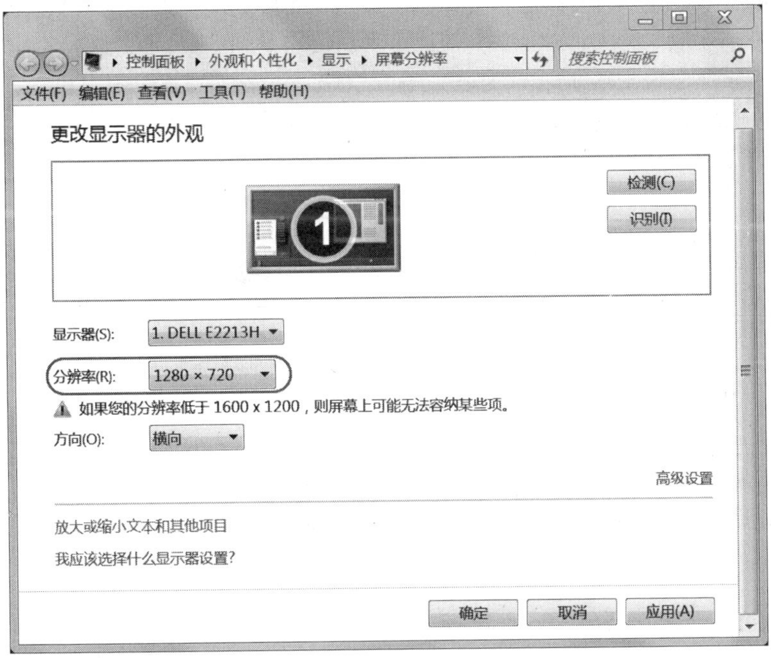

图 3-6　设置屏幕分辨率

② 单击"放大或缩小文本和其他项目"，在弹出的对话框中选择"较大"选项，单击"应用"按钮，如图 3-7 所示。

图 3-7　设置放大或缩小文本和其他项目

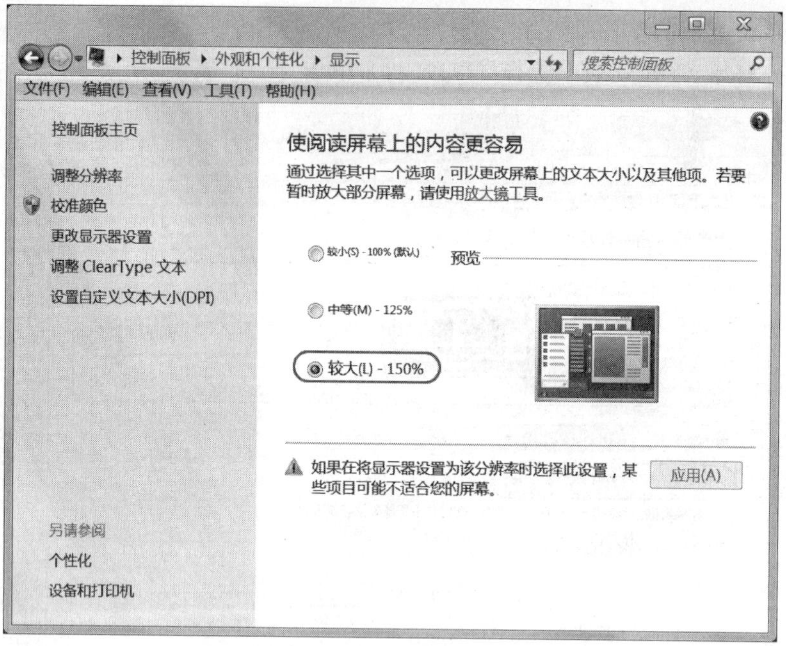

图 3-7 （续）

(3) 在系统桌面的空白处右击，选择“小工具”命令。

① 右击“日历”图标，选择“添加”，或者双击“日历”图标，如图 3-8 所示。

图 3-8 添加桌面小工具

② 将鼠标指针放在桌面显示的“日历”图标上，单击弹出的“关闭”按钮，如图 3-9 所示。

(4) 单击桌面左下方的“开始”按钮。

① 方法一：选择“所有程序”的“附件”命令，按 Ctrl 键的同时用鼠标拖动“记事本”图标至桌面。

② 方法二：选择“所有程序”的“附件”命令，在“记事本”处右击，选择发送到桌面快捷方式。

图 3-9 删除桌面小工具

2）设置开始菜单和任务栏

（1）设置开始菜单。

① 在任务栏空白处右击，在弹出的快捷菜单中选择“属性”命令，打开“任务栏和‘开始’菜单属性”对话框。

② 在“开始”菜单选项卡中，单击“自定义”按钮，弹出“自定义‘开始’菜单”对话框。

③ 在“自定义‘开始’菜单”对话框中，勾选“音乐”项目下的“不显示此项目”选项；在“‘开始’菜单大小”下，将“要显示的最近打开过的程序的数目”设置为6，“要显示在跳转列表中的最近使用的项目数”设置为6，如图3-10所示。

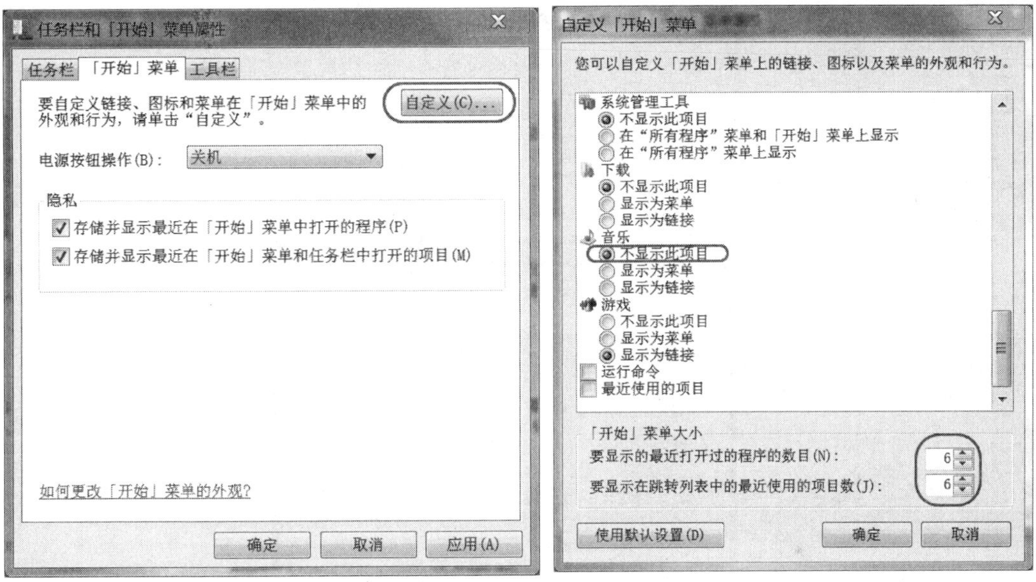

图3-10　设置开始菜单

（2）设置任务栏。

① 在任务栏空白处右击，在弹出的快捷菜单中选择“属性”命令，打开“任务栏和‘开始’菜单属性”对话框。

② 在“任务栏”选项卡中，选中“自动隐藏任务栏”复选框，在“屏幕上的任务栏位置”下拉列表中选择“右侧”，单击“应用”按钮，如图3-11所示。

③ 单击“通知区域”中的“自定义”按钮，在弹出的“通知区域”对话框中单击“打开或关闭系统图标”，在弹出的对话框中将“时钟”和“音量”的行为设置为关闭，网络的行为设置为打开，如图3-12所示。

3）账户管理

（1）添加用户。

① 在“控制面板”中单击“添加或删除用户账户”，在打开的“管理账户”窗口中单击“创建一个新账户”，如图3-13所示。

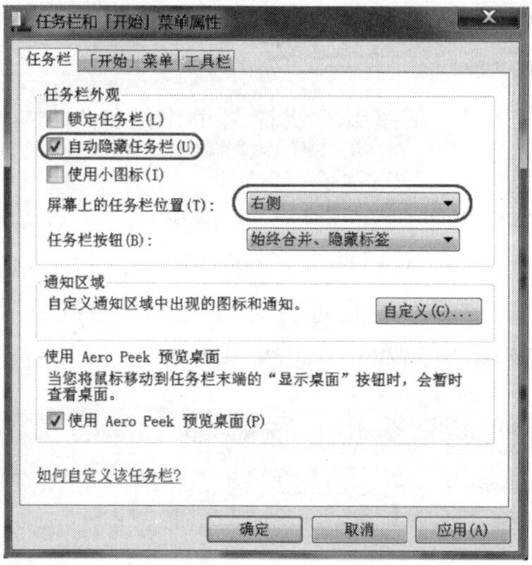

图 3-11　设置任务栏

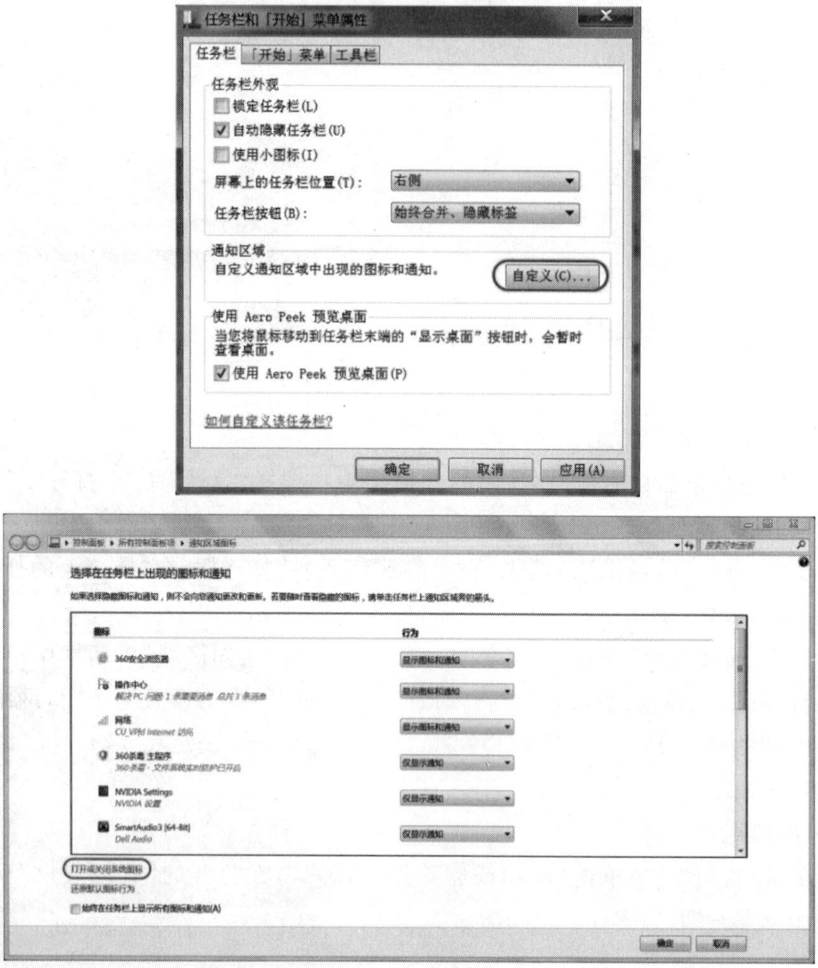

图 3-12　打开或关闭系统图标

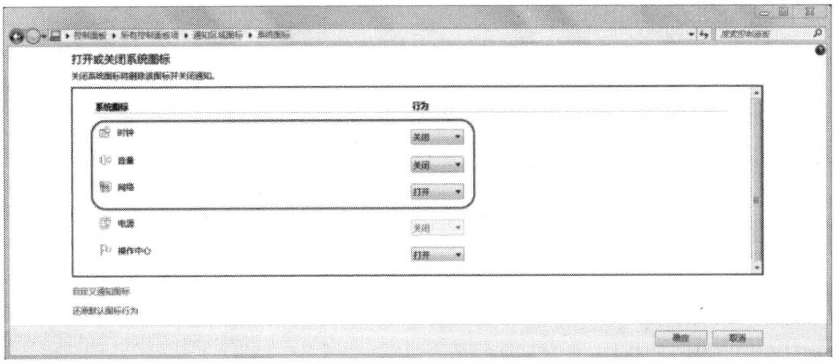

图 3-12　(续)

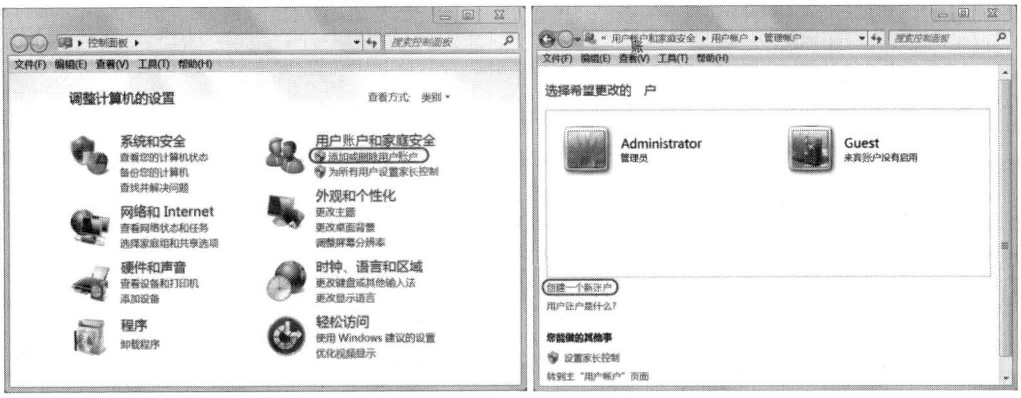

图 3-13　创建账户

② 在弹出的“创建新账户”对话框中输入用户名“你的名字”(拼音),选择“标准用户”,单击“创建账户”按钮,添加新账户,如图 3-14 所示。

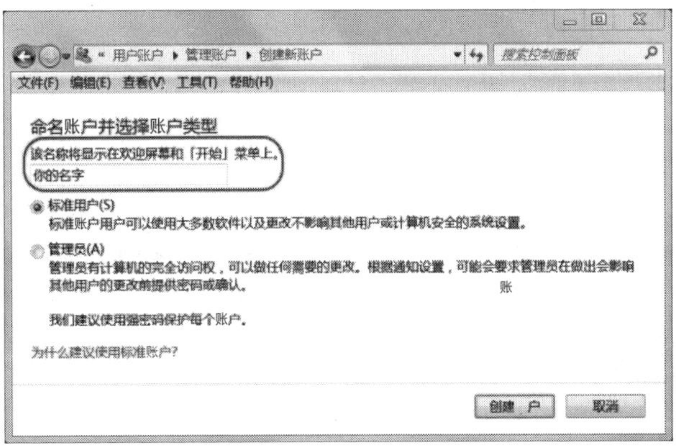

图 3-14　输入账户名称

③ 在“管理账户”窗口中单击刚才创建的账户,在弹出的“更改账户”窗口左侧选择“创建密码”选项,在弹出的“创建密码”窗口中输入并确认账户密码“你的学号”,单击“创建密码”按钮,如图 3-15 所示。

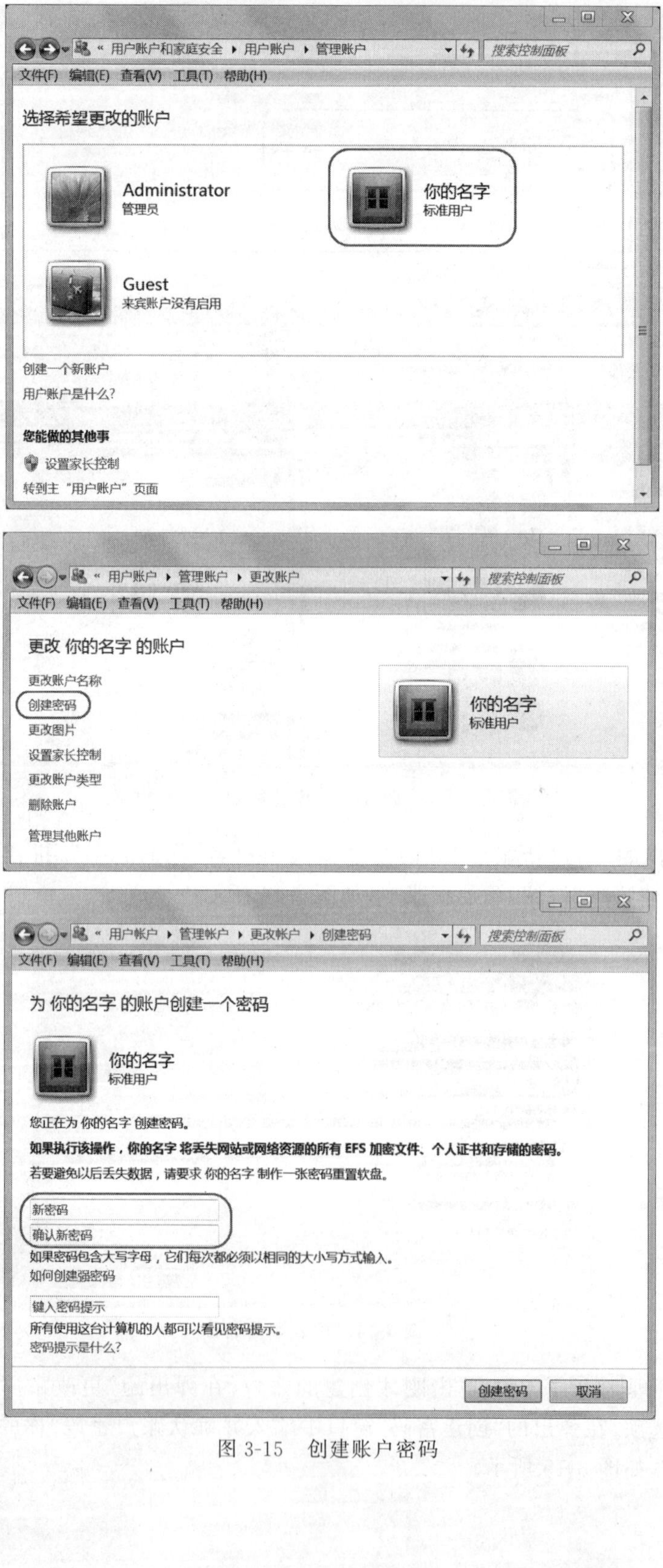
« 用户账户和家庭安全 ▸ 用户账户 ▸ 管理账户
搜索控制面板
文件(F) 编辑(E) 查看(V) 工具(T) 帮助(H)
选择希望更改的账户
Administrator
管理员
你的名字
标准用户
Guest
来宾账户没有启用
创建一个新账户
用户账户是什么?
您能做的其他事
设置家长控制
转到主"用户账户"页面
« 用户账户 ▸ 管理账户 ▸ 更改账户
搜索控制面板
文件(F) 编辑(E) 查看(V) 工具(T) 帮助(H)
更改 你的名字 的账户
更改账户名称
创建密码
更改图片
设置家长控制
更改账户类型
删除账户
管理其他账户
你的名字
标准用户
« 用户帐户 ▸ 管理帐户 ▸ 更改帐户 ▸ 创建密码
搜索控制面板
文件(F) 编辑(E) 查看(V) 工具(T) 帮助(H)
为 你的名字 的账户创建一个密码
你的名字
标准用户
您正在为 你的名字 创建密码。
如果执行该操作，你的名字 将丢失网站或网络资源的所有 EFS 加密文件、个人证书和存储的密码。
若要避免以后丢失数据，请要求 你的名字 制作一张密码重置软盘。
新密码
确认新密码
如果密码包含大写字母，它们每次都必须以相同的大小写方式输入。
如何创建强密码
键入密码提示
所有使用这台计算机的人都可以看见密码提示。
密码提示是什么?
创建密码
取消

图 3-15　创建账户密码

④ 在“更改账户”窗口左侧选择“更改图片”选项，在“选择图片”窗口中单击浏览更多图片，选择“你的头像”图片，单击“打开”按钮，如图 3-16 所示。

图 3-16　更改账户头像

（2）删除刚才所建账户。

① 在“控制面板”中单击“添加或删除用户账户”，在打开的“管理账户”窗口中单击刚才创建的账户。

② 在弹出的“更改账户”窗口左侧选择“删除账户”选项，在弹出的窗口选择“删除文件”，然后再单击 “删除账户”按钮，如图 3-17 所示。

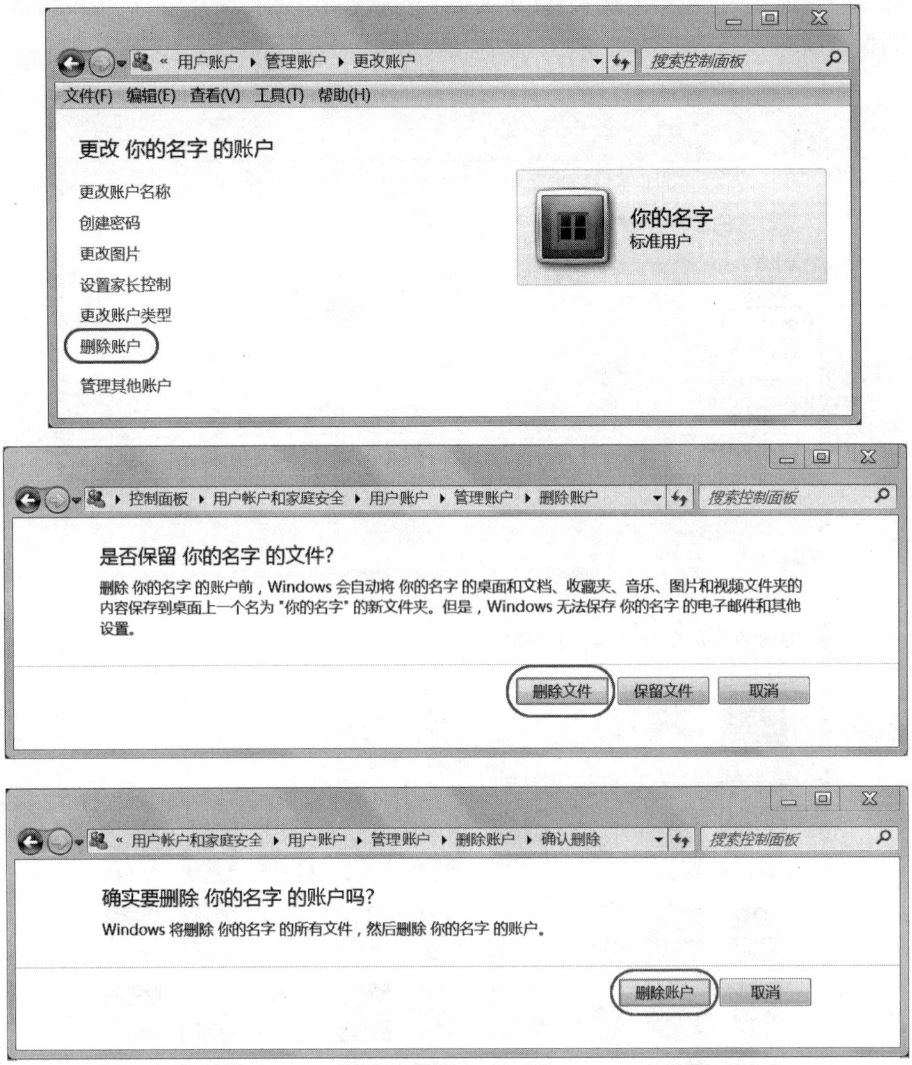

图 3-17　删除账户

3.3.2　实验：文件与文件夹的管理

1. 实验目的

(1) 理解文件及文件夹的概念。

(2) 掌握文件及文件夹的基本操作。

(3) 掌握资源管理器的使用方法。

2. 实验内容

(1) 在 D 盘根目录下新建一个文件夹，并将其命名为"我的资料"，再建立两个文件夹，命名为“音乐”和“图片”。在“音乐”文件夹下建立一个名为“五线谱”的文本文件，在“图片”文件夹下建立一个名为“目录”的 Word 文件，并将它重命名为“歌曲目录”。

(2) 将计算机中的“示例音乐”“示例图片”文件夹中的文件分别复制到“音乐”和“图片”文件夹中，将“图片”文件夹下的“歌曲目录”文件移到“音乐”文件夹中。

(3) 将“图片”文件夹设置为“隐藏”属性，将“五线谱”文件设置为“只读”属性。

(4) 显示“我的资料”文件夹下所有文件的扩展名，显示所有文件(包括隐藏文件)，用大图标、小图标、列表、详细信息和平铺等方式显示“音乐”文件夹中的内容。

(5) 在计算机中搜索文件名包含字符串.doc 的文件。

(6) 删除“图片”文件夹中的某一图片文件，并在回收站中还原该文件。

(7) 利用 WinRAR 软件将“我的资料”文件夹压缩并解压到桌面。

3. 实验步骤

1) 文件(夹)的建立与重命名

(1) 在 D 盘根目录下的空白处右击，在弹出的快捷菜单中选择“新建”|“文件夹”命令，并输入文件夹的名字为“我的资料”。

文件与文件夹的管理.mp4

(2) 双击刚刚建立的“我的资料”文件夹，进入该文件夹窗口，采用同样的操作建立“音乐”和“图片”文件夹。

(3) 双击进入“音乐”文件夹，在空白处右击，在弹出的快捷菜单中选择“新建”|“文本文档”命令，并输入文本文件的名称为“五线谱”，如图 3-18 所示。双击进入“图片”文件夹，在空白处右击，在弹出的快捷菜单中选择“新建”|“Microsoft Office Word 文档”，并输入 Word 文档的名称为“目录”，如图 3-19 所示。

(4) 选中“目录”文件，右击，在弹出的快捷菜单中选择“重命名”，输入文件名称为“歌曲目录”，如图 3-20 所示。

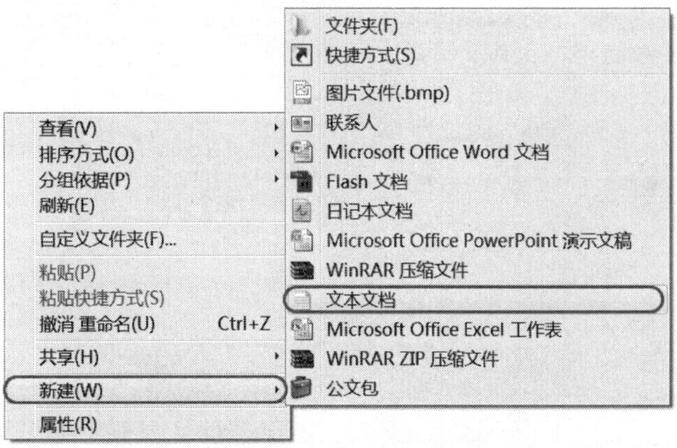

图 3-18　新建文本文档

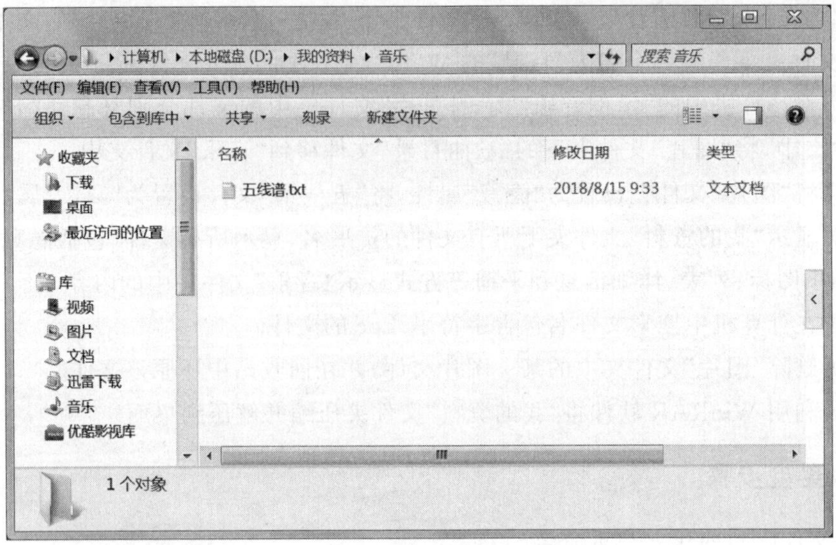

图 3-18 （续）

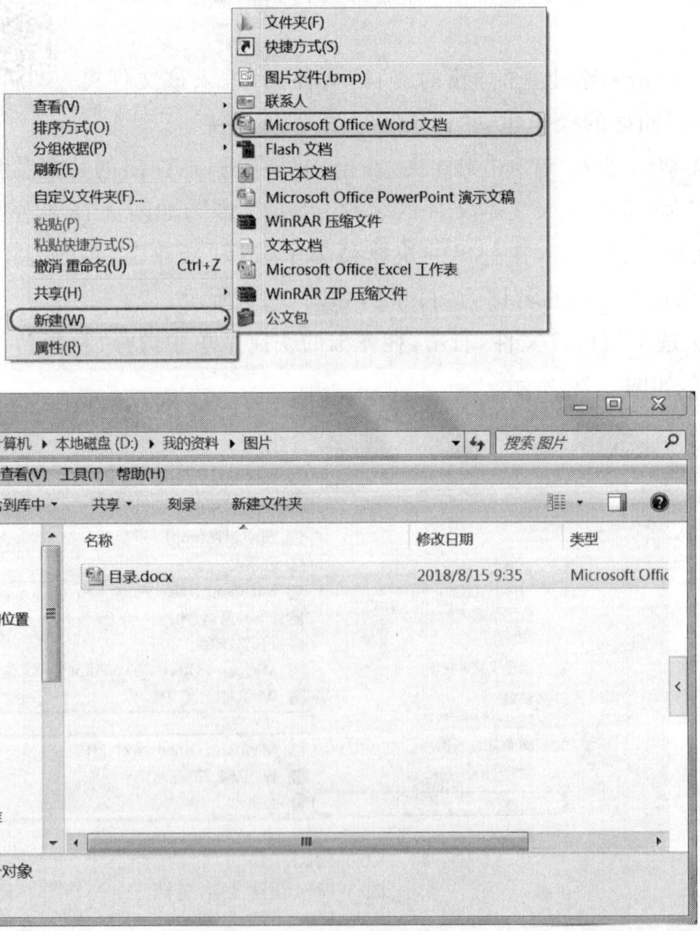

图 3-19 新建 Microsoft Office Word 文档

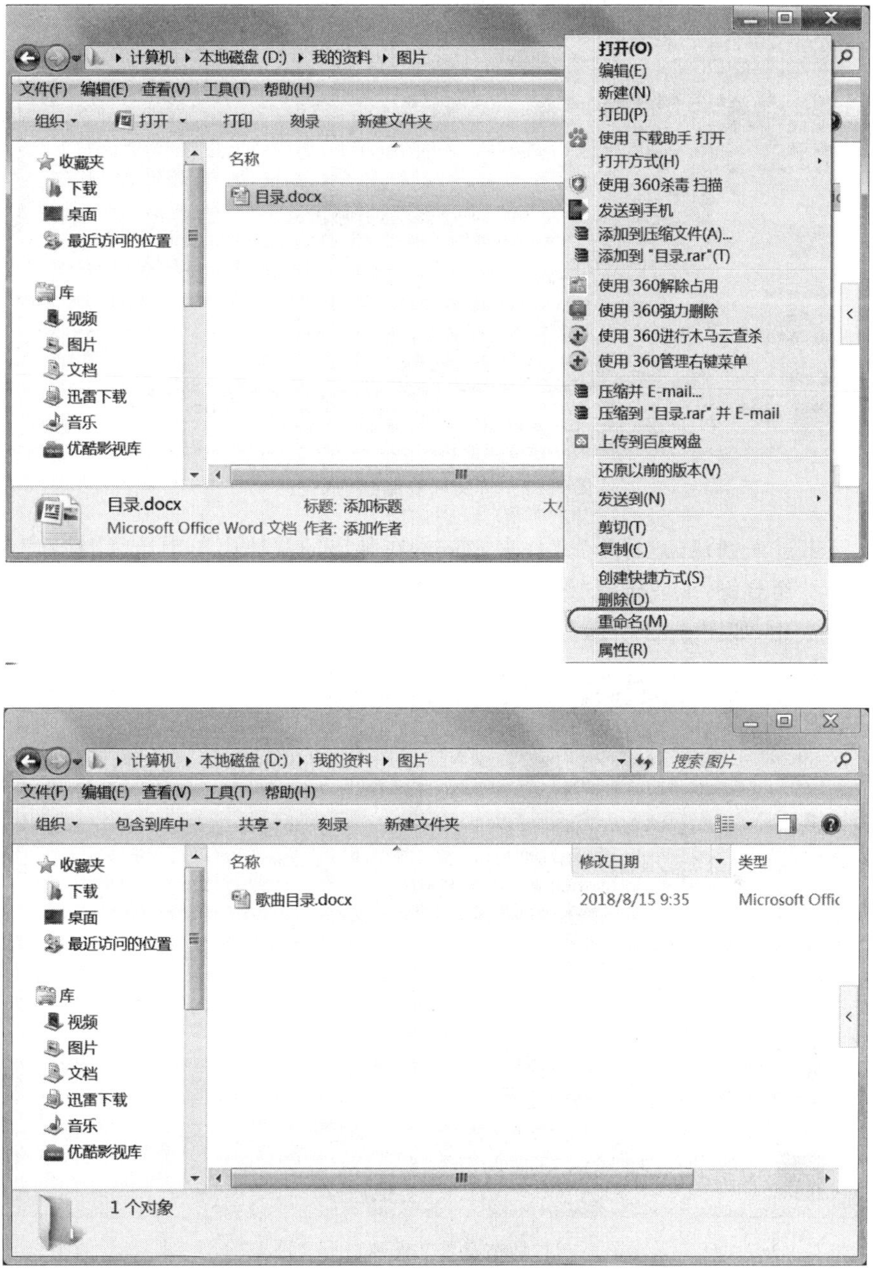

图 3-20　重命名 Microsoft Office Word 文档

2）文件（夹）的复制和移动

（1）双击计算机图标，在弹出的窗口左侧选择“库”下的“音乐”，双击右侧的“示例音乐”文件夹，按 Ctrl＋A 组合键选中“示例音乐”中的所有音乐文件，右击，在弹出的快捷菜单中选择“复制”命令，或者按 Ctrl＋C 组合键，或者选择“编辑”菜单中的“复制”命令，如图 3-21 所示。

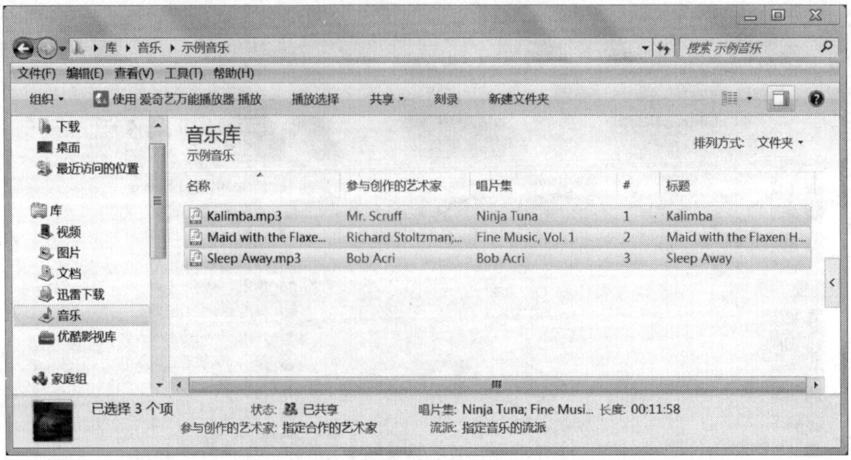

图 3-21　将文件复制到剪贴板

(2) 双击进入创建的“音乐”文件夹,右击,在弹出的快捷菜单中选择“粘贴”命令,或者按 Ctrl+V 组合键,或者选择“编辑”菜单中的“粘贴”命令,即可将所有音乐文件复制到“音乐”文件夹中,如图 3-22 所示。

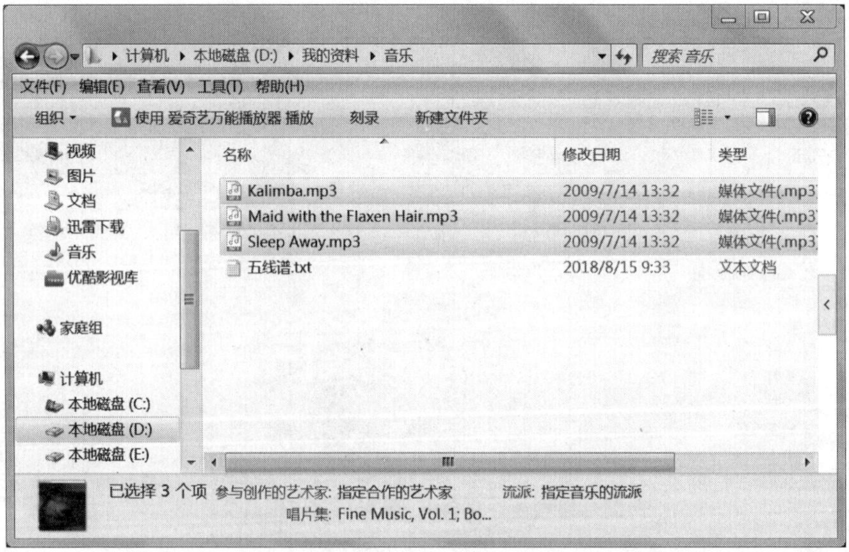

图 3-22　粘贴音乐文件到目标文件夹

(3) 采用同样的操作将“示例图片”中的图片文件复制到“图片”文件夹,如图 3-23 所示。

(4) 双击进入“图片”文件夹,选中“歌曲目录”文件,右击,在弹出的快捷菜单中选择“剪切”命令,或者按 Ctrl+X 组合键,或者选择“编辑”菜单中的“剪切”命令。

(5) 双击进入创建的“音乐”文件夹,右击,在弹出的快捷菜单中选择“粘贴”命令,或者按 Ctrl+V 组合键,或者选择“编辑”菜单中的“粘贴”命令,即可将“歌曲目录”文件移动到“音乐”文件夹中,如图 3-24 所示。

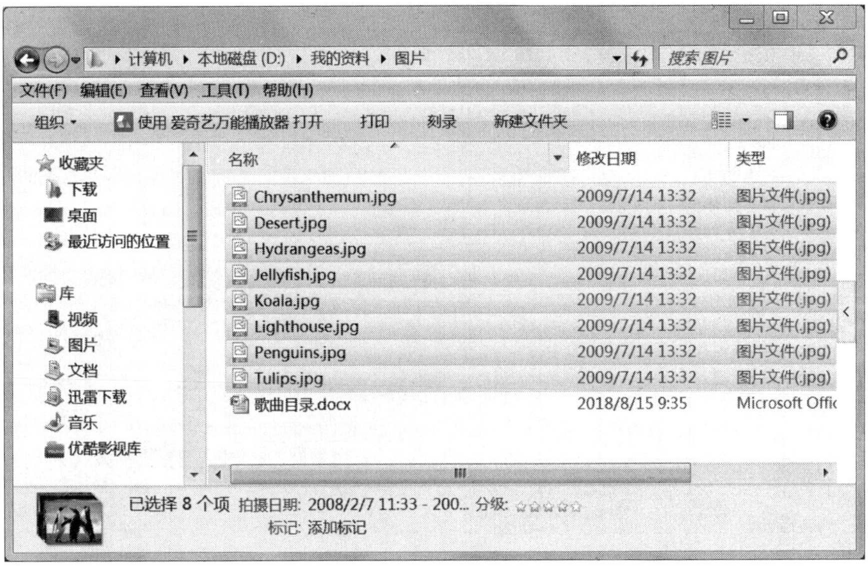

图 3-23　将图片文件复制到目标文件夹

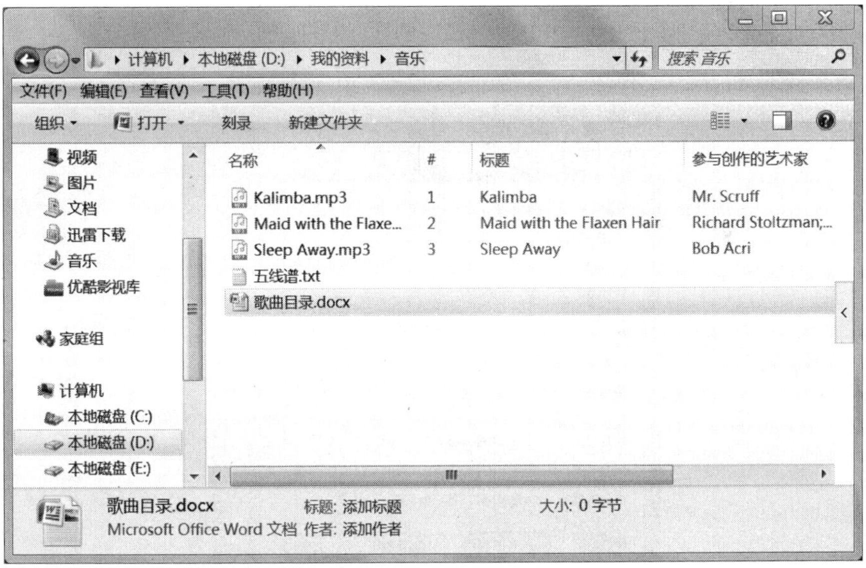

图 3-24　将文件移动到目标文件夹

3）文件(夹)的属性设置

(1) 选中“图片”文件夹，右击，在弹出的快捷菜单中选择“属性”命令，打开相应的对话框。

(2) 在对话框的“常规”选项卡中，选中“隐藏”复选框，单击“确定”按钮。在弹出的“确认属性更改”对话框中，选择“将更改应用于此文件夹、子文件夹和文件”，单击“确定”按钮，如图 3-25 所示。

(3) 双击进入“音乐”文件夹，选中“五线谱”文件，右击，在弹出的快捷菜单中选择“属

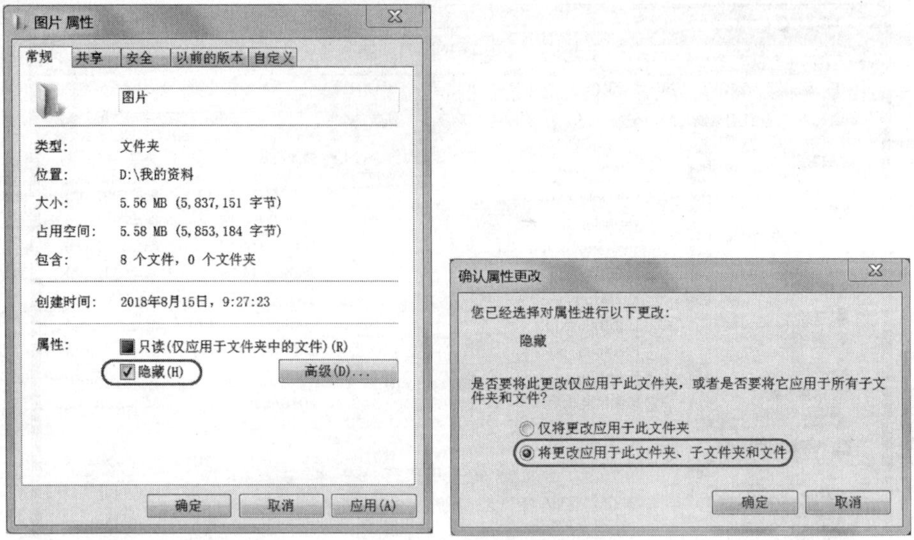

图 3-25　设置隐藏文件

性”命令，打开相应的对话框。

(4) 在对话框的“常规”选项卡中，选中“只读”复选框，单击“确定”按钮，如图 3-26 所示。

图 3-26　设置只读文件

4) 文件夹选项设置

(1) 双击进入“我的资料”文件夹，在“工具”菜单中选择“文件夹选项”命令，在弹出的“文件夹选项”对话框中选择“查看”选项卡。

注意：如果菜单栏被隐藏了，找不到“工具”菜单栏，可选择窗口的“组织”|“布局”选项，勾选“菜单栏”选项，菜单栏就会显示出来。

(2) 在“高级设置”区域中选择“显示隐藏的文件、文件夹和驱动器”，取消勾选“隐藏已知文件类型的扩展名”复选框，如图 3-27 所示。

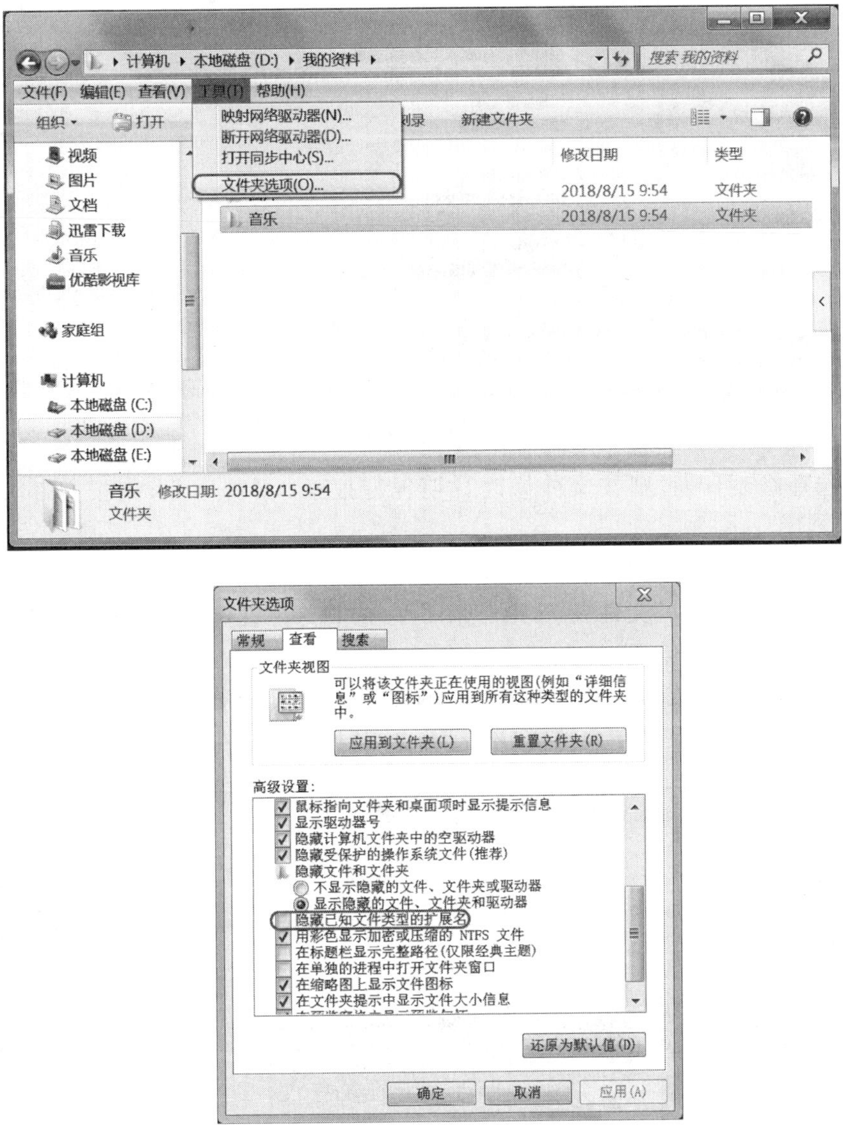

图 3-27　文件夹选项设置

(3) 双击进入“音乐”文件夹，通过“查看”菜单中的大图标、小图标、列表、详细信息、平铺等方式显示此文件夹的内容。

5) 文件(夹)的搜索

(1) 双击计算机图标，在打开的窗口(图 3-28)检索框中输入.docx，搜索结果则会显示在文件列表框中。

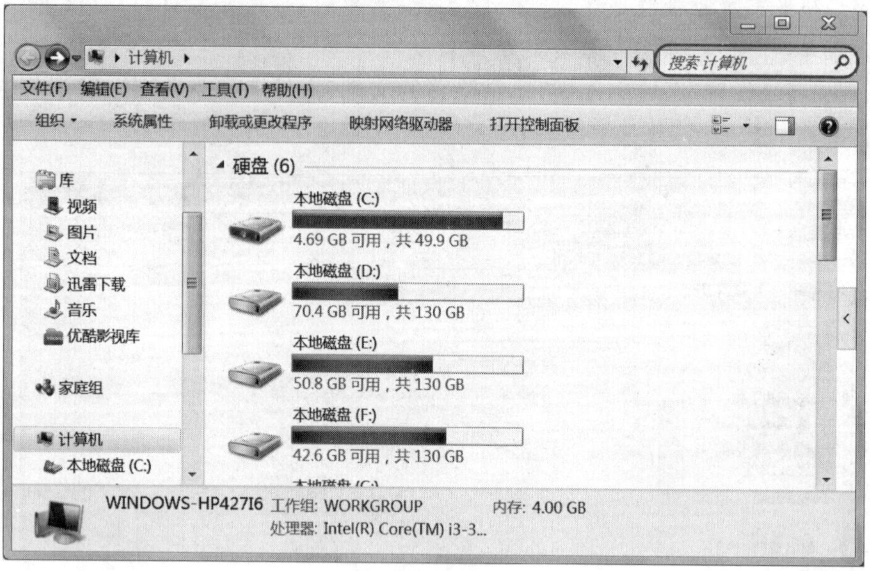

图 3-28 搜索文件

(2) 选择修改日期，则按文件修改日期进行搜索；选择大小，则按文件大小进行搜索。

6) 文件(夹)的删除与恢复

(1) 双击进入"图片"文件夹，选中一张图片，按 Delete 键，或者右击，在弹出的快捷菜单中选择"删除"命令。

(2) 双击进入"回收站"，选中刚刚删除的图片，单击工具栏中的"还原此项目"按钮。或者右击，在弹出的快捷菜单中选择"还原"命令，还原选中文件，如图 3-29 所示。

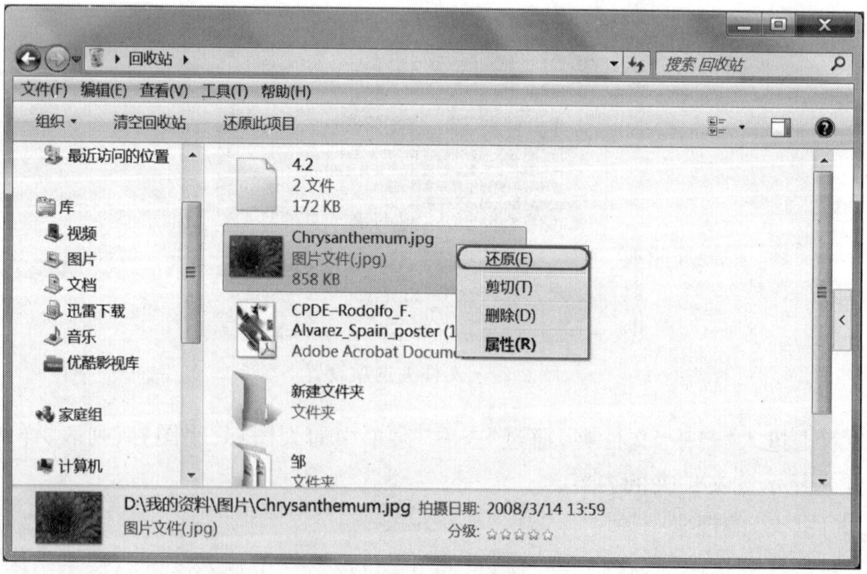

图 3-29 还原文件

7）文件(夹)的压缩和解压

利用 WinRAR 软件将“我的资料”文件夹压缩并解压到桌面。

(1) 从网上下载 WinRAR 软件，并根据提示安装该软件。

(2) 选中“我的资料”文件夹，右击，在弹出的快捷菜单中选择“添加到压缩文件”命令，在弹出的对话框中，单击“浏览”按钮，选择桌面，则将压缩文件存放在“桌面”，如图 3-30 所示。

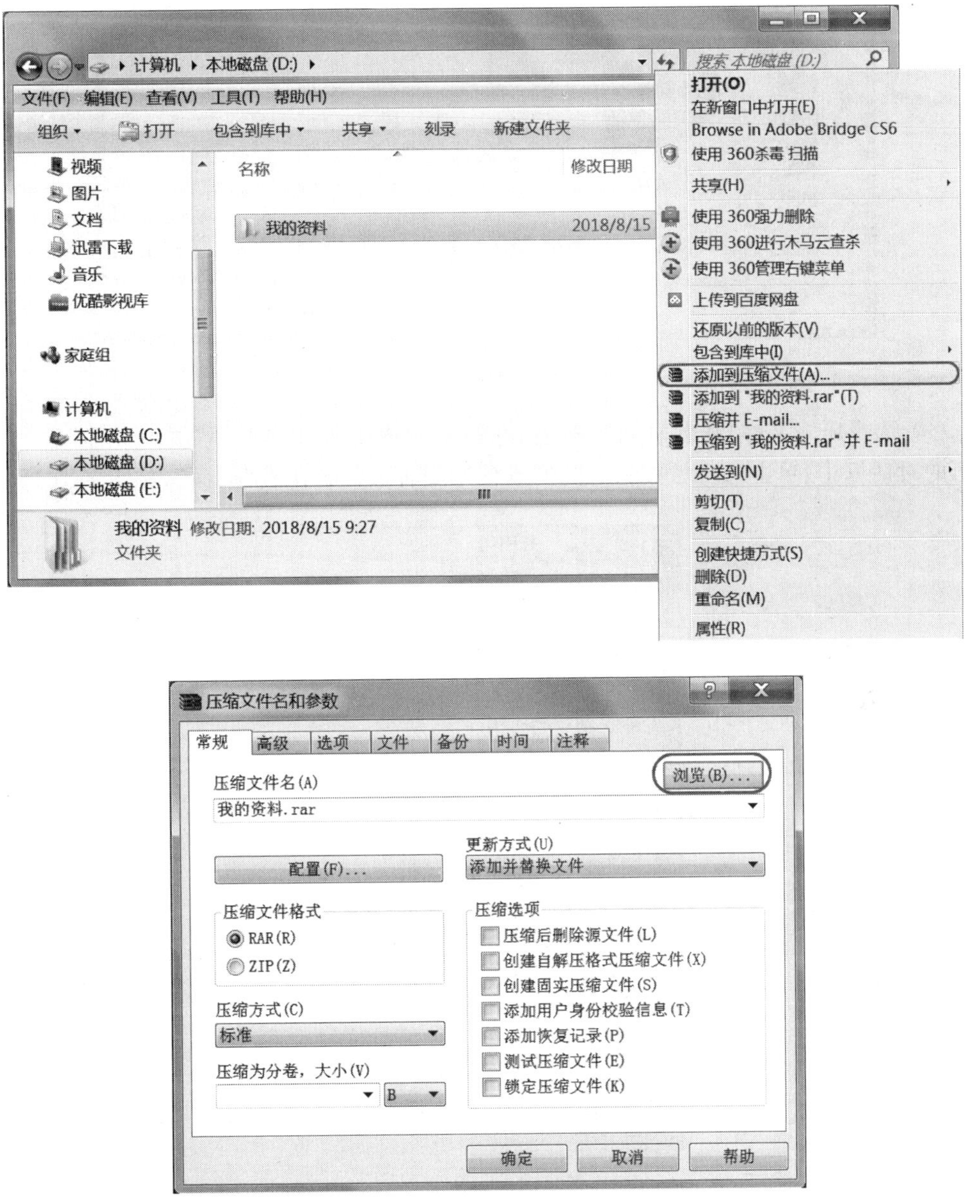

图 3-30 压缩文件

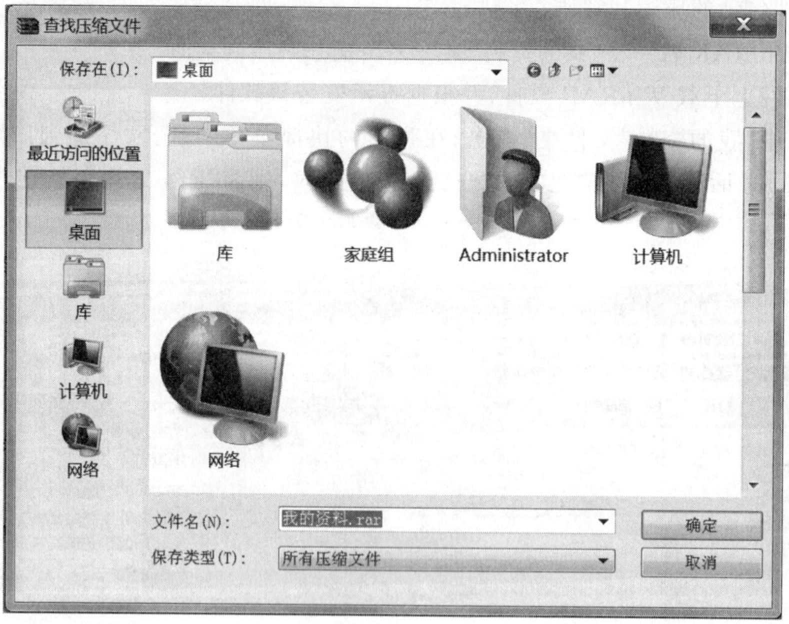

图 3-30(续)

(3) 选择压缩文件"我的资料",右击,在弹出的快捷菜单中选择"解压文件"命令,在弹出的对话框中,单击"显示"按钮,选择"桌面",则将文件解压到"桌面",如图 3-31 所示。

图 3-31 解压文件

3.3.3 实验：Windows 7 操作系统常用附件的使用

1. 实验目的

掌握磁盘清理、磁盘碎片整理等系统维护工具的使用方法。

Windows 7 常用附件的使用.mp4

2. 实验内容

(1) 运行"磁盘清理程序"。

(2) 安排计划，使系统自动运行某个指定程序。

(3) 系统还原。

3. 实验步骤

(1) 运行"磁盘清理程序"。

① 选择"开始"|"所有程序"|"附件"|"系统工具"|"磁盘清理"命令，选中磁盘，单击"确定"按钮。

② 在弹出的"磁盘清理"对话框中勾选要删除的文件，单击"确定"按钮。在弹出"确实要永久删除这些文件吗?"的询问框中，单击"删除文件"按钮，如图 3-32 所示。

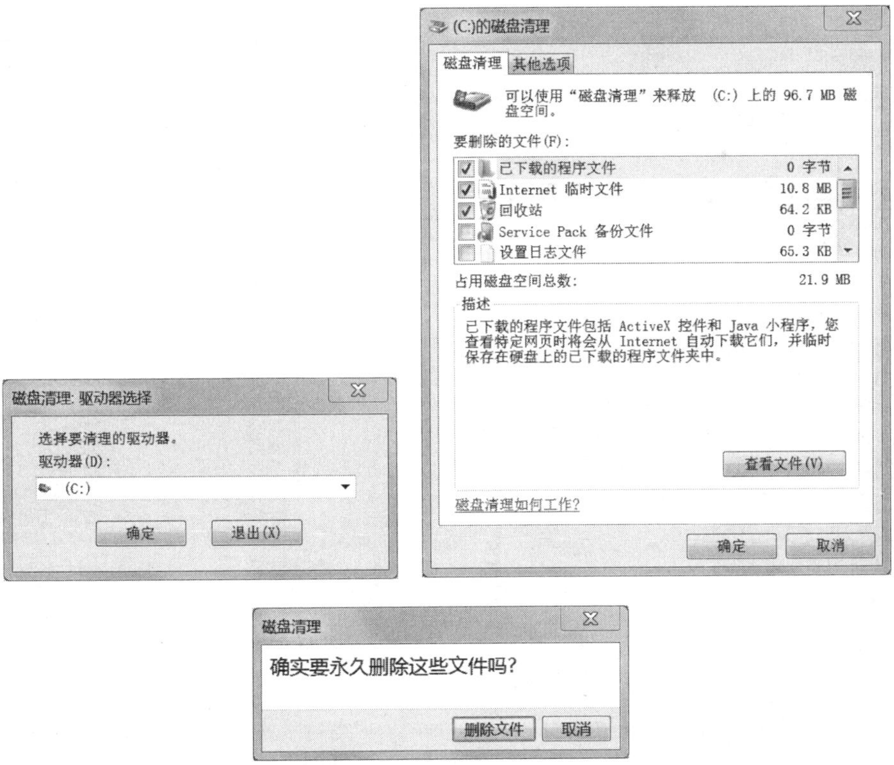

图 3-32　磁盘清理

(2) 安排计划，使系统自动运行某个指定程序。

① 选择“开始”|“所有程序”|“附件”|“系统工具”|“任务计划程序”命令，打开“任务计划程序”对话框。

② 选择“任务计划程序库”下的“创建基本任务”项目，打开设置向导进行设置。

③ 按向导提示设置计划任务名称，触发时间和需要触发的程序，如图 3-33 所示。

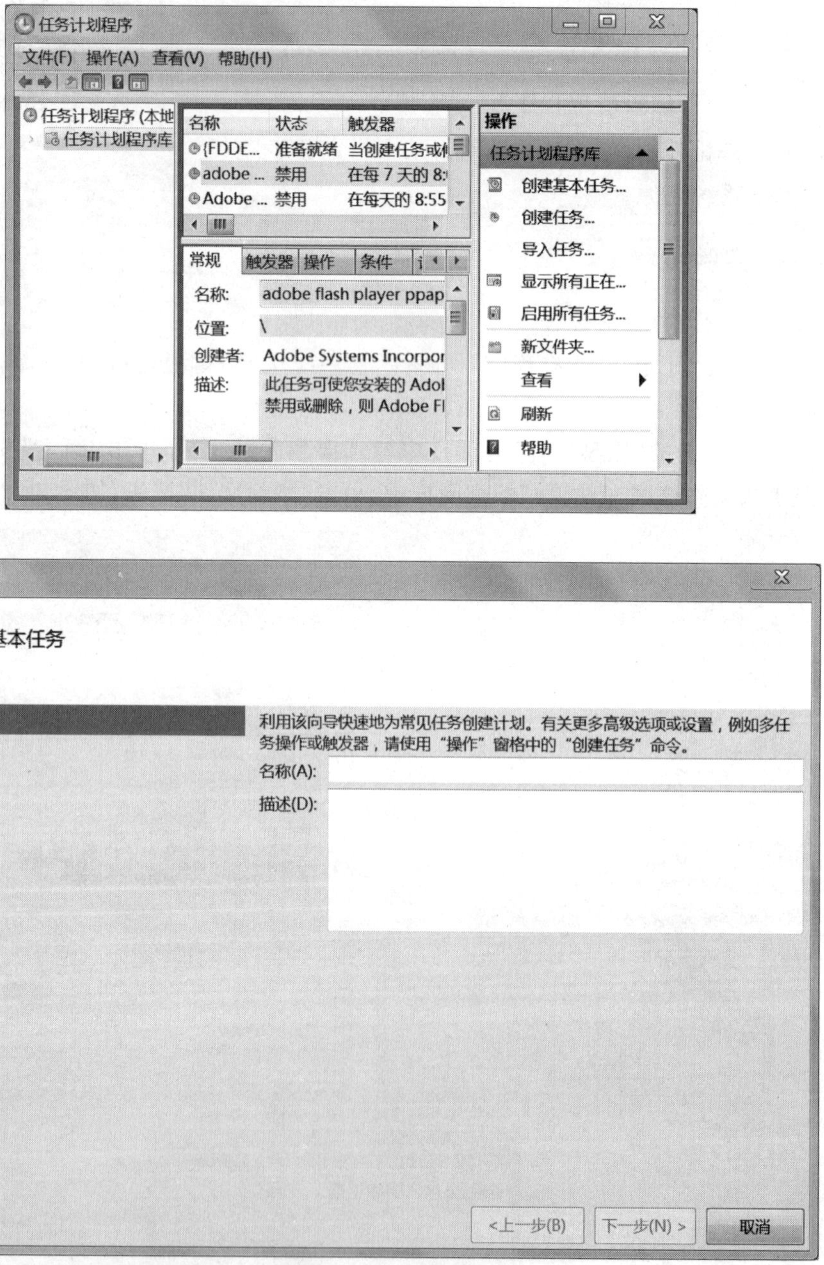

图 3-33 创建任务计划程序

（3）系统还原。

① 右击桌面上的"计算机"图标，在弹出的快捷菜单中选择"属性"命令，在弹出的"系统"窗口单击左侧的"系统保护"选项，在打开的"系统保护"选项卡中，单击"创建"按钮，根据提示创建还原点，如图 3-34 所示。

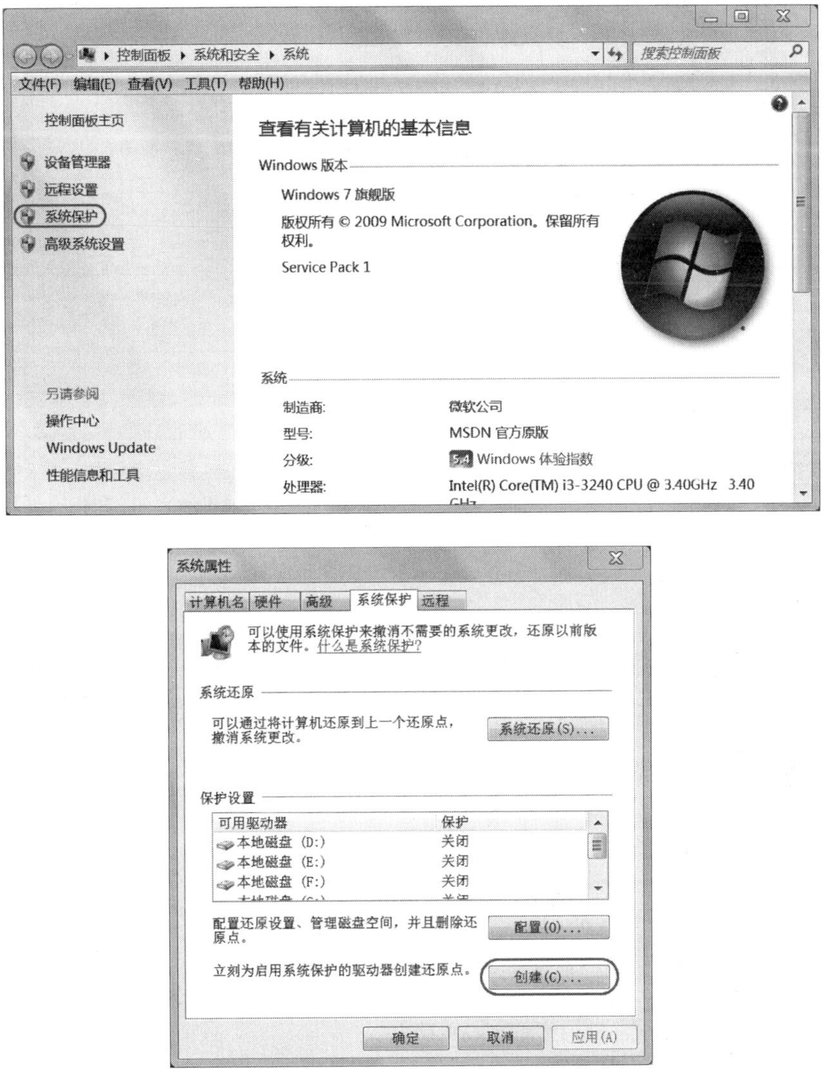

图 3-34　创建系统还原点

② 单击"系统保护"选项卡的"系统还原"按钮，根据提示进行系统还原。或者选择"开始"|"所有程序"|"附件"|"系统工具"|"系统还原"命令，根据提示进行系统还原，如图 3-35 所示。

注意：当系统或文件遭受严重损害，系统无法启动时，这些普通的还原点无法进行完全恢复，此时可以利用系统映像还原系统。主要步骤如下。

① 选择"开始"|"控制面板"|"备份和还原"命令，在弹出的"备份和还原"窗口中选择

“创建系统映像”选项，如图 3-36 所示，根据提示进行系统备份。备份完成后，会提示是否创建系统恢复盘，选择“否”，此时保存备份的驱动器下就会有 Windows Image Backup 目录。

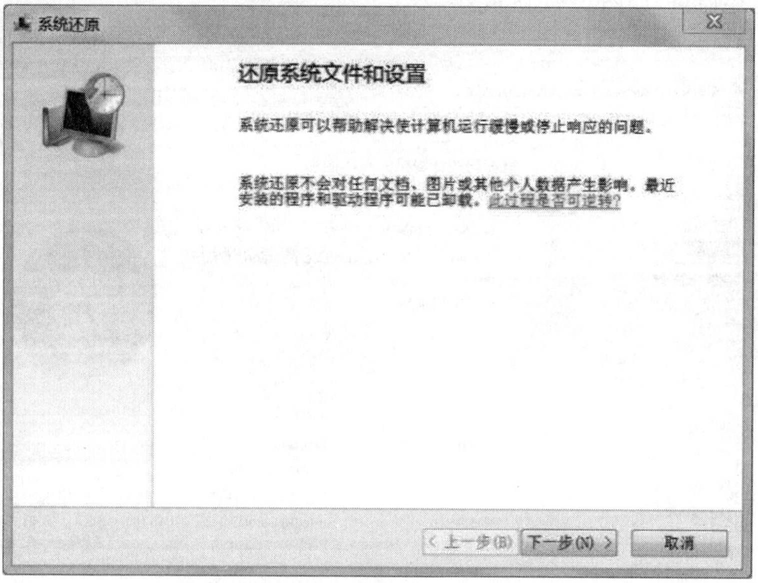

图 3-35　还原系统文件和设置

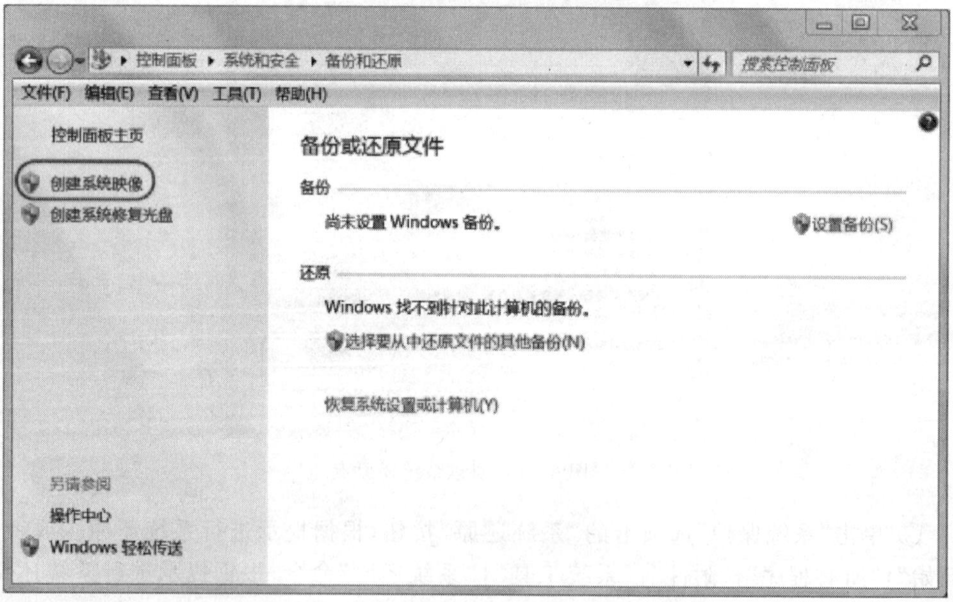

图 3-36　创建系统映像

② 选择“开始”|“控制面板”|“恢复”命令，在弹出的“恢复”窗口中依次选择“高级恢复方法”|“使用之前创建的系统映像恢复计算机”，即可进行系统还原。

如果 Windows 7 无法正常启动，在开机启动时快速按下 F8 键，打开 Windows 7 系统的高级启动菜单，依次选择“修复计算机”|“系统映像恢复”命令，然后根据系统提示进行操作就可以彻底还原受损的 Windows 7 系统。

3.4 习题精解

1. 选择题

(1) Windows 7 是(　　)。

A. 单用户单任务操作系统　　B. 多用户多任务操作系统

C. 单用户任务操作系统　　D. 多用户单任务操作系统

答案：B

解析：Windows 7 是多用户多任务操作系统。

(2) Windows 7 中，当一个窗口最大化后，下列叙述中错误的是(　　)。

A. 该窗口可以被关闭　　B. 该窗口可以移动

C. 该窗口可以最小化　　D. 该窗口可以还原

答案：B

解析：当一个窗口已经最大化，该窗口不能移动，只能最小化、还原或关闭。

(3) 在 Windows 7 的窗口中，选中末尾带有省略号的菜单意味着(　　)。

A. 将弹出下一级菜单　　B. 将执行该菜单命令

C. 表明该菜单项已被选用　　D. 将弹出一个对话框

答案：D

解析：在 Windows 7 系统的窗口中，选中有单箭头的菜单意味着此命令带有下一级菜单；选中末尾带有省略号的菜单意味着将弹出一个对话框；若菜单项颜色变灰，则意味着该命令在当前状态下不能执行。

(4) Windows 7 中，用键盘关闭应用程序，可以同时按(　　)组合键。

A. Ctrl+Shift　　B. Shift+F6　　C. Alt+F6　　D. Alt+F4

答案：D

解析：Ctrl+Shift 组合键可以实现输入法之间的切换，Shift+F6 组合键实现在对话框的选项之间向后移动，Alt+F6 组合键实现从打开的对话框切换回文档，Alt+F4 组合键实现用键盘关闭应用程序。

(5) 下列关于 Windows 文件名的叙述，错误的是(　　)。

A. 文件名中允许使用竖线“|”

B. 文件名中允许使用空格

C. 文件名中允许使用汉字

D. 文件名中允许使用多个圆点分隔符

答案：A

解析：在 Windows 操作系统中，文件名最多由 255 个字符组成，可以由英文字母（大小写等价）、数字、汉字和 $、#、&、@、()、_、[]、^、~等字符组成；文件名中不可以使用\、/、:、*、?、"、<、>、|等字符，因为这些符号在操作系统中有特殊意义。不可使用系统默认的设备名为文件名，如 con\aux\com1 等；支持多个间隔，如 sdfdsfd. bmp. txt。

(6) Windows 7 中，为了实现各种输入法之间的切换，应按(　　)组合键。

A. Ctrl+Shift　　B. Ctrl+空格　　C. Ctrl+F8　　D. Shift+空格

答案：A

解析：Ctrl+空格组合键实现中英文输入方式的切换，Shift+空格组合键实现半角与全角之间的切换。

(7) 在 Windows 7 操作系统中，个性化设置中不能设置的是(　　)。

A. 窗口颜色　　B. 分辨率

C. 声音　　D. 桌面背景

答案：C

解析：个性化设置中可以设置窗口颜色、分辨率、桌面背景，但不能设置声音。

(8) 在“资源管理器”中，要把 C 盘的某个文件移到 D 盘，用鼠标操作时应该(　　)。

A. 直接拖动　　B. Shift+拖动

C. 双击　　D. Ctrl+拖动

答案：A

解析：在“资源管理器”中，直接拖动可以把文件从一个盘移到另一个盘，Ctrl+拖动可以把文件从一个盘复制到另一个盘。

(9) 表示文本文件的是(　　)。

A. 以. exe 为扩展名的文件　　B. 以. txt 为扩展名的文件

C. 以. com 为扩展名的文件　　D. 以. doc 为扩展名的文件

答案：B

解析：文档的扩展名表示文档的类型，. exe 表示可执行文件，. txt 表示文本文件，. com 表示 DOS 可执行命令文档，. doc 表示由 Word 97-2003 创建的 Word 文档。

(10) 对话框允许用户(　　)。

A. 最大化　　B. 最小化　　C. 移动位置　　D. 改变大小

答案：C

解析：对话框不能最大化、最小化和改变大小，但可以移动位置。

(11) 安装 Windows 7 操作系统时，系统磁盘分区必须为(　　)格式才能安装。

A. FAT　　B. FAT16

C. FAT32　　D. NTFS

答案：D

解析：和安装 Windows XP 操作系统不同，Windows 7 操作系统安装的磁盘必须是 NTFS 文件系统。

(12) 直接永久删除文件而不是先将其移至回收站的快捷键是(　　)。

A. Esc+Delete　　B. Delete　　C. Ctrl+Delete　　D. Shift+Delete

答案：D

解析：Shift＋Delete组合键可以直接永久删除文件。

(13) 在Windows操作系统中，文件夹是指(　　)。

A. 文档　　B. 程序　　C. 磁盘　　D. 目录

答案：D

解析：无论是操作系统的文件，还是使用者自己生成的文档，其数量和种类都非常多。为了便于对文档进行存取和管理，系统设置了文件夹，它实际上相当于DOS系统中目录的概念。

(14) Windows 7录音机录制的声音文件默认的扩展名为(　　)。

A. .mp3　　B. .wav　　C. .rm　　D. .wma

答案：D

解析：Windows 7录音机录制的声音文件默认的扩展名为.wma，也就是Windows Media Audio。

(15) 控制面板的作用是(　　)

A. 安装管理硬件设备

B. 进行系统管理和系统设置

C. 改变桌面屏幕设置

D. 添加/删除应用程序

答案：B

解析：控制面板包含配置计算机系统的工具，用户可以通过控制面板对计算机软件和硬件进行详细的管理与设置，包括显示属性设置、打印机设置、区域设置、日期与时间设置、字体管理、硬件管理、添加与删除应用程序等。

2. 简答题

(1) 试列出四种复制文件的方法。

答案：① 选中文件或文件夹，选择“编辑”|“复制”命令，在目标文件夹中选择“编辑”|“粘贴”命令。

② 右击文件或文件夹，选择“复制”命令，右击目标文件夹，选择“粘贴”命令。

③ 选中文件或文件夹，按Ctrl＋C组合键，然后在目标位置按Ctrl＋V组合键。

④ 选中文件或文件夹，按住Ctrl键，用鼠标拖动。

(2) 简述回收站与剪贴板的区别。

答案：① 功能不一样。回收站用于存放用户临时删除的文档资料；剪贴板是系统用于临时存放交换信息的存储区域。

② 位置不一样。回收站是硬盘上的空间，剪贴板是内存中的空间。

③ 限制不一样。回收站中可以保存很多文件，剪贴板只能保存最后一次剪贴或复制的内容。系统断电后，回收站的内容依然存在，而剪贴板中的内容则会消失。

(3) 使用“截图工具”可以截取哪些类型的截图？

答案：①“任意格式截图”。围绕对象拖动鼠标绘制的任意形状区域。

② “矩形截图”。在对象的周围拖动鼠标构成的一个矩形区域。

③ “窗口截图”。移动鼠标选择一个窗口,如希望捕获的浏览器窗口或对话框。

④ “全屏幕截图”。捕获整个屏幕。

(4) Windows 7 操作系统中,哪些方法可以进入“资源管理器”?

答案:① 在计算机桌面上双击“计算机”。

② 在开始菜单中单击“资源管理器”。

③ 按 Windows+E 组合键。

(5) 在 Windows 7 操作系统桌面创建快捷方式可以使用哪些方法实现?

答案:① 在桌面空白处右击,在弹出的快捷菜单中选择新建桌面快捷方式,在创建快捷方式的对话框中输入所要创建快捷方式的项目的地址,单击“下一步”按钮,在新的对话框中填写快捷方式的名称,按“完成”按钮。

② 在需要创建快捷方式的项目的位置找到该项目,右击发送到桌面快捷方式。

3.5 综合任务:计算机系统与 IOS /Android 系统应用程序的安装与卸载

任务:计算机系统与 IOS/Android 系统应用程序的安装与卸载. pdf

3.6 考证辅导

1. 全国计算机等级考试考证辅导

1) 考试要求

一级考试的基本要求如下。

了解操作系统的基本功能和作用,掌握 Windows 的基本操作和应用。

一级考试的考试内容如下。

(1) 计算机软件和硬件系统的组成及主要技术指标。

(2) 操作系统的基本概念、功能、组成及分类。

(3) Windows 操作系统的基本概念和常用术语,文件、文件夹、库等。

(4) Windows 操作系统的基本操作和应用如下。

① 桌面外观的设置,基本的网络配置。

② 熟练掌握资源管理器的操作与应用。

③ 掌握文件、磁盘、显示属性的查看、设置等操作。

④ 中文输入法的安装、删除和选用。

⑤ 掌握检索文件、查询程序的方法。

⑥ 了解软件和硬件的基本系统工具。

二级考试不涉及此部分内容。

2）模拟练习

在考生文件夹下进行下列操作。

（1）在考生文件夹下的JOSEF文件夹中建立一个名为MYPROG的新文件夹。

（2）在考生文件夹下的LUY文件夹中建立一个名为BRAN的文件夹。

（3）将考生文件夹下的FTP文件夹中的文件BEER.DOC复制到同一文件夹下，并命名为BEER2.DOC。

（4）将考生文件夹下的DSK文件夹中的文件BRAND.BPE删除。

（5）将考生文件夹下的BRUST文件夹移到考生文件夹下TURN文件夹中，并改名为FENG。

2. 全国计算机信息高新技术考试考证辅导

1）考试要求

（1）Windows 7操作系统的基本操作：进入操作系统和资源管理器，建立考生文件夹，复制和重命名文件。

（2）Windows 7操作系统的设置与优化：系统声音的设置，更改与创建声音方案；鼠标与键盘的设置；更改、使用或创建桌面主题；更改、使用或创建屏幕保护程序；更改、使用或创建电源计划；创建桌面背景；调整屏幕分辨率与刷新频率；日期与时间格式的设置；添加、删除或启用新账户；磁盘清理与磁盘碎片整理程序的应用；文件的压缩与解压缩；文件夹中文件的查找，库中文件的查找；文件夹的属性设置、权限设置与共享设置；库的创建与共享。

2）模拟练习

（1）操作系统的基本操作。

① 启动资源管理器。

② 在C盘下新建文件夹，文件夹名为“1000001”。

③ 将C盘中考试题库“2017KSW”文件夹中的OK1.DOC，OK3.DOC，OK4.DOC，OK5.DOC，OK6.XLS，OK7.XLS，OK8.DOC一次性复制到1000001文件夹中，将文件分别重命名为MY1、MY3、MY4、MY5、MY6、MY7、MY8，扩展名不变。

（2）操作系统的设置与优化。

① 将风景Img10图片设置为桌面背景。

② 为“附件”菜单中的“计算机”创建桌面快捷方式。

第4单元　网络技术与信息安全

随着计算机及通信技术的发展,网络已经成为工作、生活中不可缺少的部分。本单元的学习旨在帮助大家了解网络的相关知识,能够组建简单的局域网,能够进行基本的网络安全部署,能够利用多种方法搜索多种形式的信息并正确地筛选出有效信息,能够掌握因特网的基本应用。

学习目标

(1) 了解网络的基本概念和因特网的基础知识。

(2) 熟练掌握谷歌浏览器和电子邮件的基本操作与使用。

(3) 了解网络安全的基本概念和内容以及网络安全防护的基本设置。

4.1　能力自测

1. 知识水平测评

在20分钟内回答以下问题。

(1) 你解决过网络连接问题吗?举例说明。

(2) 你有电子邮箱吗?你收发过电子邮件吗?

(3) 你知道如何保证网络安全吗?

(4) 你知道计算机网络的概念吗?你知道什么是域名、IP地址吗?你知道如何查看本机的IP地址吗?

(5) 你使用过防病毒软件吗?计算机病毒的本质是什么?

2. 技能水平测评

1) 谷歌浏览器的使用

(1) 使用谷歌浏览器打开本校网站的主页,并设置为浏览器主页。

(2) 搜索本专业的招聘信息,并保存下来。

2) 收发电子邮件

使用谷歌和Outlook分别将刚才搜索到的招聘信息发送给你的同学。

3) 网络安全设置

(1) 清除网页上自动保存的登录密码。

(2) 设置百度为谷歌浏览器的默认搜索引擎。

(3) 清除刚才浏览的历史记录。

(4) 查看刚才访问的网站是否为钓鱼网站。

(5) 安装 360 杀毒软件,设置"实时防护设置",对计算机进行全盘扫描。

4) 网络应用服务

(1) 将搜索到的招聘信息上传至百度云盘,并分享给同学。

(2) 安装并使用一种即时通信工具。

(3) 新建一个文件夹,将此文件夹进行共享,共享名为"测试文档",并设置共享权限为只读。

(4) 查询本地资源的共享和远程计算机的连接情况。

(5) 测试完成后取消文件夹共享。

4.2 学习指南

1. 知识要点

网络技术与信息安全知识要点.pdf

2. 技能指南

1) 浏览网页

(1) 启动谷歌浏览器,有以下 3 种方法:

① 单击任务栏的谷歌浏览器图标;

② 双击桌面上的谷歌浏览器图标;

③ 选择"开始"|"所有程序"|Google Chrome 命令。

(2) 关闭谷歌浏览器,有以下 5 种方法:

① 单击窗口右上角"关闭"按钮;

② 单击谷歌浏览器右上角三个小圆点"自定义及控制"按钮|"退出"按钮;

③ 按 Alt+F4 组合键;

④ 右击任务栏的谷歌图标,在弹出的快捷菜单中选择"关闭窗口"命令;

⑤ 按 Ctrl+Shift+Q 组合键。

(3) 在谷歌中浏览页面,有以下两种方法:

① 在地址栏中输入 Web 地址,按 Enter 键;

② 单击网页中的超链接。

2) 在谷歌中保存网页

在网页空白处右击"另存为"命令。

3) 在谷歌中保存图片

右击图片,在快捷菜单中选择“图片另存为”命令。

4) 谷歌浏览器设置

单击谷歌浏览器右上角三个小圆点“自定义及控制”按钮,在弹出的下拉菜单中选择“设置”。

5) 搜索

(1) 简单搜索:打开搜索引擎,在搜索栏中输入搜索关键字。

(2) 高级搜索:在搜索结果页面下方单击“高级搜索”按钮。

6) Outlook 的使用

(1) 打开 Outlook:选择“开始”|“所有程序”|Microsoft Outlook 2013 命令。

(2) 添加账户:选择“开始”|“添加新账户”命令。

(3) 撰写邮件:选择“开始”|“新建电子邮件”命令。

(4) 插入附件:选择“插入”|“附件文本”命令。

(5) 接收邮件:选择“邮件”|“发送和接收所有文件夹”命令或者选择其他功能按钮。

(6) 回复或转发邮件:选择“邮件”|“答复”/“转发”命令。

4.3 实验指导

4.3.1 实验:谷歌浏览器的使用

1. 实验目的

以谷歌浏览器为例,掌握浏览网页、保存网页中的文字和图片信息、收藏夹的使用、浏览器和搜索引擎使用的基本技能。

2. 实验内容

谷歌浏览器的使用.mp4

1) 书签的使用

(1) 将网易和京东网主页添加到书签。

(2) 整理书签。

2) 信息搜索

(1) 通过百度以“计算机的发展趋势”为关键字进行简单搜索和高级搜索。

(2) 对比简单搜索和高级搜索的结果与区别。

3) 谷歌浏览器的基本设置

(1) 在浏览器上方显示菜单栏。

(2) 将网易首页设置为浏览器的主页。

(3) 设置百度为默认搜索引擎。

3. 实验步骤

1）书签的使用

（1）添加书签。

① 打开网易主页，单击页面右上角的“为此页添加书签”按钮。

② 在弹出的“已添加书签”对话框中输入要保存的网页名称，如图 4-1 所示，即可将网易添加到收藏夹中。

使用同样的方法将京东网页添加到收藏夹中。

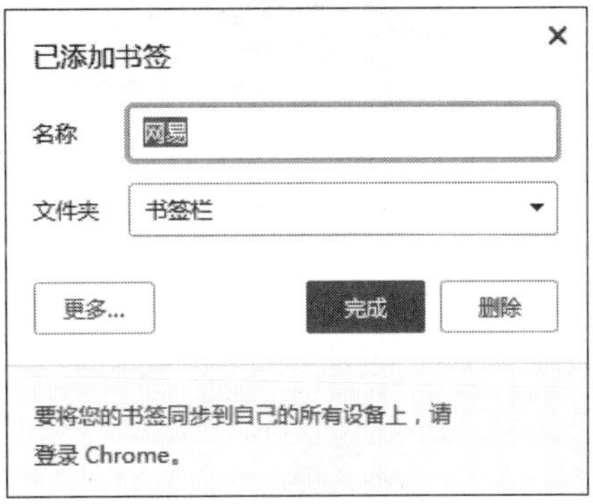

图 4-1　添加书签

（2）整理书签。

① 单击谷歌浏览器右上角三个小圆点“自定义及控制”按钮，在展开的“自定义及控制”菜单中选择“书签”下拉列表中的“书签管理器”，如图 4-2 所示。

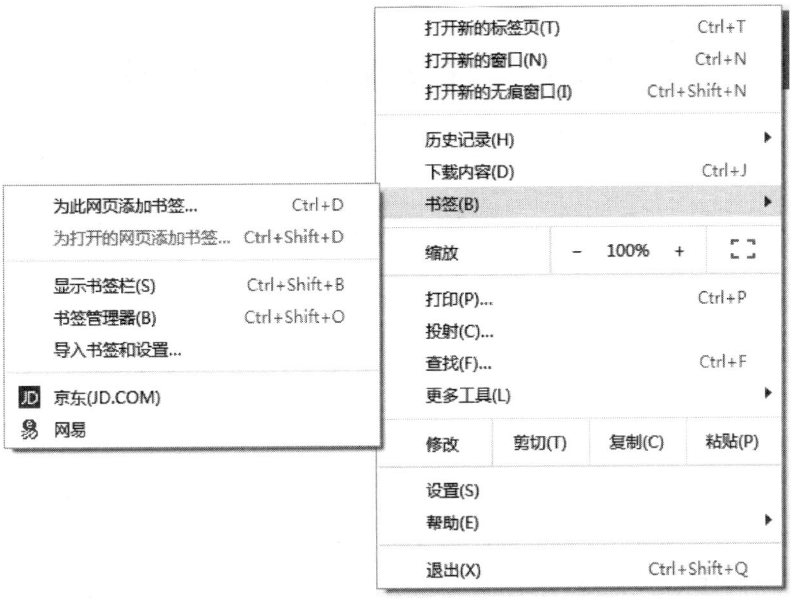

图 4-2　选择“书签管理器”

② 切换至“书签管理器”界面，如图 4-3 所示。选择“添加新文件夹”选项，可以在书签栏中新建“常用”文件夹，将鼠标指针移至“网易”文件夹，选中并拖动鼠标，移至“常用”文件夹，即可将“网易”文件夹移至“常用”文件夹中。右击，选择“删除”按钮，可以删除所选网页或文件夹；右击，选择“修改”选项，可以重命名所选网页或文件夹，如图 4-4 所示。

2）信息搜索

下面以“百度搜索”为例搜索相应资料。

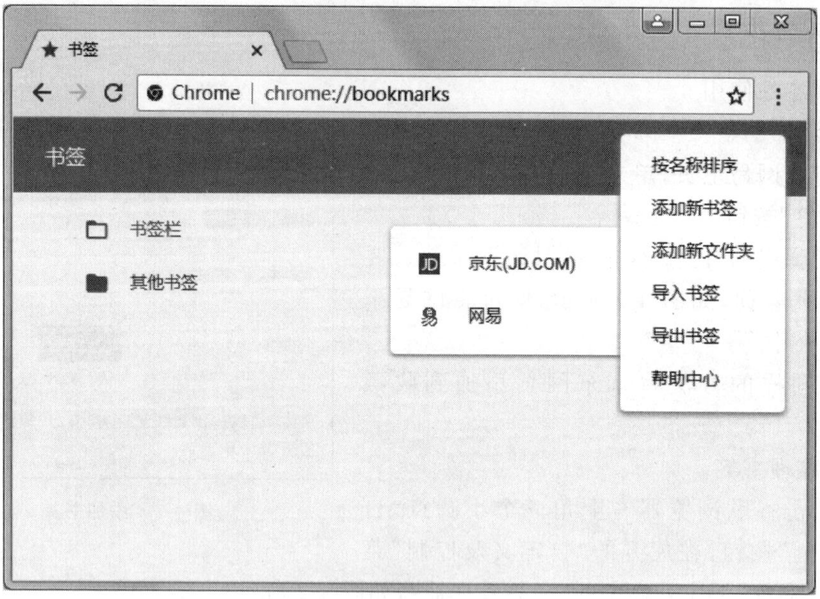

图 4-3　添加新文件夹

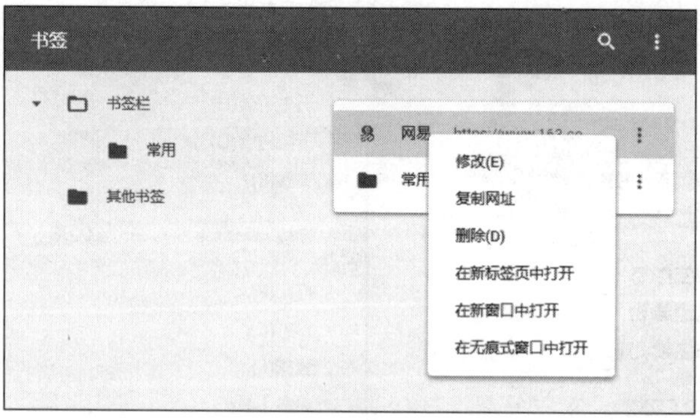

图 4-4　修改书签

(1) 基本搜索。

① 在谷歌浏览器中打开百度主页(www.baidu.com),如图 4-5 所示,在搜索栏中输入关键词“计算机的发展趋势”。

② 单击“百度一下”按钮,显示搜索结果。单击某网页链接可以阅读相关信息。

③ 如果搜索图片或视频,可以在百度主页上选择“图片”或“视频”选项,搜索结果为相关的图片或视频。

(2) 高级搜索。在百度搜索结果页面顶端选择“设置”,单击“高级搜索”按钮,即可进入高级搜索页面。

在高级搜索页面,可以通过搜索框和下拉列表确定搜索条件。除可以对搜索词的内容和匹配方式进行限制外,还可以从日期、语言、文件格式、字词位置、使用权限和搜索特定网页等方面进行搜索条件和搜索范围的限定。

图 4-5　百度主页

① 在“高级搜索”页面中的“包含以下的完整关键词”文本框中输入“计算机的发展趋势”，在“关键词位置”中选择“仅网页的标题中”，如图 4-6 所示。单击“百度一下”按钮，可以将网页标题中“计算机的发展趋势”作为一个整体进行搜索，搜索结果如图 4-7 所示。

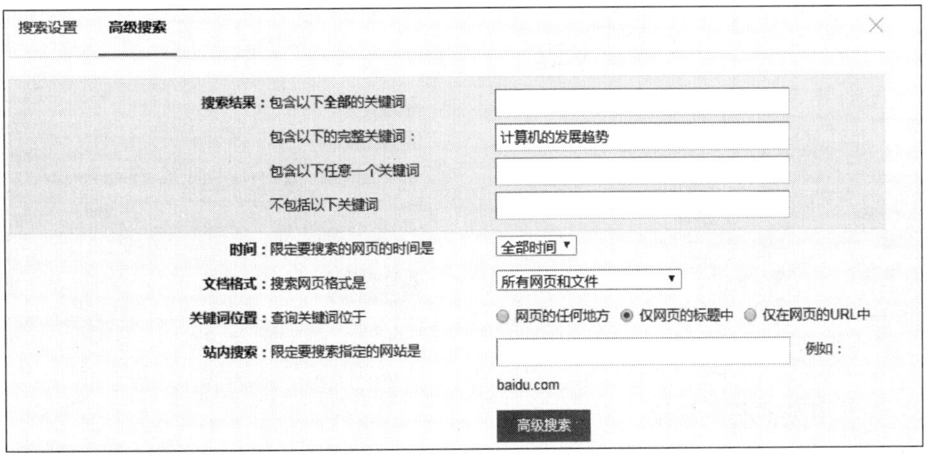

图 4-6　高级搜索条件

② 在“高级搜索”页面中的“包含以下全部的关键词”文本框中输入“计算机”，在“不包括以下关键词”文本框中输入“发展趋势”，如图 4-8 所示。单击“百度一下”按钮，可以搜索包含“计算机”但不包含“发展趋势”的网页，搜索结果如图 4-9 所示。

图 4-7　高级搜索结果(1)

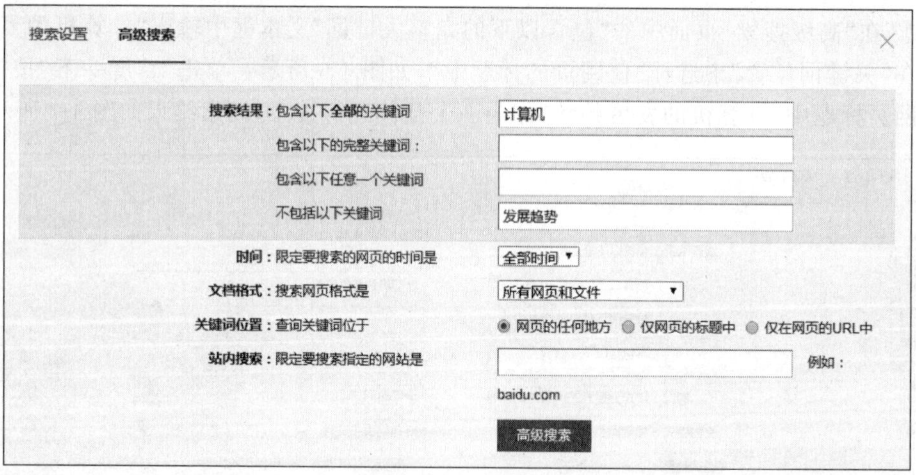

图 4-8　搜索条件

3）谷歌浏览器基本设置

（1）菜单栏。谷歌浏览器默认状态下不显示菜单栏。当需要菜单栏时，需单击浏览器右上角的三个小圆点“自定义及控制”按钮，就会出现谷歌浏览器的菜单栏，使用后即关闭。

（2）设置主页。单击谷歌浏览器界面右上角的“自定义及控制”按钮，在展开项中选择“设置”选项，如图 4-10 所示。

图 4-9　高级搜索结果(2)

图 4-10　谷歌浏览器“设置”选项

在“外观”中,选中显示“主页”按钮,可见在浏览器左上角出现了打开主页的图标。输入自定义网址 www.163.com,如图 4-11 所示。

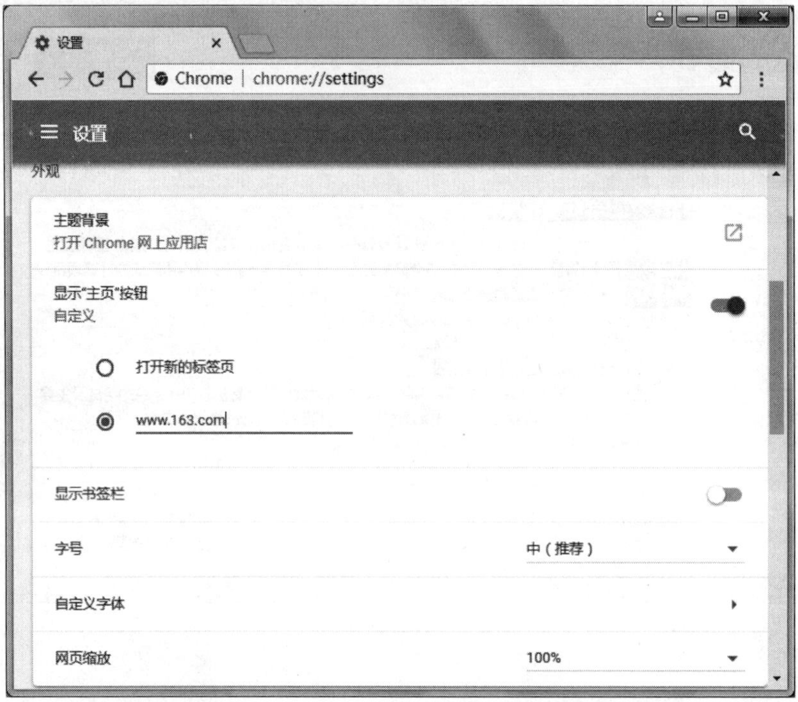

图 4-11 设置浏览器主页

同时在“启动时”选项卡中,选择“打开特定网页或一组网页”,然后输入网易网址,这样就将网易设为了默认主页,如图 4-12 所示。每次打开谷歌浏览器时将自动打开网易主页。

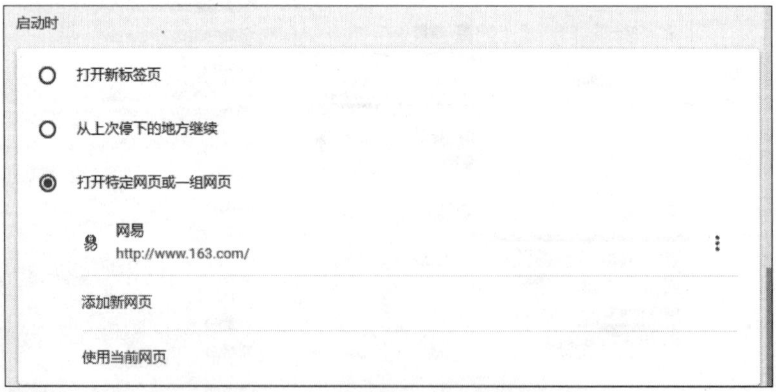

图 4-12 设置“启动时”选项

(3) 设置搜索引擎。在搜索引擎一项,可以更改 chrome 浏览器的默认搜索引擎,选择“百度”为地址栏中使用的搜索引擎,如图 4-13 所示,单击管理搜索引擎可以“添加”或“删除”搜索引擎。

图 4-13　设置“启动时”选项

4.3.2　实验：收发电子邮件

1. 实验目的

掌握利用浏览器和 Outlook 收发电子邮件的方法。

2. 实验内容

收发电子邮件.mp4

(1) 申请电子邮箱。

(2) 使用浏览器收发电子邮件。

3. 实验步骤

1) 申请电子邮箱

电子邮箱有免费和收费两种，很多门户网站都提供了免费的电子邮箱。下面以在网易申请免费电子邮箱为例，说明电子邮箱的申请过程。具体步骤如下。

(1) 打开浏览器，在地址栏中输入 www.163.com，打开网易首页。

(2) 单击右上角的“注册免费邮箱”按钮，打开注册界面，如图 4-14 所示。

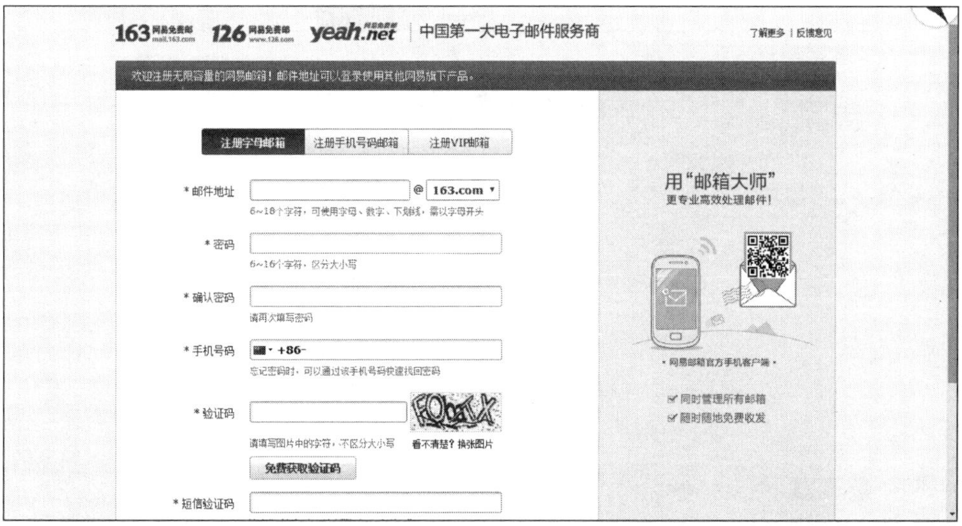

图 4-14　网易免费电子邮箱注册页面

(3) 选择“注册字母邮箱”选项卡，按要求输入邮箱地址、密码和验证码，默认勾选“同意‘服务条款’和‘隐私权相关条款’”复选框。

(4) 单击“立即注册”按钮，注册完成，自动进入网易免费邮箱，如图 4-15 所示。

图 4-15　网易免费电子邮箱

2) 利用浏览器收发电子邮件

(1) 登录邮箱。打开谷歌浏览器，在地址栏中输入 email. 163. com，按 Enter 键即可打开网易邮箱登录界面。输入邮箱的用户名和密码，单击“登录”按钮后即可进入邮箱。

(2) 撰写并发送邮件。单击邮箱页面左侧的“写信”按钮，输入收件人邮箱地址、主题以及邮件内容，如果要随信附上文件或图片，单击“添加附件”按钮，如图 4-16 所示，选择要发送的文件，单击“确定”按钮，附件上传完毕后，单击“发送”按钮即可。如果要给多人发送相同的邮件，在收件人栏中输入所有收件人邮箱地址，以英文半角“;”分隔。

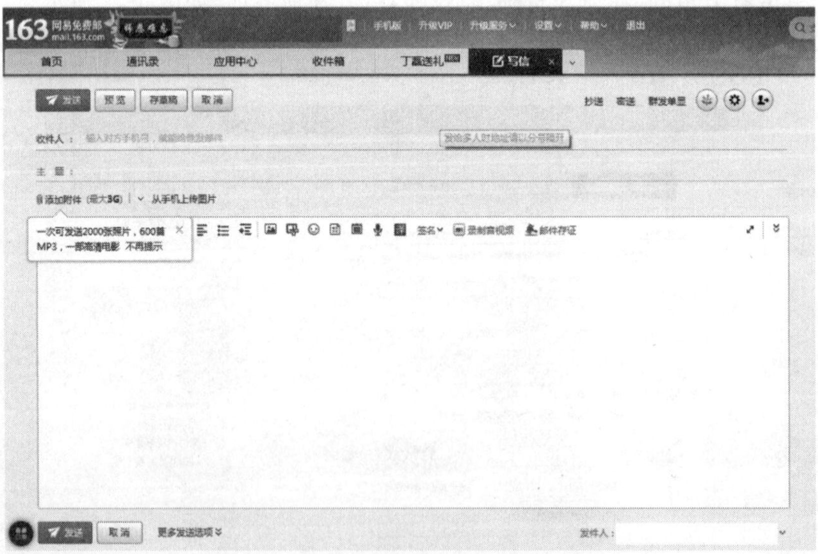

图 4-16　写邮件

(3) 查看邮件。单击邮箱页面左侧的“收信”按钮，可以收取电子邮件。在收取电子邮件后，进入收件箱，单击邮件主题进入读信界面即可打开查看邮件的具体内容。如果有附件，将鼠标指针移至附件名处，会显示下载、打开等选项，可以下载附件、打开附件、在线预览附件或将附件转存网盘，如图 4-17 所示。

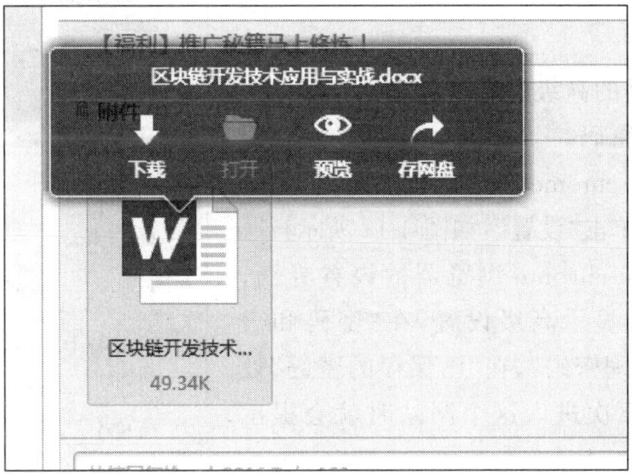

图 4-17　查看附件

(4) 回复或转发邮件。打开要回复的邮件，单击“回复”按钮，在打开的页面中输入所回复的内容，单击“发送”按钮即可回复邮件。

单击“转发”按钮，在打开的页面中输入收件人地址，单击“发送”按钮，即可将邮件转发给其他人。

(5) 删除邮件。在收件箱中，选中要删除的邮件左侧的复选框，单击页面上方的“删除”按钮，邮件会被移至“已删除”文件夹中。打开“已删除”文件夹，选中邮件左侧的复选框，单击页面上方的“彻底删除”按钮，可以将邮件彻底删除。

(6) 管理联系人。单击邮箱上方的“通讯录”，进入“通讯录”页面，可以对联系人进行添加、删除、分组等操作管理。

4.3.3　实验：网络安全设置

1. 实验目的

掌握谷歌浏览器的高级配置、杀毒软件的安装与使用。

2. 实验内容

1) 谷歌浏览器的高级设置

(1) 清除登录密码。

(2) 添加信任网址。

(3) 清除上网痕迹。

网络安全设置.mp4

2）杀毒软件的使用

（1）安装 360 安全卫士。

（2）设置 360 安全卫士。

（3）使用 360 安全卫士。

3. 实验步骤

1）谷歌浏览器的高级配置

（1）清除登录密码。

① 单击 google chrome 浏览器右上角“自定义及控制”按钮，然后单击“设置”，如图 4-18 所示。

② 进入 google chrome 浏览器的设置界面，在页面最下方单击显示高级设置，在“密码和表单”选项中单击“管理密码”，在“已保存的密码”处删除不要的选项，下次进入这个网站时就会提示输入密码，如图 4-19 所示。

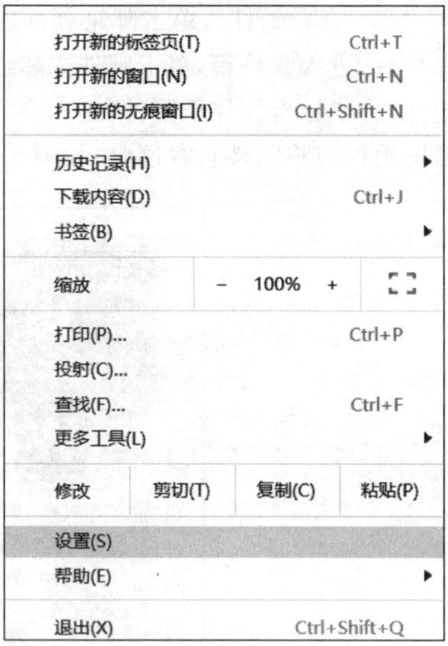

图 4-18 自定义及控制

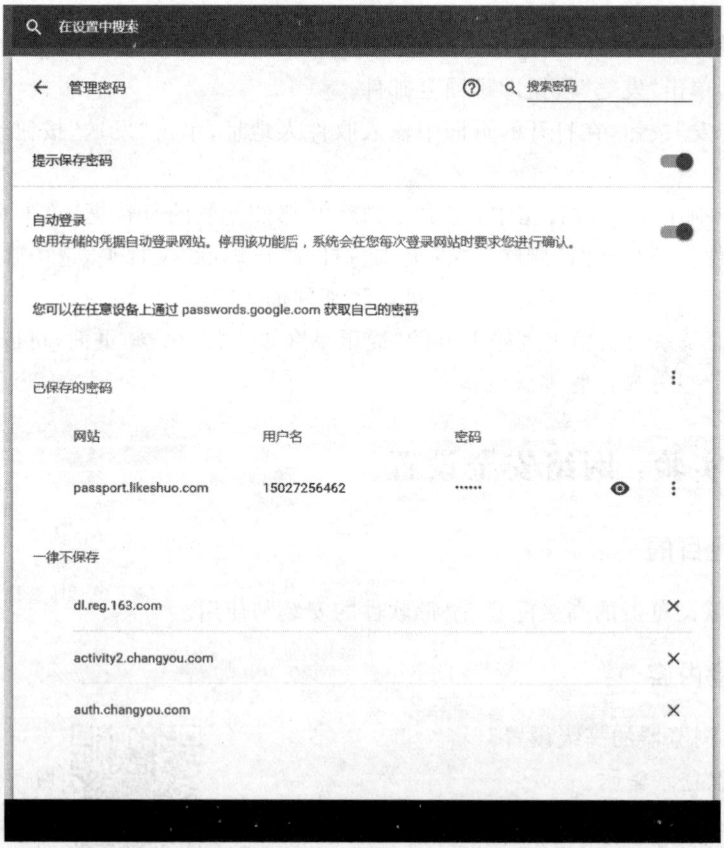

图 4-19 密码管理

(2) 添加信任网址。谷歌浏览器对安全要求比较高，一般网站在没有添加为信任站点时不能运行某些插件，所有只能手动添加为信任网址。

打开谷歌浏览器，首先找到浏览器右上角选项(三个横线部分)，单击"设置"。进入设置主菜单之后，依次找到显示高级选项，在 chrome 高级选项设置中，找到"隐私设置和安全性"，单击"内容设置"，如图 4-20 所示。

图 4-20　内容设置(1)

在内容设置中分别单击进入 Cookie 和 JavaScript 进行设置，如图 4-21 所示。

进入 JavaScript 界面后单击"允许"下的"添加"，如图 4-22 所示。在添加网站选项中直接输入信任网站的主域名，然后单击"添加"按钮，如图 4-23 所示。Cookie 的添加和 JavaScript 添加操作相同。

(3) 清除上网痕迹。单击谷歌浏览器右上角的"工具"按钮，在下拉菜单中，选择"更多工具"然后选择"清除浏览器数据"，可以选择要清除的时间范围，选择要清除哪些内容，单击"清除数据"按钮，即可清除上网痕迹等内容，如图 4-24 所示。

图 4-21　内容设置(2)

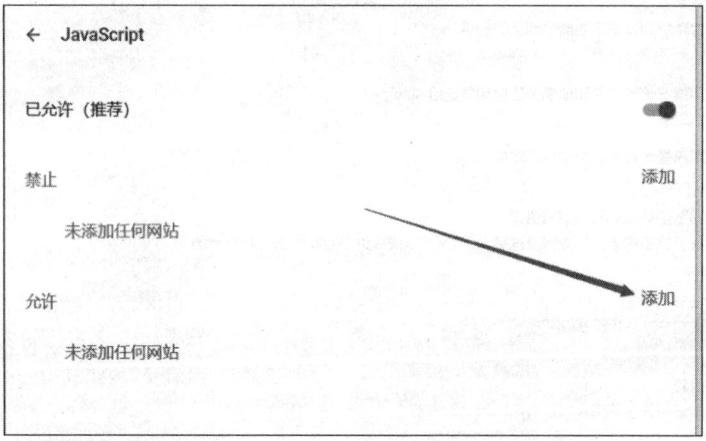

图 4-22　JavaScript 设置

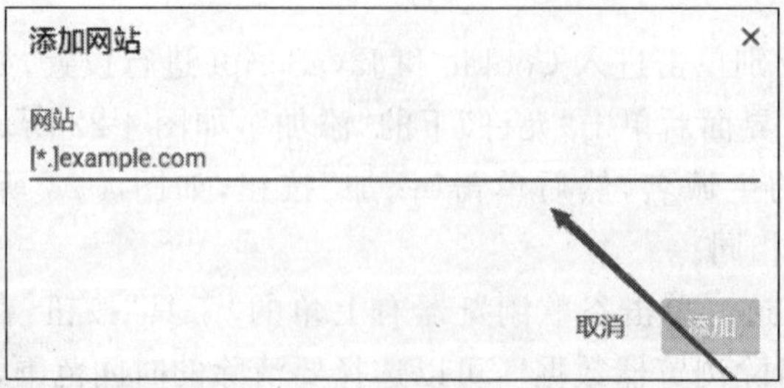

图 4-23　添加网站

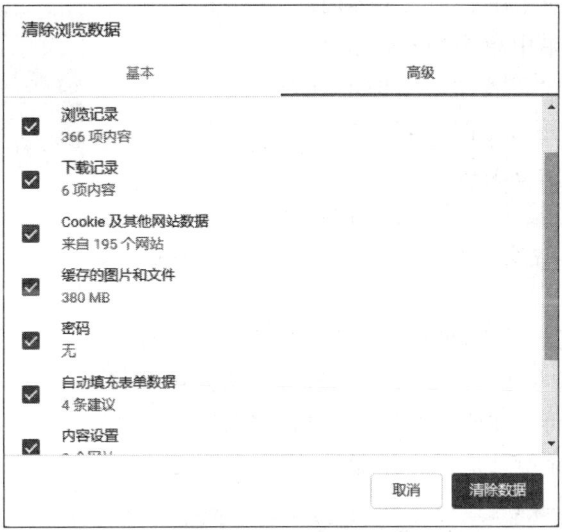

图 4-24　清除数据

2）杀毒软件的安装和使用

下面以 360 安全卫士为例介绍杀毒软件的安装和使用。

(1) 安装 360 安全卫士。进入 360 安全中心官网(http://www.360.cn/)下载安装软件，双击下载后的安装程序，根据提示进行操作即可安装 360 安全卫士。

安装完成后，会在桌面添加一个 360 安全卫士的快捷方式图标，并显示 360 安全卫士的工作界面，如图 4-25 所示。

图 4-25　360 安全卫士

(2) 设置 360 安全卫士。进入主界面后,单击右上角的下拉按钮,在主菜单中单击“设置”按钮,如图 4-26 所示,进入 360 安全卫士“设置中心”,即可对 360 安全卫士进行设置。主要设置可参考图 4-27。

(3) 使用 360 安全卫士功能。

① 电脑体检。体检功能可以全面检查计算机的各项状况。体检完成后会提交一份优化意见,用户可以根据需要进行优化。

② 查杀木马病毒。单击 360 安全卫士主界面上方的“木马查杀”按钮,进入木马病毒查杀界面,选择查杀方式后即可开始查杀木马病毒。在使用木马查杀功能之前需要确定 360 安全卫士的查杀引擎是否开启,病毒库是否更新。

图 4-26　360 安全卫士设置选项

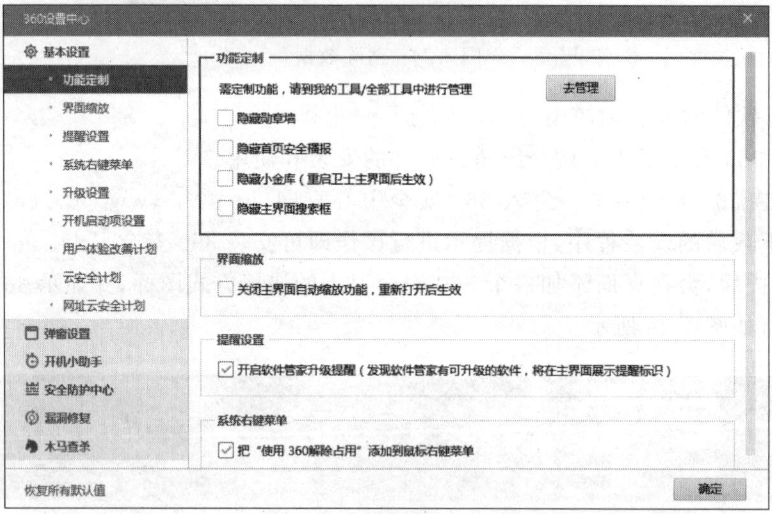

图 4-27　360 安全卫士设置窗口

③ 系统修复:修复系统存在的异常,安装系统存在的漏洞补丁。

④ 电脑清理:检查清理系统及各个应用程序运行时产生的临时文件、垃圾文件,用户在上网时留下的用户名、搜索词、密码、Cookie、历史记录,用户使用 Windows 及各种应用程序时留下的痕迹。

⑤ 优化加速:扫描系统在开机时自动启动的程序、优化网络设置、优化系统内存设置及存储设置,节省系统开机过程的等待时间,提高系统的性能。

4.3.4　实验:网络服务应用

1. 实验目的

掌握百度网盘、即时通信工具、微博等网络应用的使用方法。

2. 实验内容

(1) 注册和使用百度网盘。
(2) 使用即时通信工具 QQ 和微信。
(3) 注册和使用博客与微博。

网络服务应用.mp4

3. 实验步骤

1) 百度网盘

百度网盘提供个人云存储服务，可以将用户的资源如文件、照片等上传到云端，永久保存，并且可以在云端进行一系列的操作，如共享文件、在线看电影、离线下载等。同时，百度网盘还可以在各个终端(iPhone、Android、MAC、iPad 等)上使用。

进入“百度网盘”官网，下载并安装网盘客户端。在“百度网盘”的登录界面，有账号的直接登录，没有账号的，需要首先注册一个账号，如图 4-28 所示。

图 4-28　百度网盘登录界面

登录后百度网盘的界面如图 4-29 所示，单击“上传文件”按钮可以实现文件上传到百度云，选择文件后单击“下载”按钮可以实现将文件从百度网盘下载到本地，如图 4-30 所示。

如果要与朋友分享文件，可以选中要分享的文件，单击“分享”按钮。分享文件有公开和加密两种方式，公开分享比较开放，任何人都可以获取分享的资源，一般情况下选择加密分享，如图 4-31 所示。

单击“创建链接”，弹出分享链接及密码，如图 4-32 所示。单击“复制链接及密码”按钮，通过 QQ、邮件等方式发送该链接地址及密码，对方即可以通过该链接地址及密码下载文件，从而实现文件的分享。

2) 即时通信工具

即时通信(Instant Messaging，IM)是指能够即时发送和接收互联网消息等业务，允许两人或多人使用网络即时传递文字、语音、视频和文件等。

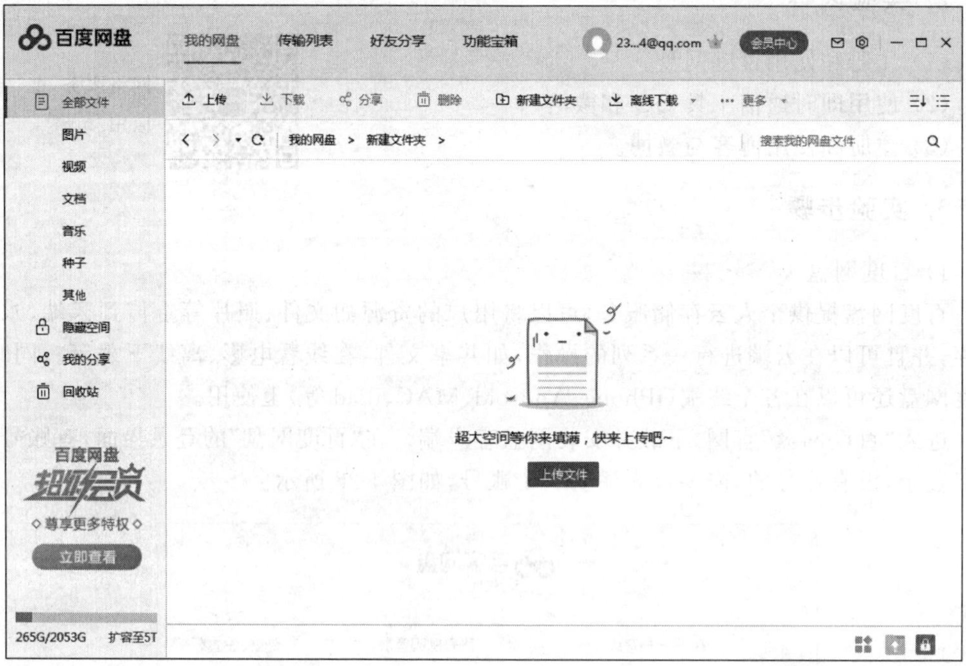

图 4-29　百度网盘界面

图 4-30　百度网盘下载界面

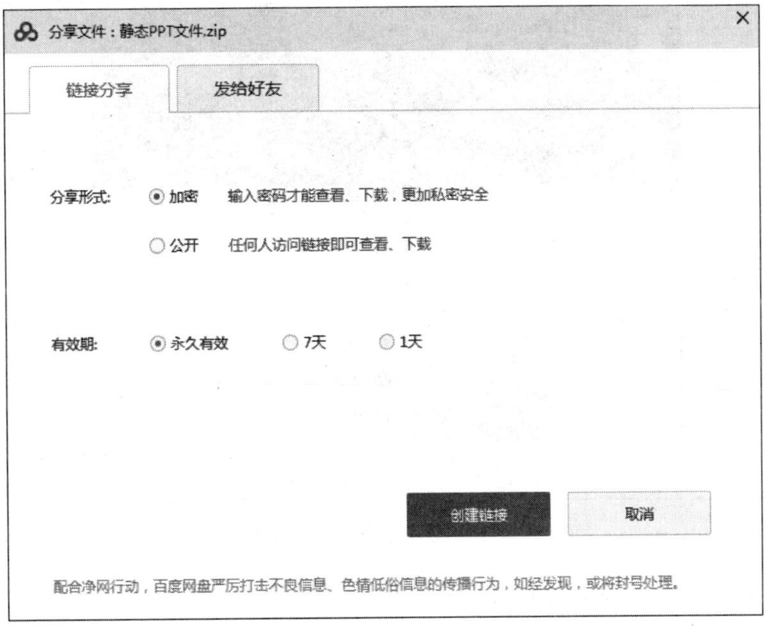

图 4-31　百度网盘分享界面

图 4-32　在百度网盘分享文件

(1) QQ。QQ 是腾讯 QQ 的简称，其标志是一只戴着红色围巾的小企鹅。

① 登录 QQ。双击桌面的“腾讯 QQ”快捷图标，打开用户登录对话框。单击头像下方的下拉三角，可以选择登录时的状态，如图 4-33 所示。输入账号和密码后单击“登录”按钮，进入 QQ 主界面。

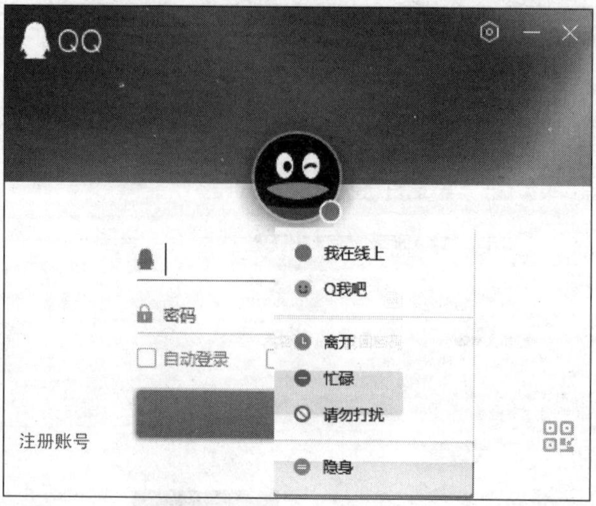

图 4-33　QQ 用户登录对话框

② 查找好友。单击 QQ 主界面下方的“查找”按钮，打开“查找”对话框。QQ 中提供了“查找”“找人”“找群”“找企业”等几种查找方式，用户可根据需要进行选择。

③ 在线交流。在 QQ 中，不仅可以与好友进行文字沟通，还可以进行语音会话、视频会话、传送文件等，并且可以和多个用户同时会话，如图 4-34 所示。

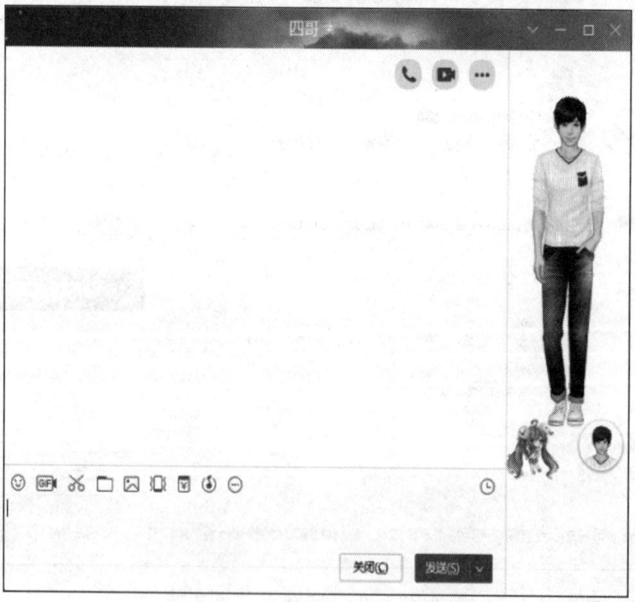

图 4-34　聊天窗口

④ 文件传送。单击窗口下方的“传送文件”按钮，弹出如图 4-35 所示菜单，在弹出的“选择文件/文件夹”对话框中选择要发送的文件，然后单击“发送”按钮，即可开始传送文件或文件夹。

图 4-35　聊天窗口中的“文件传送”按钮

若发送文件时好友不在线，可以选择“发送离线文件”方式传送文件，当好友上线时就会第一时间收到该文件。

(2) 微信。微信是腾讯公司于 2011 年 1 月推出的一款通过网络快速发送语音、文字、视频和图片信息，支持多人群聊的手机聊天软件，因使用方便立刻受到众多用户的喜爱。

① 下载微信。微信根据手机平台的不同有若干个版本，目前主要支持 iPhone、Android、Windows Phone 及塞班平台，用户需根据手机的平台下载相应的版本。

② 登录微信。可以利用手机号或者 QQ 号登录微信页面，如图 4-36 所示为利用 QQ 号登录。

③ 微信支持两种方式聊天：a. 文字模式，直接输入文字信息即可；b. 语音模式，按住话筒说话，然后放手即可录制完毕，并发送给对方。

④ 查看附近的人。在打开手机的 GPS 后可以使用这个功能，找到周围 100～1000m 内正在使用微信的人，如图 4-37 所示。

3) 博客与微博

(1) 博客。博客(Blog)又译为网络日志、部落格或部落阁等，通常由简短且经常更新的帖子所构成，以个人博客居多，用于记录个人所思、所想、所经历，也可以用于进行交流和为他人提供帮助。有些机构或企业也会建立博客，用于实现发布信息、宣传推广等功能。

① 开通博客。目前，国内几大主流网站都提供了博客站点，如网易、新浪、搜狐、腾讯等。以新浪博客为例，要开通新浪博客，首先打开新浪博客首页 blog. sina. com. cn，单击页面右侧的“立即注册”按钮。根据提示进行操作，即可注册开通新浪博客。

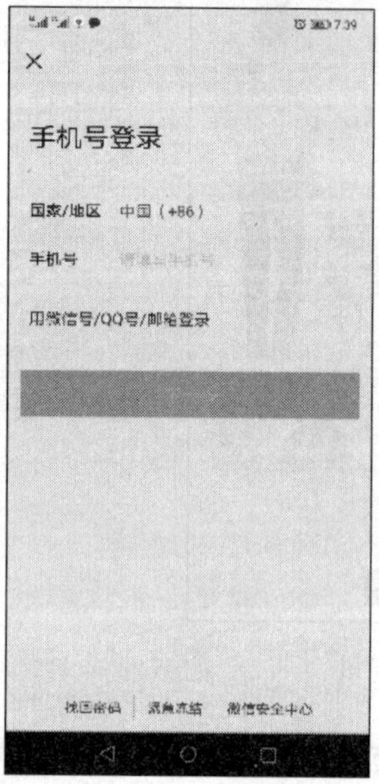

图 4-36 微信登录界面

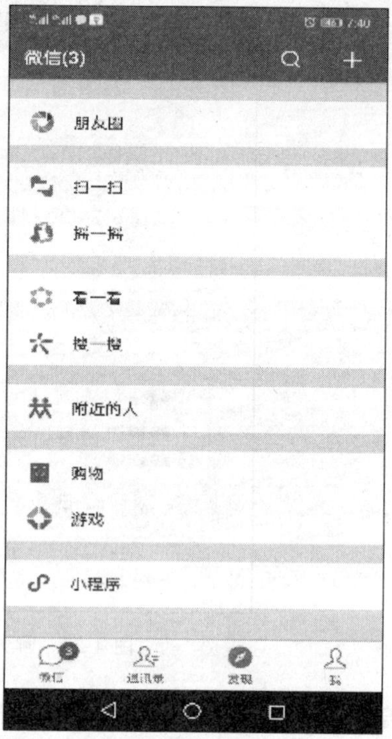

图 4-37 查看附近的人

② 发表博客文章。如果在网站博客首页登录，单击“发表文章”按钮，即可进入文章编辑页面。如果在个人博客页面进行登录，单击“发博文”按钮，也可进入文章编辑页面。编辑完成后，单击“发博文”按钮，即可发布编辑完成的文章。

博客除了可以发布博文，还有相册、游戏等功能。

(2) 微博。微博即微博客(MicroBlog)的简称，是一个基于用户关系的信息分享、传播以及获取平台，用户可以通过 Web、WAP 以及各种客户端组建个人社区，以 140 字左右的文字更新信息，并实现即时分享。目前较常用的有新浪微博和腾讯微博，下面以新浪微博为例介绍微博的使用。

① 开通微博。如果已经拥有了新浪账户，直接登录微博就可以使用，无须单独开通。如果没有新浪账户，打开新浪微博首页(https://weibo.com/)，如图 4-38 所示，单击右侧的“立即注册”，根据提示进行操作完成注册。

② 发表微博。登录新浪微博后，在页面中部的输入框内输入要发表的内容，单击“发布”按钮即可，如图 4-39 所示。发表内容最多是 140 个汉字，还可以是表情、图片、视频、音乐、话题和投票。一条微博内最多只能有一张图片，上传图片要求是 jpg、gif、png 格式，小于 5MB，上传的视频大小不能超过 200MB。也可以直接输入音乐或视频的 URL 地址(每条微博限一个地址)。

③ 添加关注。关注是一种单向、无须对方确认的关系，只要喜欢就可以关注对方，添加关注后，系统会将该网友所发的微博内容，立刻显示在你的微博首页中，帮助你及时了

图 4-38 新浪微博

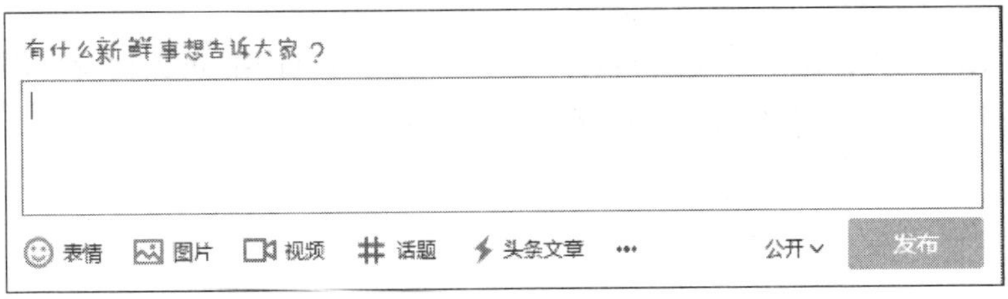

图 4-39 发表微博

解对方的动态。如果别人对你感兴趣，关注你，就会成为你的粉丝。

④ 评论与转发。可以对别人发表的微博进行评论，也可以转发别人的微博。转发时也可以不写内容。转发时可以将转发内容同时给所有转发人，评论内容也可以同时转发。如果不希望你和好友之间的对话让第三方知道，可以单击对方微博页头像下方或是"粉丝""关注"页上的"发私信"按钮，向好友发送私信。私信内容长度最多为300个汉字。

⑤ @功能。@(英文读法at)在微博中的意思是"向某某人说"，只要在微博用户昵称前加上一个@，并在昵称后加空格或标点，他就能看到。@username及空格皆包含在140个汉字以内。

⑥ 手机微博。如果使用的手机可以上网，也可以用手机登录微博，还可以下载相应的手机客户端，更新微博。

4.4 习题精解

1. 选择题

(1) 办公室中有多台配置了网卡的计算机，一台网络集线器和一台打印机，为使这些计算机可以共享一台打印机，一般通过(　　)组成局域网。

A. 光纤　　B. 双绞线　　C. 电话线　　D. 无线

答案：B

解析：参见局域网的组成，在一个办公室中，通过双绞线连接集线器和计算机网卡，然后对计算机进行协议配置和打印机共享配置,则所有的计算机都可以共享这一台打印机。

(2) (　　)是 Internet 的主要互联设备。

A. 以太网交换机　B. 集线器　C. 路由器　D. 调制解调器

答案:C

解析:路由器是 Internet 的主要节点设备。路由器通过路由决定数据的转发。转发策略称为路由选择,这也是路由器名称的由来。作为不同网络之间互相联接的枢纽,路由器系统构成了基本 TCP/IP 的国际互联网络 Internet 的主体脉络,也可以说,路由器构成了 Internet 的骨架。

(3) 下列接入网络方式中速度最快的是(　　)。

A. GPRS　B. ADSL　C. ISDN　D. LAN

答案:D

解析:LAN 速度最快,可达 100M,甚至是 1000M; ADSL 可以提供最高 3.5Mbps 的上行速度和 24Mbps 的下行速度; ISDN 和 GPRS 速度较慢。

(4) 下一代 IP 的版本是(　　)。

A. IPv6　B. IPv3　C. IPv4　D. IPv5

答案:A

解析:现有 Internet 是在 IPv4 协议的基础上运行的。IPv6 是下一个版本,也可以说是下一代协议,它的提出最初是因为随着 Internet 的迅速发展,IPv4 定义的有限地址空间将被耗尽,地址空间的不足必将妨碍 Internet 的进一步发展。为了扩大地址空间,拟通过 IPv6 重新定义地址空间。

(5) 在 Internet 中,主机的 IP 地址与域名的关系是(　　)。

A. IP 地址是域名中部分信息的表示　B. 域名是 IP 地址中部分信息的表示

C. IP 地址和域名是等价的　D. IP 地址和域名分别表达不同的含义

答案:C

解析:域名地址和用数字表示的 IP 地址实际上是同一事物,只是形式不同。在访问一个站点时,用户可以输入这个站点的 IP 地址,也可以输入它的域名地址。

(6) 下列 IP 地址中,不正确的是(　　)。

A. 259.197.184.2 与 202.197.184.144

B. 127.0.0.1 与 192.168.0.21

C. 202.196.64.1 与 202.197.176.16

D. 255.255.255.0 与 10.10.3.1

答案:A

解析:IP 地址由 32 位二进制数组成,用点分十进制表示,即将 IP 地址分成四段,每段 8 位,中间用点分开,每段再转换成十进制数,范围为 0～255。

(7) 下列操作中,(　　)方式可能使计算机感染病毒。

A. 错误操作　B. 从键盘上输入数据

C. 电源不稳定　D. 从网上下载文件

答案:D

解析：计算机病毒主要通过移动存储介质(如 U 盘、移动硬盘)和计算机网络两大途径进行传播。

(8) 传输控制协议/网络协议即(　　)，属于工业标准协议，是 Internet 采用的主要协议。

A. Telnet　　B. TCP/IP　　C. HTTP　　D. FTP

答案：B

解析：TCP/IP 是为 Internet 开发的第一套协议，在网络互联中应用最为广泛，也是 Internet 的核心协议。

(9) 配置 TCP/IP 参数的操作主要包括(　　)、指定网关和域名服务器地址。

A. 指定本地机的 IP 地址及子网掩码

B. 指定本地机的主机名

C. 指定代理服务器

D. 指定服务器的 IP 地址

答案：A

解析：使用静态 IP 地址需要配置 IP 地址、子网掩码、默认网关和 DNS 服务器地址等参数。

(10) 下面的(　　)命令用于测试网络是否连通。

A. telnet　　B. nslookup　　C. ping　　D. ftp

答案：C

解析：telnet 命令用于远程登录；nslookup 命令用于查询 DNS 记录，查看域名解析是否正常；ping 命令用于检查网络连通性；ftp 命令用于在网络上本地与远程主机之间传送文件。

(11) 下面的(　　)命令可以查看网卡的 MAC 地址。

A. ipconfig/release　　B. ipconfig/renew

C. ipconfig/all　　D. ipconfig/registerdns

答案：C

解析：ipconfig 命令用于显示当前的 TCP/IP 配置的设置值，不带任何参数选项则为每个已经配置的接口显示 IP 地址、子网掩码和默认网关值；参数 all 用于显示本机 TCP/IP 配置的详细信息，包括本地网卡中的物理地址(MAC)；参数 release 用于 DHCP 客户端手工释放 IP 地址；参数 renew 用于 DHCP 客户端手工向服务器刷新请求；参数 registerdns 用于 DNS 客户端手工向服务器进行注册。

(12) 下面的 Web 地址符合 URL 格式的是(　　)。

A. http//www.jnu.edu.cn　　B. http:www.jun.edu.cn

C. http://www.jun.edu.cn　　D. http:/www.jun.edu.cn

答案：C

解析：URL 的格式为协议：//IP 地址或域名.路径.文件名

(13) Internet 域名中的域类型 gov 代表的单位性质一般是(　　)。

A. 通信机构　　B. 商业机构　　C. 教育科研机构　D. 政府机构

答案：D

解析：com 代表商业机构，edu 代表教育机构，gov 代表政府机构。

(14) 下列各项中，合法的电子邮件地址是(　　)。

A. hou-em. Hxing. com. cn　　B. em. hxing. com，cn-zhou

C. em. hxing. com. cn@zhou　　D. zhou@em. Hxing. com. cn

答案：D

解析：电子邮件地址的格式为 name@domain. xxx。

(15) 搜索引擎其实也是一个(　　)。

A. 网站　　B. 软件　　C. 服务器　　D. 硬件设备

答案：A

解析：搜索引擎其实也是一个网站，专门为用户提供信息搜索服务，它可以使用特有的程序把 Internet 上的所有信息归类，以帮助人们在浩如烟海的信息海洋中搜索到自己所需要的信息。

(16) 下列说法中正确的是(　　)。

A. 信息的泄露只在信息的传输过程中发生

B. 信息的泄露只在信息的存储过程中发生

C. 信息的泄露在信息的传输和存储过程中都会发生

D. 信息的泄露在信息的传输和存储过程中都不会发生

答案：C

解析：信息在传输过程、存储过程都存在泄露的风险。

2. 简答题

(1) 什么是计算机网络？

答案：计算机网络是将分布在不同地理位置上的、具有独立功能的多个计算机系统，通过通信设备和通信线路互相连接起来，实现数据传输和资源共享。

(2) 什么是计算机病毒？它有什么特点？

答案：计算机病毒是一种人为编制的特殊计算机程序，能通过自我复制传染给其他健康的程序和数据，造成破坏和干扰计算机系统的正常工作。病毒的特点：破坏性、传染性、寄生性、隐蔽性和潜伏性。

(3) 什么是 URL？它在 Internet 的应用中起什么作用？

答案：URL 是统一资源定位的简称，在 Internet 中作为资源地址的描述。

(4) 什么是 WWW？其运行方式是什么？

答案：WWW 是 World Wide Web 的英文缩写，它的运行方式是利用 HTML 描述资源，用 HTTP 作为传输协议，用 Web 浏览器浏览信息。

4.5　综合任务

4.5.1　任务：组建无线对等网

任务：组建无线对等网.pdf

4.5.2　任务：组建工作室局域网

作为一个工作室往往要组建内部的局域网，尽管现在有很多工作环境中都选择了有线的方式组建局域网，但同时也会受到种种限制，例如布线会影响房间的整体设计，而且也不雅观等。无线局域网不仅可以解决线路布局的问题，在实现有线网络所有功能的同时，还可以实现无线共享上网。凭借种种优势，无线局域网已经成为快速方便地组建工作室局域网最好的选择。

1. 拓扑结构

无线局域网组网方案中最简单、最方便的便是以无线路由器为中心构建星型网络，其网络拓扑结构如图 4-40 所示。大多数无线路由器包括四个端口的以太网转换器，可以连接几台有线的 PC，这样通过有线和无线的结合可以实现多台机器共享资源，共享 Internet 连接。

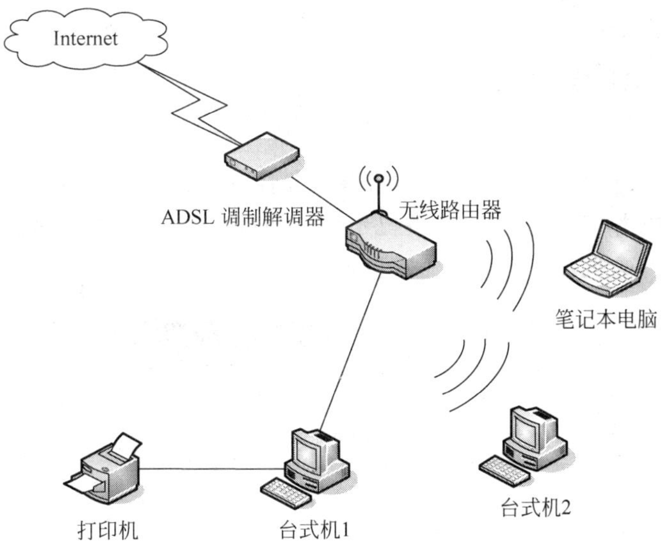

图 4-40　无线路由器组网方案

无线路由器组网方案的硬件连接和设置与宽带路由器组网方案的硬件连接和设置类似,下面进行简单介绍。

2. 硬件装配

按照图 4-40 进行网络连接,保证连接正常,将外网(如 ADSL 或小区宽带)接在无线路由器的 WAN 口(在宽带路由器面板上有标识),将拥有有线网卡的个人计算机通过直通线和任意一个 LAN 口相连,无线路由器接电源,将局域网内使用无线网络的计算机打开无线网卡。

3. 软件设置

硬件装配完成后,首先进行局域网计算机的设置。将无线连接的 IP 地址和 DNS 服务器地址设置为"自动获得"即可。第一次连接无线网络时,网卡可能搜索到多个"无线网络",这时需要手动选择"无线网络",可以通过无线路由器的型号辨别。

无线路由器的设置步骤如下。

(1) 在计算机上打开 Web 浏览器,在地址栏中输入无线路由器的地址,此时系统会要求输入登录密码。一般情况下,无线路由器的地址和登录密码可以在产品的说明书上查询到。登录完成后进入管理界面,如图 4-41 所示。

图 4-41　无线路由器管理界面

(2) 初次进入会有向导,按照向导的提示选择宽带接入方式,此处是 ADSL 方式,如图 4-42 所示。单击"下一步"按钮,按提示填入 ADSL 的账号和密码后单击"下一步"按钮,其他采用默认方式按向导提示完成设置即可。

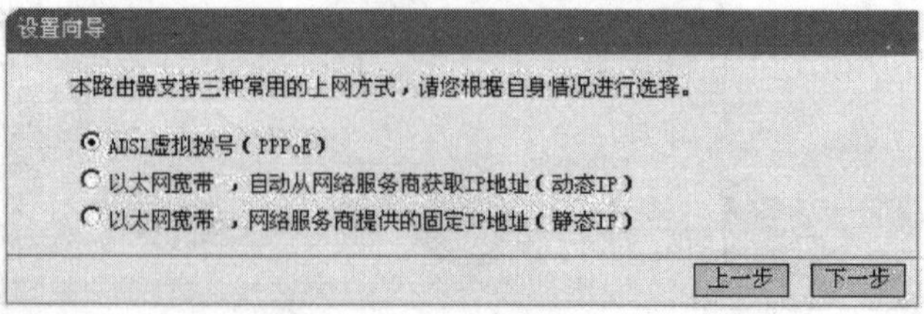

图 4-42　选择上网方式

(3) 单击“DHCP 服务器”,选择启用 DHCP 服务器,单击“保存”按钮,如图 4-43 所示。

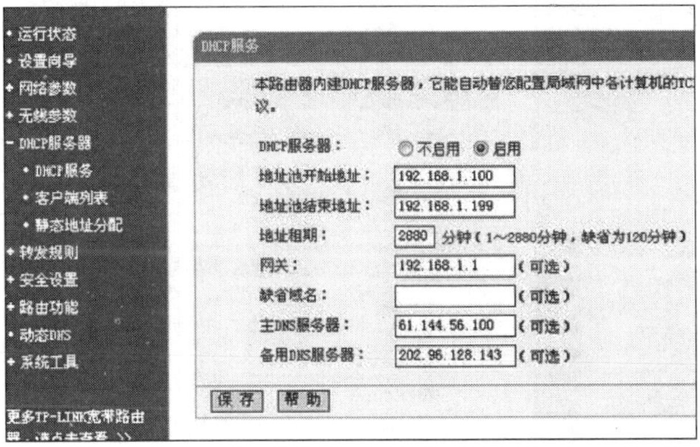

图 4-43　启用 DHCP 服务器

(4) 为了防止非法用户访问无线网络,建议设置密钥。依次单击“无线参数”|“无线网络基本设置”,选中“开启安全设置”。在“安全类型”中选择加密的方式,在“密钥内容”中输入密码,如图 4-44 所示。注意阅读“密码长度说明”,64 位、128 位、152 位密钥所需要在“密钥内容”中输入的数字或字符长度是不一样的。

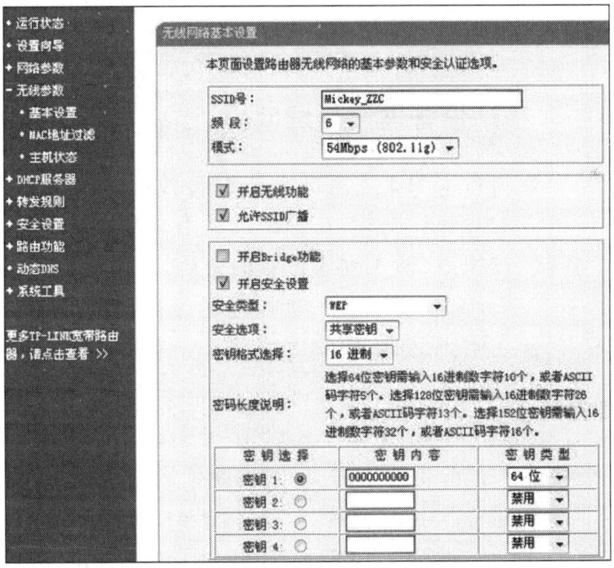

图 4-44　开启安全设置

(5) 无线路由器设置完成后可以通过“运行状态”,了解内网(LAN)、外网(WAN)等无线路由器参数的设置,如图 4-45 所示。

注意:对无线路由器的参数进行更改后无线路由器会自动重启,局域网计算机的无线网卡也会重新进行连接,如果无线路由器设置了密钥,用户输入密钥即可成功连接到无线网络,成功连接后系统会自动记录密钥,下次再访问无线网络就不用手动输入了。

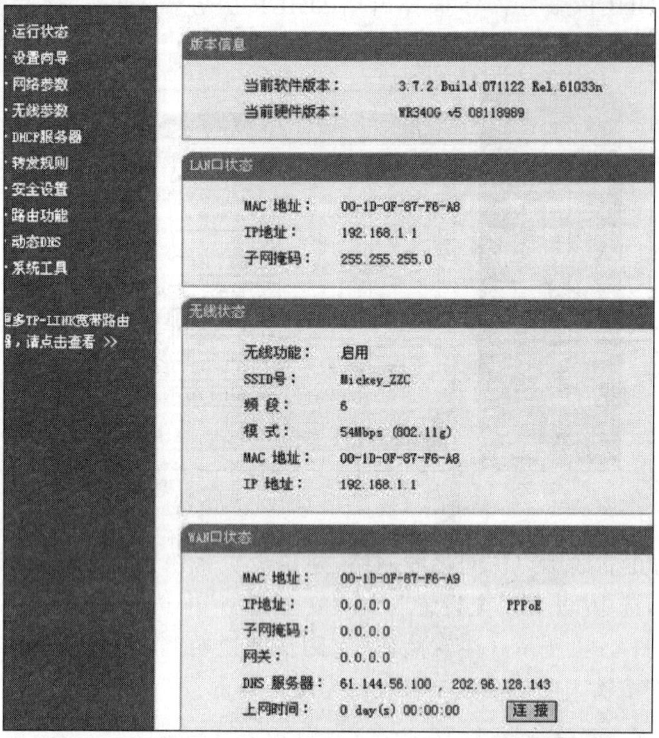

图 4-45　运行状态

4. 笔记本电脑和移动设备连接局域网

首先检查笔记本电脑是否安装了无线网卡和无线网卡驱动器，查看和连接无线网络。单击桌面任务栏通知区域的“网络”图标，在弹出的所有可用的网络列表中选择刚才建立的无线网络。单击“连接”按钮后，输入刚才设置的密码，即可进行无线网络的连接。

对于手机、iPad 等移动设备、智能设备，直接在无线局域网或 Wi-Fi 设置中找到刚才建立的无线网络，单击，输入密码，即可建立连接。

5. 设置共享文件夹

(1) 实现文件夹共享。右击要共享的文件夹，在弹出的快捷菜单中选择“属性”命令。在弹出的“属性”对话框中选择“共享”选项卡，如图 4-46 示。单击“共享”按钮，在弹出的对话框中选择用户名为 Everyone，单击“添加”按钮，则 Everyone 用户出现在下面的列表框中，然后在“权限级别”中为其设置权限，如图 4-47 所示。在高级共享中可以修改共享中显示的文件夹名称，如图 4-48 所示。

(2) 访问共享资源。双击桌面上“网络”图标，打开“网络”窗口，窗口中会显示工作组计算机，找到共享文件夹的计算机，双击打开，即可查看此台计算机上共享的资源。也可直接在 Windows 窗口地址栏中输入 IP 地址（IP 地址为共享文件夹所在 PC 的 IP 地址，如\\192.168.100.110）访问共享资源。

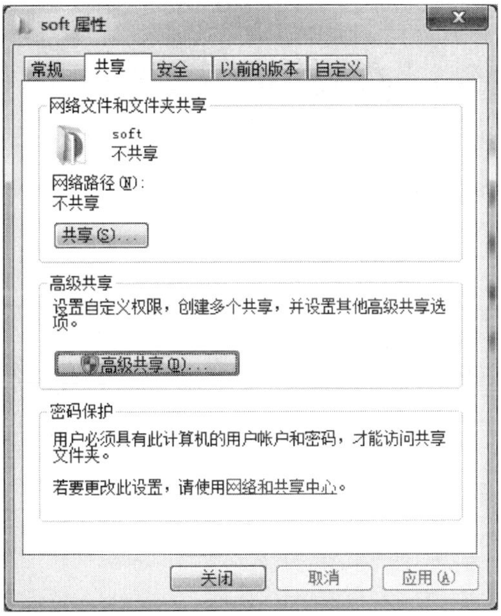

图 4-46 共享选项卡

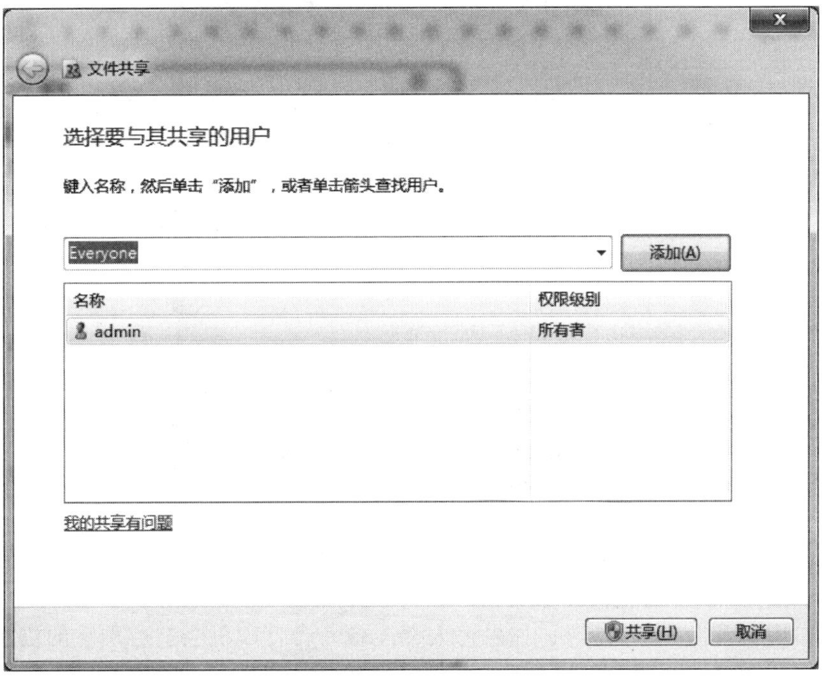

图 4-47 添加用户权限

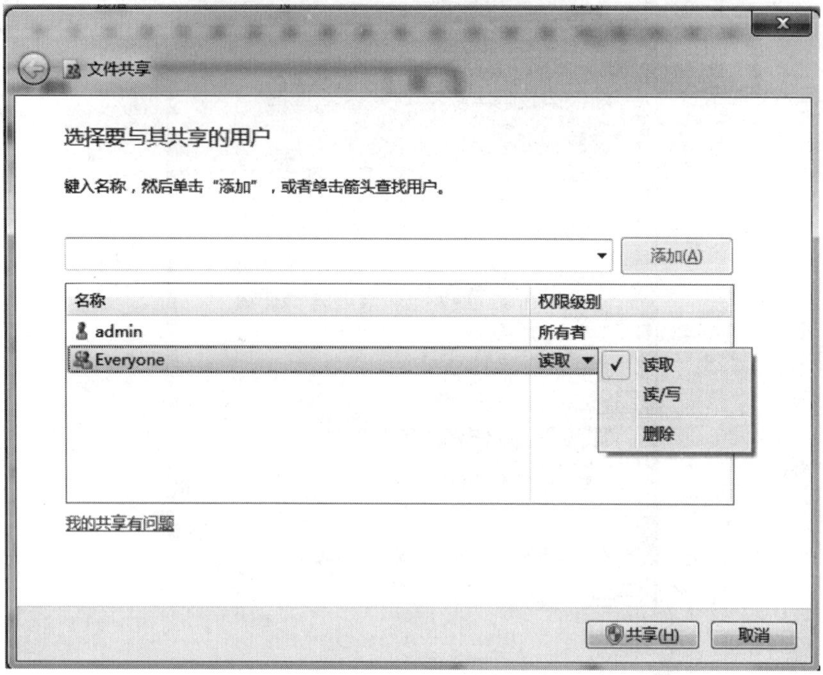

图 4-47 （续）

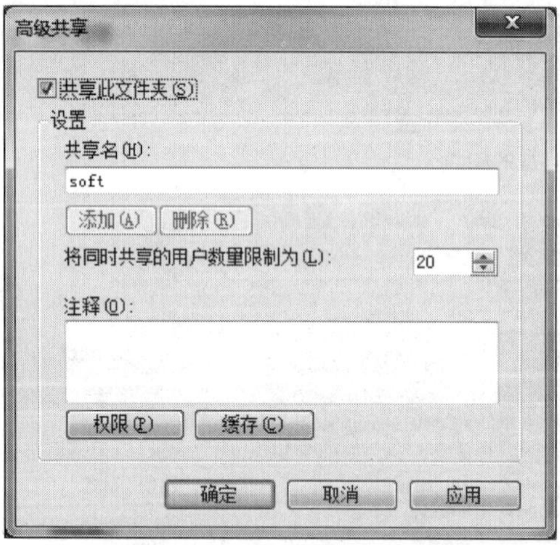

图 4-48 高级共享属性

6. 共享打印机

在工作中经常会用到打印机，如果每人都配备一台打印机会造成严重的资源浪费，所以需要共享打印机。在小型办公网络中只要把打印机接到网上的任何一台计算机上并将其共享，其他计算机在打印文档时即可远程打印，不用再麻烦地把打印机搬来搬去或文件拷来拷去。

1）设置共享打印机

（1）选择“开始”|“设备和打印机”命令，打开“设备和打印机”窗口。右击打印机图标，在弹出的快捷菜单中选择“打印机属性”命令，如图 4-49 所示。

图 4-49　“设备和打印机”窗口

（2）在弹出的打印机属性对话框中选择“共享”选项卡，勾选“共享这台打印机”复选框，然后在“共享名”文本框中输入共享的打印机名称，如图 4-50 所示。

图 4-50　打印机属性对话框

(3) 单击“确定”按钮,即将该打印机设置为共享打印机。

2) 使用共享的打印机

在其他需要使用共享打印机的计算机中通过“网上邻居”找到共享打印机的计算机并打开,或者直接在 Windows 窗口地址栏中输入 IP 地址找到已经共享的打印机,右击选择“连接”即可,如图 4-51 所示。

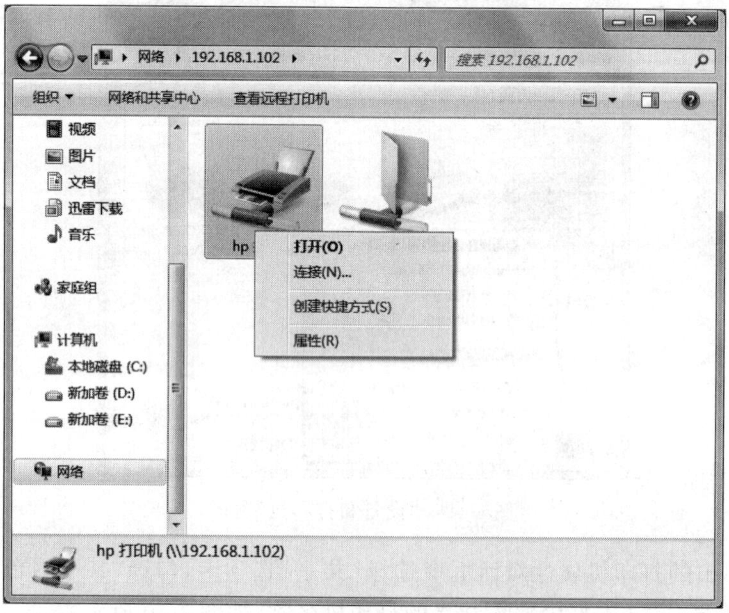

图 4-51　使用共享打印机

查看本地打印机,可以看到里面出现了共享的打印机图标,右击该图标,将其“设为默认打印机”,即可在本地计算机上顺利完成各种打印操作。

4.6　考证辅导

1. 全国计算机等级考试考证辅导

1) 考试要求

一级考试的基本要求为:了解计算机网络的基本概念和因特网的初步知识,掌握谷歌浏览器和 Outlook Express 软件的基本操作和使用。

一级考试的考试内容如下。

(1) 计算机病毒的概念、特征、分类与防治。

(2) 了解计算机网络的基本概念和因特网的基础知识,主要包括网络硬件和软件,TCP/IP 协议的工作原理,以及网络应用中常见的概念,如域名、IP 地址、DNS 服务等。

(3) 能够熟练掌握浏览器、电子邮件的使用和操作。

二级考试的基本要求如下。

(1) 了解信息安全的基本知识,掌握计算机病毒及防治的基本概念。

(2) 了解计算机网络的基本概念和基本原理,掌握因特网网络服务和应用。

二级考试的考试内容如下。

(1) 计算机病毒的特征、分类与防治。

(2) 计算机网络的概念、组成和分类;计算机与网络信息安全的概念和防控。

(3) 因特网网络服务的概念、原理和应用。

2) 模拟练习

(1) 选择题

① 下列关于计算机病毒的叙述中,正确的是(　　)。

A. 计算机病毒的特点之一是具有免疫性

B. 反病毒软件必须随着新病毒的出现而升级,提高查、杀病毒的功能

C. 计算机病毒是一种有逻辑错误的小程序

D. 感染过计算机病毒的计算机具有对该病毒的免疫性

答案:B

解析:计算机病毒是能够自我复制的、具有破坏性的程序,其本身没有逻辑错误。计算机本身对计算机病毒没有免疫性。反病毒软件只能检测出一种病毒进行清除,不能检测出新的病毒或病毒的变种,所以反病毒软件要随着新病毒的出现而不断升级。

② 将发送端数字脉冲信号转换成模拟信号的过程称为(　　)。

A. 链路传输　　B. 调制　　C. 解调　　D. 数字信道传输

答案:B

解析:调制是将发送端数字脉冲信号转换为模拟信号的过程。解调是将接收端模拟信号转换为数字脉冲信号的过程。

③ 实现局域网与广域网互联的主要设备是(　　)。

A. 交换机　　B. 集线器　　C. 网桥　　D. 路由器

答案:D

解析:路由器是连接因特网中各局域网、广域网的设备,它会根据信道的情况自动选择和设定路由,以最佳路径、按前后顺序发送信号。

④ 在 Internet 中完成从域名到 IP 地址或者从 IP 地址到域名转换服务的是(　　)。

A. DNS　　B. FTP　　C. WWW　　D. ADSL

答案:A

解析:DNS(Domaim Name Server,域名解析服务器)实现从域名到 IP 地址或者从 IP 地址到域名的转换;FTP 是文件传输协议。WWW 可以让 Web 客户端(常用浏览器)访问浏览 Web 服务器上的页面。ADSL 是一种接入因特网的方式。

⑤ IE 浏览器收藏夹的作用是(　　)。

A. 收集感兴趣的页面地址　　B. 记忆感兴趣的页面内容

C. 收集感兴趣的文件内容　　D. 收集感兴趣的文件名

答案:A

解析:收藏夹可以保存网页地址。

(2) 操作题

① 打开“新浪新闻中心”的主页,地址是 http://news.sina.com.cn,任意打开一条新闻的页面进行浏览,并将页面以文本文件形式保存到指定文件夹下。

② 将 Ben Linus(邮件地址:benlinus@sohu.com)添加到 Outlook 的联系人中,然后给他发送一封邮件,主题为“寻求帮助”,正文内容为“Ben,你好,请你将系统帮助手册发给我一份,谢谢”,并使用密件抄送将此邮件发送给 zhandeli@163.com。

2. 全国计算机信息高新技术考试考证辅导

全国计算机信息高新技术考试不涉及此部分的内容。

第 5 单元　图文信息处理技术

Word 2013 是微软公司开发的 Office 2013 办公组件之一，主要用于日常办公领域的图文信息处理，也可用于创建专业水准的文档。它提供了简便易用的文档格式设置工具，可以更轻松、高效地组织和编写文档。本单元的学习旨在帮助大家熟练掌握字处理软件 Word 2013 的各项基本操作。

学习目标

(1) 掌握 Word 2013 基础知识和基本操作。

(2) 学会文本及段落的格式化、文档页面布局设置。

(3) 能够插入、绘制表格，并设置表格格式。

(4) 能够对文档进行图文混排。

(5) 能够使用邮件合并功能完成具体任务。

5.1　能力自测部分

1. 知识水平测评

5.1 能力自测. mp4

在 20 分钟内回答以下问题。

(1) 请列举曾经使用过的字处理软件。

(2) 请列出知道的几种文本复制、粘贴的方法。

(3) 试简要说明"字体""字号"等字符格式的含义及设置方法。

(4) 设置段落格式的一般步骤和要点有哪些？如何进行"样式"的设置？

(5) 请简述使用 Word 制作过的最复杂的版式。

(6) 你曾使用过"修订"和"批注"功能和别人进行文档内容的商讨吗？

2. 技能水平测评

打开"自测 5.1-素材. docx"文件，进行下列操作。

(1) 页面设置：纸张大小为 B5，上、下、左、右页边距均为 2.5 厘米，纸张方向为横向。

(2) 文字格式：文档标题为黑体小二号，加粗，倾斜，水平居中，加双下划线，文字颜色为 RGB(255,0,204)。正文文字为宋体、五号字。

(3) 段落格式：标题行段前段后间距 1 行，正文首行缩进 2 个字符，段内间距 1.5 倍，段前、段后间距自动。

(4) 底纹：为正文第一段文字添加绿色，着色 6，10%的底纹。

(5) 项目符号：为正文第 2 段到第 4 段文字添加项目符号。

(6) 分栏：将第 3 段和第 4 段文字分成两栏，第一栏栏宽 18 字符，栏间距 2.02 字符，加分割线。

(7) 页眉页脚：在页面顶端添加页眉"插画学习"，右对齐，在页面底端添加页码。

(8) 图文混排：在文档末尾插入一张图片，调整图片大小和位置。

(9) 页面边框：为整篇文档添加艺术型页面边框。

(10) 水印：为文档添加水印，水印文字为"POP 插画"。

参考效果图如图 5-1 所示。

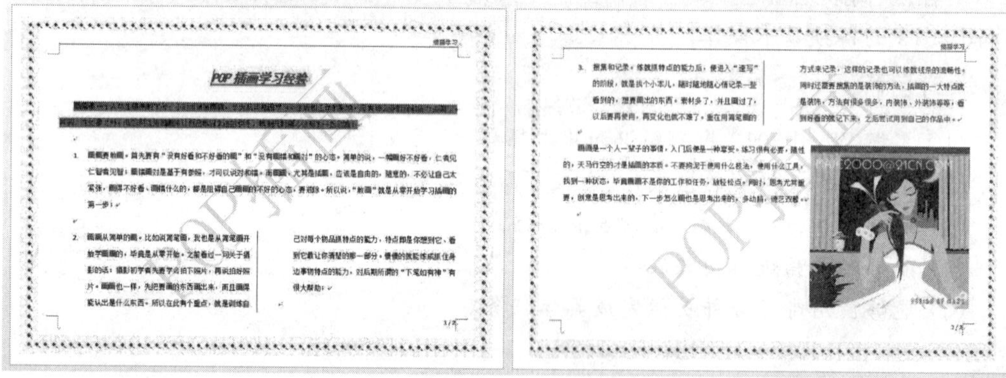

图 5-1 效果图

5.2 学习指南

1. 知识要点

图文信息处理技术知识要点.pdf

2. 技能要点

1) 启动 Word 2013

(1) 依次选择"开始"|"所有程序"|Microsoft Office 2013|Word 2013 命令；

(2) 双击桌面上的 Word 快捷图标。

2) 创建和打开 Word 文档

(1) 在打开的 Word 中依次选择"文件"|"新建"(或"打开")命令；

(2) 按 Alt+F 组合键，打开“文件”选项卡，选择“新建”(或“打开”)命令；

(3) 按 Ctrl+N 组合键可创建新文档，按 Ctrl+O 组合键可打开文档。

注意：Ctrl+O 是字母 O，不是零。

Word 进入页面如图 5-2 所示。

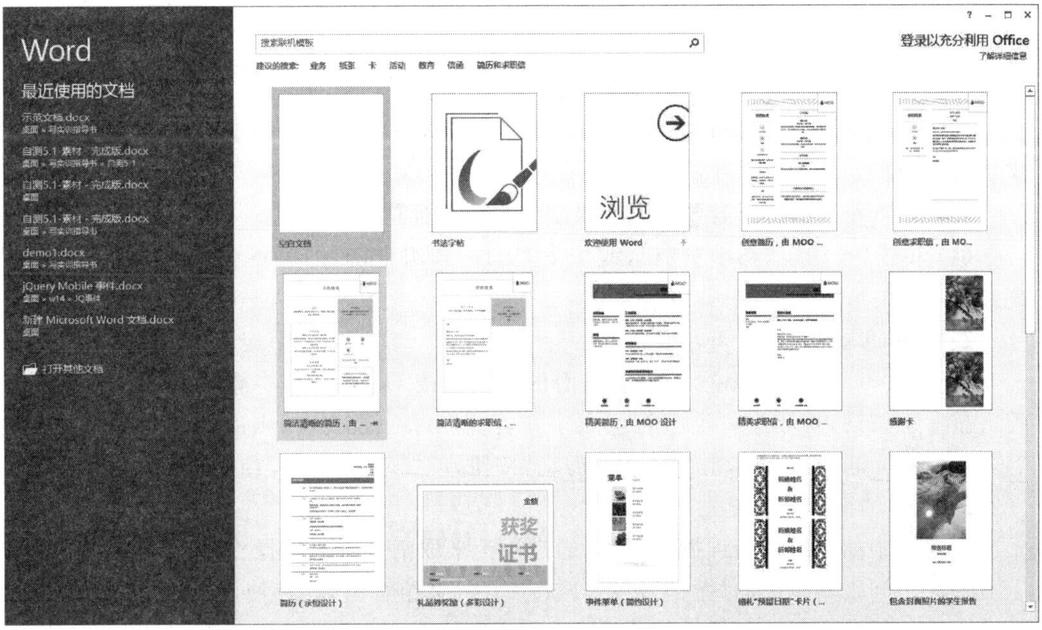

图 5-2　Word 进入页面

3) 切换插入状态与改写状态

用鼠标将插入点位置移到需要插入的文字处，也可以用键盘上的上、下、左、右箭头将插入点位置移到需要插入的文字处，然后输入文本，则插入点之后的文本将依次后退。

按 Insert 键可实现插入状态与改写状态的切换。在改写状态下，在插入点录入的文本将覆盖插入点之后的文本。

4) 插入特殊符号

把插入点移到需要插入特殊符号处，单击“插入”选项卡中“符号”组的“符号”按钮，选择所需符号；或者单击“其他符号”按钮，打开“符号”对话框进行选择。

5) 文本的选定

(1) 选取较短的连续文本：将插入点放到要选定的文本起点位置，然后拖动鼠标至终点放开。

(2) 选取较长的连续文本：将插入点放到文本起点位置，然后按住 Shift 键单击结尾处。

(3) 选取一行：把鼠标移到所选行左侧的空白处(即文本选择区)，此时鼠标变成一个斜向右上方的箭头，单击即可选中该行。选中一行后，继续拖动鼠标，可以选择多行。

(4) 选取段落：在该段落的文本选择区双击鼠标左键。

(5) 选取矩形区域文本：按住 Alt 键的同时拖动鼠标，在文档中将形成矩形选取区域。

(6) 选取全文：在文本选择区连击鼠标左键三次，或按 Ctrl+A 组合键选取全文。

(7) 扩展选取：按 F8 键，表示进入扩展状态；再按 F8 键，则选择光标所在处的一个词；继续按 F8 键，选区扩展到整句；接着按 F8 键，选区扩展到整段；再按 F8 键，选区扩展至全文。单击文档空白处，则退出扩展状态。

6) 文本的复制和移动

(1) 选中需要复制或移动的文本。

(2) 单击“开始”|“复制”或“剪切”命令，或按下 Ctrl+C 或 Ctrl+X 组合键，将选定的文本复制或剪切到剪贴板中。

(3) 将插入点定位到需要插入所复制文本的目标位置。

(4) 单击“开始”|“粘贴”按钮，或按下 Ctrl+V 组合键，即可将剪贴板中的内容粘贴到插入点处。

7) 文本的删除

按 Backspace 键，将删除插入点前面的字符；按 Delete 键，将删除插入点后面的字符。按一次按键，将删除一个字符或文字。若要删除一段文本，则应先选中要删除的内容，然后按 Delete 键，或单击“开始”|“剪切”按钮，或按下 Ctrl+X 组合键。

8) 文本的撤销和恢复

在编辑中如果出现错误操作，可以通过撤销来取消上一步的操作，方法为：单击窗口上方快速访问工具栏中的“撤销”按钮，或按 Ctrl+Z 组合键，连续使用可以进行多次撤销操作。恢复就是重新执行撤销操作，方法为：单击窗口上方快速访问工具栏中的“恢复”按钮，或按 Ctrl+Y 组合键，可以恢复上一步撤销操作，连续使用可进行多次恢复操作。

9) 查找和替换

(1) 选择“开始”|“查找”命令，打开“查找和替换”对话框。

(2) 在“查找内容”文本框中输入要查找的内容。在“替换为”文本框中输入要替换的内容。单击“更多”按钮，可以设置搜索的范围、查找对象的格式、替换的格式等。

(3) 单击“查找下一处”按钮开始查找，找到目标后将高亮显示。

(4) 如果确定要替换，则单击“替换”按钮，否则单击“查找下一处”按钮，直到查找完成。如果要全部替换，则单击“全部替换”按钮即可。

Word 2013 中还提供了高级查找功能，单击“更多”按钮，可以进行查找对象的格式等操作。

10) 保存文档

选择“文件”选项卡中的“保存”命令，或按下 Ctrl+S 组合键。

11) 退出 Word

退出 Word 共有以下五种方式：

(1) 选择“文件”|“关闭”命令；

(2) 按 Alt+F4 组合键；

(3) 单击窗口控制按钮中的“关闭”按钮；

(4) 双击窗口左上角的 Word 图标控制按钮；

(5) 在标题栏上右击,在弹出的快捷菜单中选择“关闭”命令。

12) 字体格式的设置

选中要设置字体的文本,选择“开始”|“字体”命令,或在选中的文本上右击,选中快捷菜单中的“字体”命令,打开“字体”对话框,在其中可进行字体、字号、字体颜色、效果、间距、位置等的设置。

13) 边框和底纹的设置

选中要设置边框和底纹的文本,单击“开始”功能区“段落”组中的“边框”按钮旁边的小三角形,选择“边框和底纹”进行边框和底纹的设置。

14) 段落设置

选中要设置的段落,选择“开始”功能区“段落”组中的命令进行设置,或在选中的段落上右击,选中快捷菜单中的“段落”命令,打开“段落”对话框,在其中可进行段间距、行间距、缩进、段落对齐方式等的设置。

15) 进入修订状态

在“审阅”功能区的“修订”分组中单击“修订”按钮下的小三角形,然后选择“修订”选项,进入修订状态。

16) 添加批注

选中需要进行批注的文字,选择“审阅”|“新建批注”命令,此时被选中的文字就会添加一个用于输入批注的编辑框,并且该编辑框和所选文字显示为粉色。在编辑框中可以输入要批注的内容。

17) 显示/隐藏批注

选择“审阅”功能区“批注”组中的“显示批注”选项,打开下拉菜单,选择相应的选项,就可显示或隐藏当前的修订和批注。

18) 审阅修订意见

将鼠标移到当前修订的位置,根据需要选择“审阅”功能区“更改”组中的“接受”或者“拒绝”命令。

19) 删除批注

要删除某处批注,右击此批注框,选择快捷菜单中的“删除批注”命令,即可将其删除。

20) 打印

选择“文件”|“打印”命令,在打开的“打印”窗口中单击“打印”按钮。

21) 页面设置

在“页面布局”功能区的“页面设置”组中进行相应的设置。

22) 使用样式

选择“开始”功能区“样式”组中的命令,可将该样式应用于当前光标所在的段或选定的多个段落。单击“样式”组或下角的小图标,或者按 Ctrl+Alt+Shift+S 组合键,可打开“样式”窗格。

23）新建样式

在“样式”窗格中，单击左下角的“新建样式”按钮，在弹出的“根据格式设置创建新样式”对话框中即可进行新建样式操作。

24）项目符号和编号设置

选中要添加项目符号或编号的段落，选择“开始”功能区“段落”组中“项目符号”或者“编号”命令进行设置。

25）设置图片格式

通常情况下，在文档中选定图片，Word 的功能区就会自动弹出“图片”工具，可以对图片的样式、颜色、对比度、亮度、对齐方式、旋转方向等进行相应的设定。

26）插入图片

将插入点移至要插入图片的位置，选择“插入”|“图片”命令，打开“插入图片”对话框。选择图片所在的路径，找到并选中该图片，单击“插入”按钮。

27）插入艺术字

选择“插入”|“艺术字”命令，在“艺术字库”中选择所需艺术字样式。

28）插入形状

选择“插入”|“形状”命令，绘制所需的形状，如线条、矩形、基本形状、流程图元素、星与旗帜、标注等。同时可以为形状对象添加文字，使形状实现旋转或翻转、阴影和三维立体效果等。

29）使用数学公式

选择“插入”|“公式”命令，根据需要输入公式。

30）插入文本框

(1) 选择“插入”|“文本框”命令，在打开的文本框下拉列表中选中所需的文本框，在当前插入点插入一个文本框。

(2) 将插入点移至文本框内，可以根据需要输入文本或插入图片。

(3) 单击文本框，在该文本框四周将出现 8 个小方块，通过拖动小方块，可以改变文本框的大小。

(4) 用鼠标拖动文本框，将其放置到合适的位置。

31）设置文本框

选中文本框，选择“绘图工具”下的“形状样式”组中的命令，进行文本框的设置；或者右击，在弹出的快捷菜单中选择“设置形状格式”命令，打开“设置形状格式”窗格框，进行文本框的设置。

32）插入 SmartArt 图形

将插入点移至需要插入图形的位置，选择“插入”| Smart Art 命令，弹出“选择 SmartArt 图形”对话框，选择图示类型，单击“确定”按钮。

33）插入脚注

选中需要添加脚注的文本，选择“引用”|“插入脚注”命令，直接在出现的页面底端输

入文字内容即可。

34）创建目录

单击要插入目录的位置，选择“引用”|“目录”命令，单击插入目录，打开“目录”对话框，然后按提示操作。

35）设置页眉和页脚

设置一篇文档的页眉和页脚有两种情况，一种是首次进入页眉、页脚编辑区，另一种是在已有页眉、页脚的情况下进入编辑状态。

如已经存在页眉、页脚编辑区，可以双击页面的顶部或底部的页眉、页脚区域，即可快速进入页眉、页脚编辑区。

如是首次设置页眉和页脚，操作步骤如下。

（1）选择“插入”|“页眉”命令，打开“页眉”对话框，选择所需页眉版式，输入页眉内容；

（2）与页眉类似，选择“插入”|“页脚”命令，即可进行一系列页脚的设置。

36）文档分栏

选中要分栏的文本，选择“页面布局”|“分栏”命令，选择“更多分栏”选项，设置有关参数。

37）文档分页

将插入点移至分页开始的位置，选择“页面布局”|“分隔符”命令，单击“分页符”选项，进行相应设置。

38）表格操作

（1）创建表格。选择“插入”|“表格”命令，直接选择行数和列数。

（2）编辑表格。通过“表格工具”上的“设计”和“布局”选项卡设置。

（3）数据计算。依次选择“表格工具”|“布局”|“公式”命令进行计算。

39）邮件合并

依次选择“邮件”|“开始邮件合并”|“邮件合并分步向导”命令，在 Word 窗口的右侧会出现“邮件合并”任务窗格，根据提示可进行邮件合并操作。

5.3　实验指导

5.3.1　实验：Word 2013 基本操作

1. 实验目的

熟悉 Word 2013 基本功能，能根据需要选择适当的视图模式，掌握 Word 基本操作，能进行简单的文档排版。

2. 实验内容

利用所给素材,制作录取通知书,如图 5-3 所示。

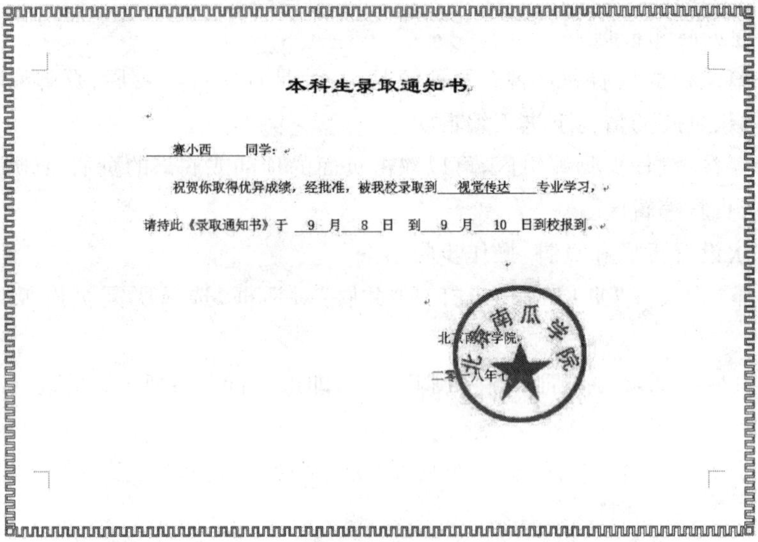

本科生录取通知书

蹇小西 同学：

祝贺你取得优异成绩，经批准，被我校录取到 视觉传达 专业学习，

请持此《录取通知书》于 9 月 8 日 到 9 月 10 日到校报到。

图 5-3　录取通知书

3. 实验步骤

打开“实验 5-1：录取通知书(素材)”文件,进行 Word 排版操作。

(1) 页面设置。

制作录取通知书.mp4

① 在“页面布局”选项卡的“页面设置”组中,单击“纸张大小”按钮,在弹出的下拉列表中选择 A4。如需自定义纸张大小,选择“其他页面大小”命令,在弹出的对话框中选择“自定义大小”,在“宽度”和“高度”文本框中输入自定义纸张的大小,然后单击“确定”按钮。

② 单击“纸张方向”按钮,在弹出的下拉列表中,选择“横向”。

③ 单击“页边距”按钮,在下拉列表中选择所需的页边距。也可选择“自定义页边距”命令,在弹出的对话框中设置页边距,上、下边距为 2 厘米,左、右边距为 2.5 厘米,如图 5-4 所示。

或者单击“页面布局”选项卡“页面设置”组右下角的对话框启动器,在弹出的“页面设置”对话框中设置纸张大小、纸张方向等。

(2) 设置标题格式。

① 选中标题文本“本科生录取通知书”,单击“开始”选项卡的“字体”组右下角的对话框启动器,打开“字体”对话框。在“字体”对话框的“字体”选项卡中,设置字体为“隶书”,加粗,字号为“二号”。在“高级”选项卡中,设置字符间距为“加宽”磅值为“5 磅”,如图 5-5 和图 5-6 所示。

② 在“开始”选项卡的“段落”组中,单击“居中”按钮,使标题居中显示。

图 5-4　页面设置

图 5-5　设置标题字体(1)

③ 单击“开始”选项卡“段落”组右下角的对话框启动器，打开“段落”对话框，将段后间距设为“1 行”，将行距设为“单倍行距”，如图 5-7 所示。

图 5-6　设置标题字体(2)

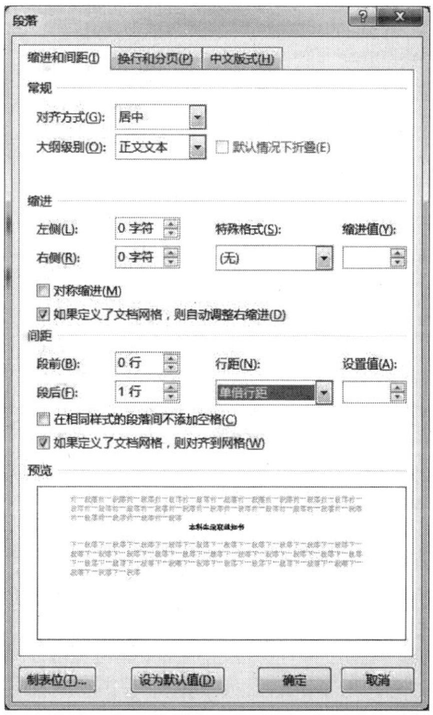

图 5-7　设置段后间距

(3) 设置正文。

① 选中第 2 行到最后一行(即除标题行外的所有行),在“开始”选项卡的“字体”组中,单击“字体”右侧的下三角按钮,在弹出的对话框中选择字体为“宋体”,“字号”为“四号”,如图 5-8 所示。

② 单击“开始”选项卡上“段落”旁的对话框启动器,打开“段落”对话框,如图 5-9 所示。在“缩进”选项卡的“特殊格式”下拉列表中选择“首行缩进”,磅值为“2 字符”,段前间距为“0 行”,段后间距为“0 行”,“行距”下拉列表中选择“多倍行距”,值为 2.5 倍,如图 5-9 所示。

图 5-8　设置正文

图 5-9　设置段落格式

③ 在“视图”选项卡的“显示”组中,勾选“标尺”复选框。拖动标尺中的“首行缩进”滑块、“悬挂缩进”滑块、左对齐制表符,即可更改段落格式,如图 5-10 所示。

(4) 插入图片,设置艺术效果。

① 在“插入”选项卡中的“插图”组中,单击“图片”,插入选中的图片,或打开“实验 5-1 素材”中的 zhang.png 右击,选择“复制”,在文档中“粘贴”,即可插入图片。

② 单击图片,即可出现“图片工具”。在“图片工具”选项卡的“排列”组中,单击“位置”,选择“其他布局选项”,在出现的对话框中设置“文字环绕”,如图 5-11 所示。

③ 在“图片工具”选项卡的“调整”组中,单击“艺术效果”,选择“线条图”,如图 5-12 所示。

④ 调整好图片位置,如图 5-13 所示。

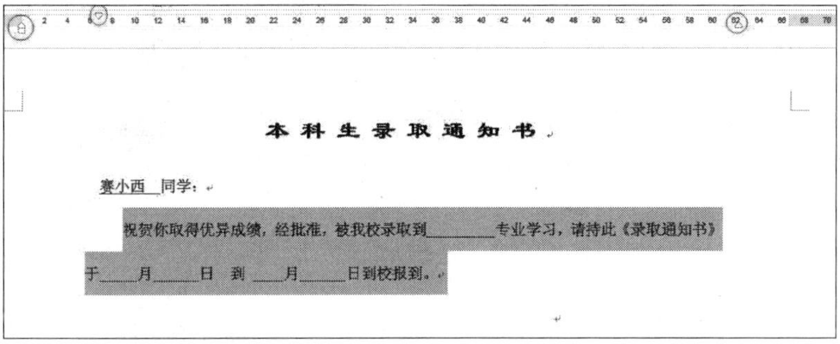

图 5-10　调整段落格式

图 5-11　设置文字环绕效果

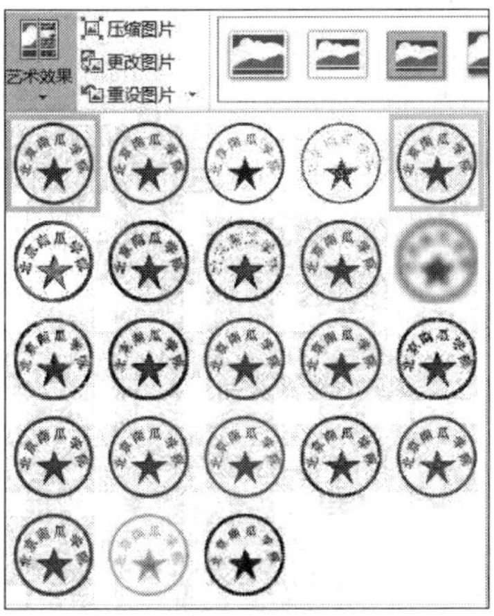

图 5-12　设置艺术效果

图 5-13　调整位置

(5) 设置页面边框。在“设计”选项卡的“页面背景”组中,单击“页面边框”,选择“页面边框”,设置为“方框”“艺术型”,应用于“整篇文档”,如图 5-14 所示。

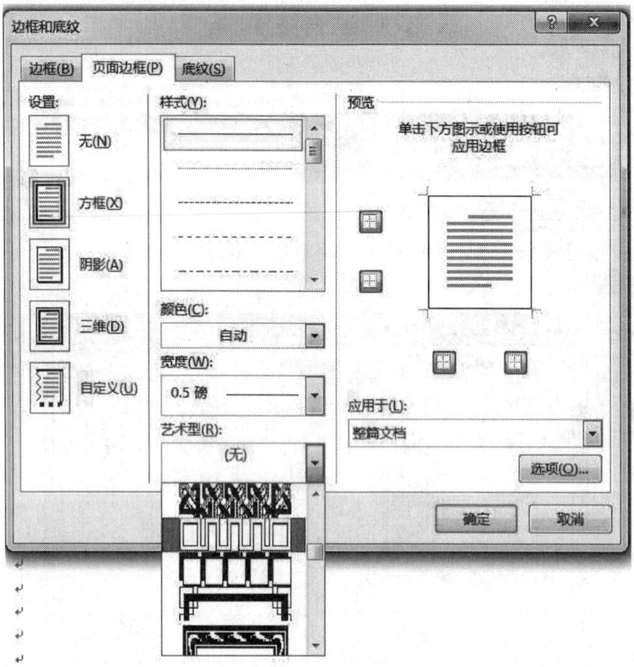

图 5-14　设置页面边框

录取通知书制作完成,最终效果如图 5-3 所示。

5.3.2　实验:模板和样式的使用

1. 实验目的

(1) 掌握模板的使用。
(2) 掌握创建模板的方法,使用 Office 自带模板的方法。

2. 实验内容

(1) 制作公文模板,如图 5-15 所示。
(2) 制作感谢证书,如图 5-16 所示。

3. 实验步骤

1) 制作公文模板

(1) 新建文档。依次单击“开始”|“所有程序”|Microsoft Office 2013 | Word 2013,启动 Word 2013,系统会自动创建一个空白文档。

制作公文模板.mp4

××学院

请输入通知标题

请输入抬头内容

请输入正文内容

××学院
年　月　日

1

图 5-15　公文模板

图 5-16　感谢证书

或者在文件夹空白处右击,从弹出的快捷菜单中选择“新建”|“Microsoft Word 文档”,然后双击新建文档,则打开一个空白文档。

(2) 页面设置。单击“页面布局”选项卡的“页面设置”组右下角的对话框启动器,打开如图 5-17 所示“页面设置”对话框,进行如下设置。

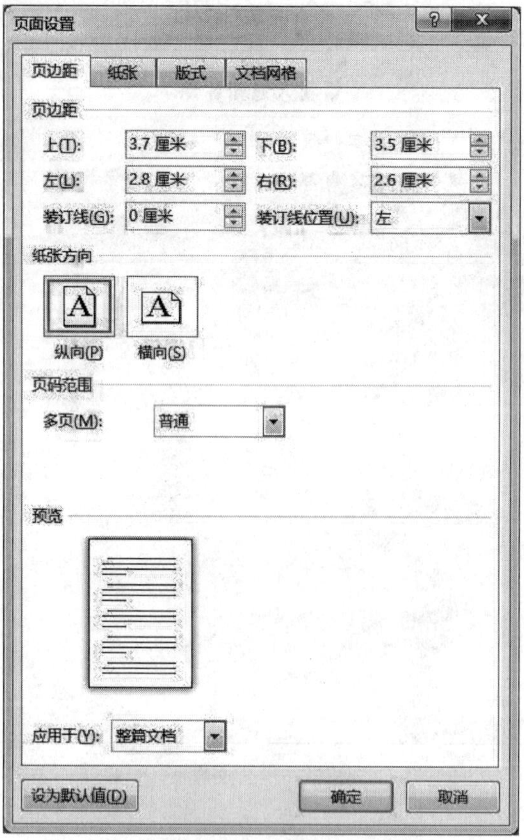

图 5-17　页面设置(1)

① 在“页边距”选项卡中设置页边距为上 3.7 厘米、下 3.5 厘米、左 2.8 厘米、右 2.6 厘米。

② 在“纸张”选项卡中,选择纸张大小为 A4。

③ 在“文档网格”选项卡中单击“字体设置”按钮,在弹出的“字体”对话框中设置中文字体为仿宋,字号为三号,单击“确定”按钮。然后选中“指定行和字符网格”,字符数设置为“每行”28 个字符;行数设置为“每页”22 行,然后单击“确定”按钮,版心即设置成以三号字为标准,每页 22 行、每行 28 个汉字的国家公文标准,如图 5-18 所示。

(3) 制作红头部分。

① 输入标题“××学院”。

② 选中标题全部文字,单击“开始”选项卡“字体”组右下角的对话框启动器,在弹出的“字体”对话框中选择“字体”选项卡,设置中文字体为“方正小标宋简体”(如果没有此字

体，可以从网上下载安装），字号 55 磅，字体颜色为“红色”。选择“高级”选项卡，缩放设置为 70%，如图 5-19 所示。

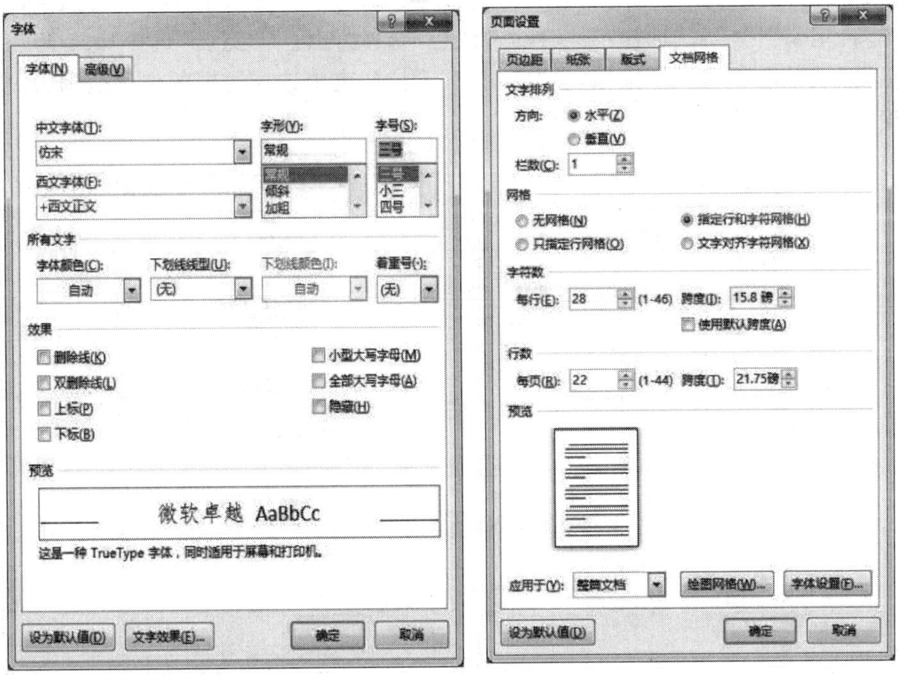

图 5-18　页面设置(2)

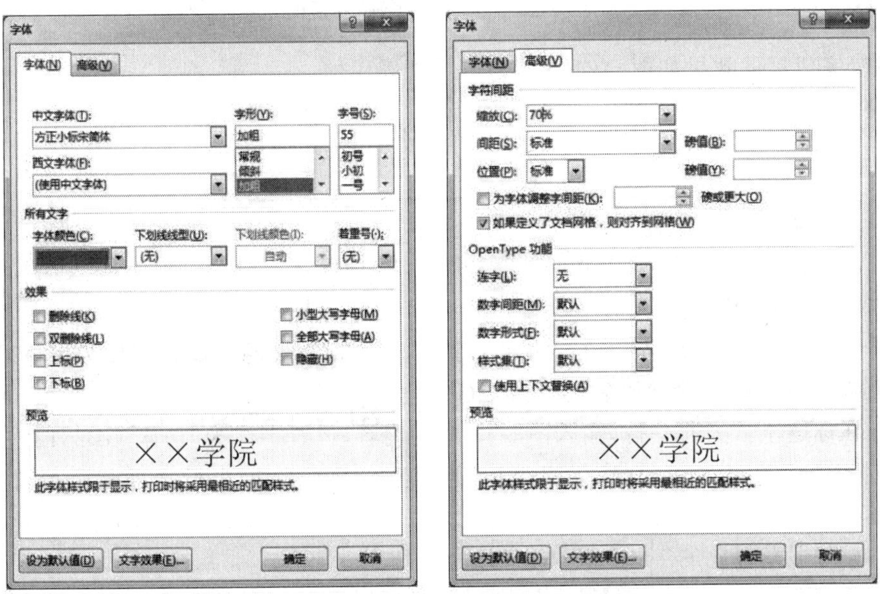

图 5-19　设置字体

③ 单击“开始”选项卡“段落”组中的“居中”按钮，让标题水平居中显示。

④ 单击“设计”选项卡“页面背景”组中的“页面边框”按钮旁的下三角按钮，在弹出的下拉列表中选择“边框和底纹”，在弹出的“边框和底纹”对话框中选择“边框”选项卡，“设置”选择“自定义”，“样式”选择“单实线”，“颜色”选择“红色”，“宽度”选择“1.5 磅”。然后在“预览”区域单击“下框线”按钮，在“应用于”下拉列表中选择边框的作用范围为“段落”，单击“确定”按钮，如图 5-20 所示。

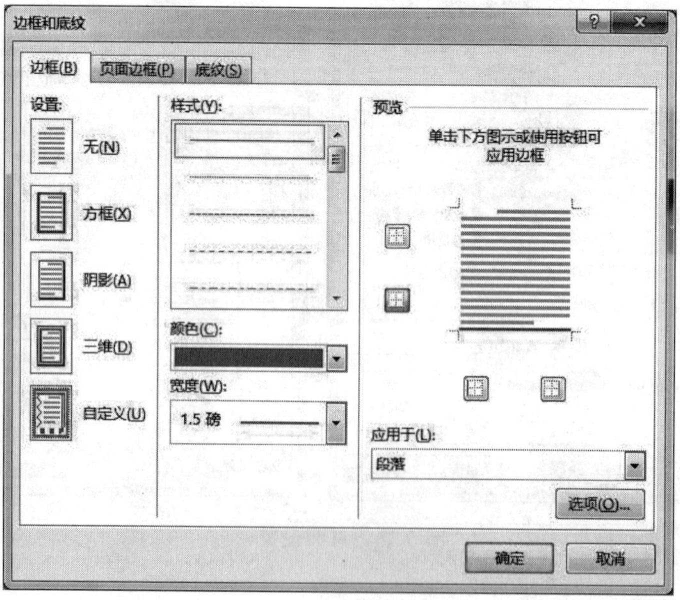

图 5-20 “边框和底纹”对话框

设置完成后的效果如图 5-21 所示。

××学院

图 5-21 通知红头部分的效果

(4) 制作正文样式。

① 在红头部分下方另起一行，输入文字“请输入通知标题”，设置字体为宋体，字号为二号，加粗，居中对齐，段前段后间距为 1 行。

② 在标题下方另起一行，输入图 5-15 中的内容，设置字体为“仿宋-GB2312”，字号为三号，对齐方式为左对齐，段落行间距为固定值 28 磅。除抬头行之外其余行首行缩进 2 个字符。

③ 设置段落标题的字体为黑体，字号为三号。

④ 按 Enter 键空出几行，输入落款“××学院”（落款后输入 2 个空格），另起一行输入“××××年××月××日”（日期后输入 4 个空格）。选中这两行内容，设置字体为仿宋-GB2312，字号为三号，对齐方式为右对齐。

(5) 插入页码。单击“插入”选项卡“页眉和页脚”组中的“页码”按钮，选择“页面底端”，再选择样式为“普通数字 2”，如图 5-22 所示。

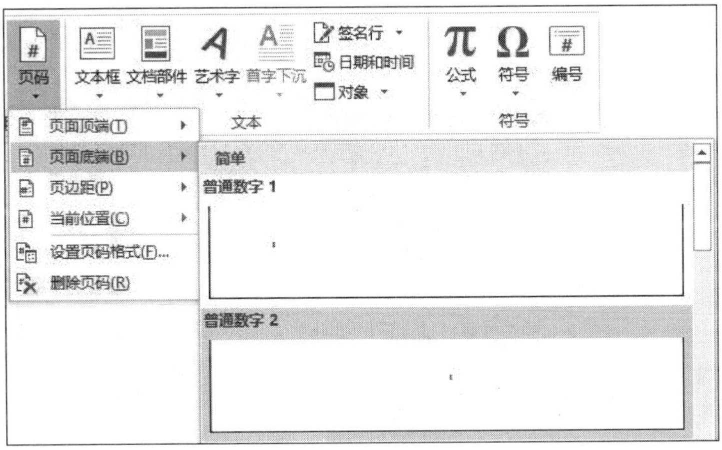

图 5-22　插入页码

(6) 保存模板。单击“开始”选项卡中的“另存为”按钮，在弹出的“另存为”对话框中选择保存路径为“C：\Users\Administrator\我的文档\自定义 Office 模板”，文件类型为“Word 模板(.dotx)”，输入文件名，单击“保存”按钮，将刚才制作的文档保存为模板，如图 5-23 所示。

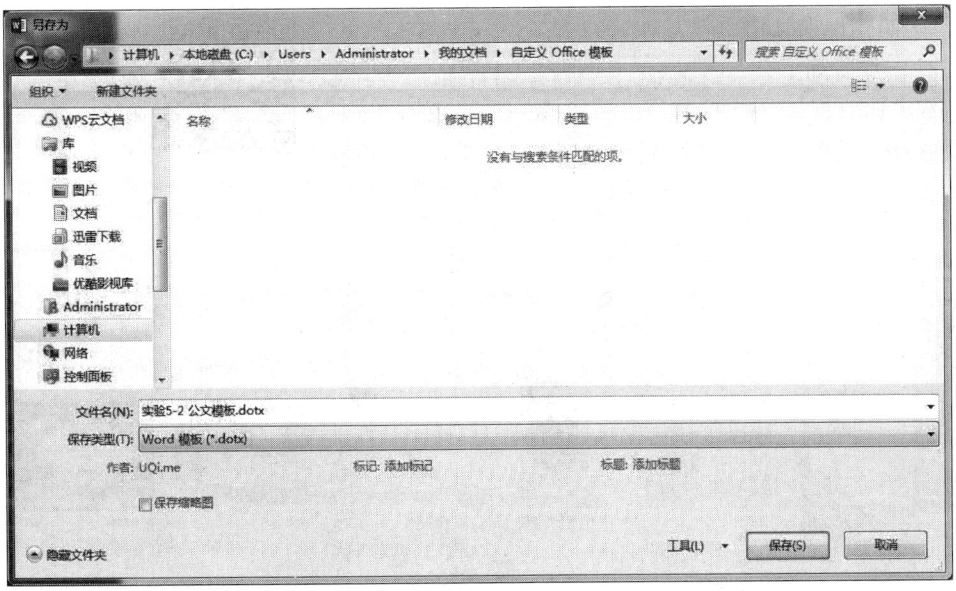

图 5-23　保存模板

(7) 使用模板。单击“开始”选项卡上的“新建”按钮，单击“可用模板”中的“个人”，单击刚才保存的模板，即可创建一个以刚才保存的文件为模板的新文档，进行排版编辑，如图 5-24 所示。

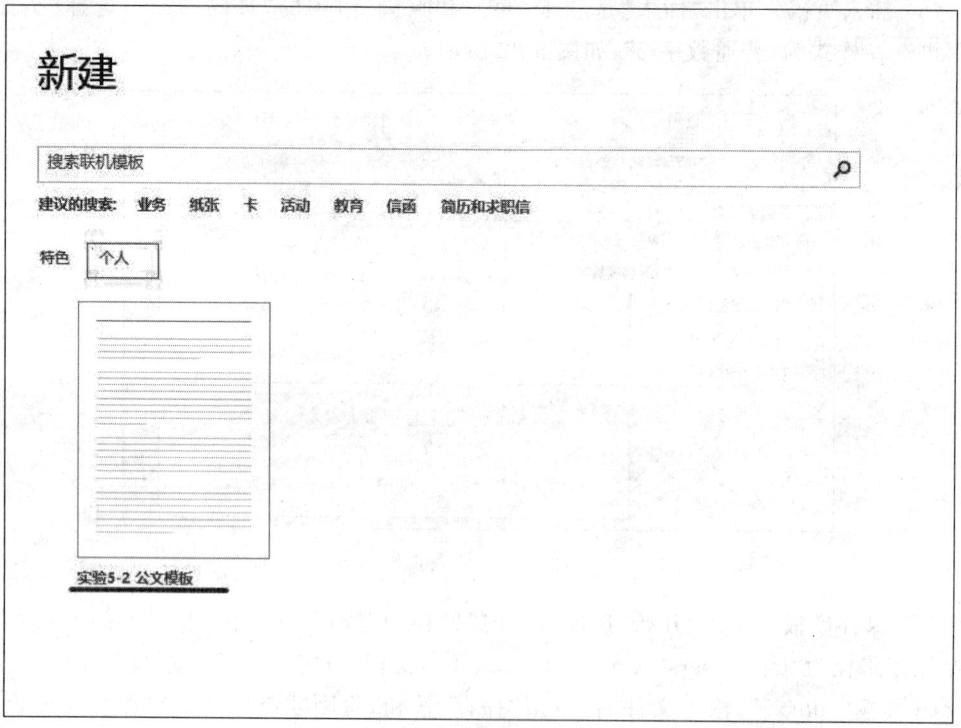

图 5-24 使用模板

2）制作感谢证书

操作步骤如下。

制作感谢证书.mp4

（1）选取模板。打开 Word 2013 窗口，在“文件”选项卡中选择“新建”命令，在“可用模板”区域单击模板，或在搜索框中输入“教育”，出现如图 5-25 所示界面。

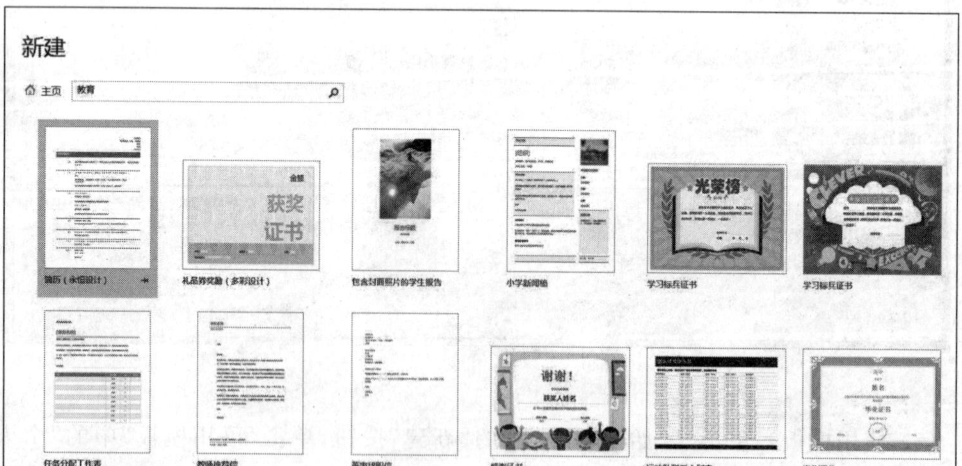

图 5-25 新建界面

单击选中的模板，创建"感谢证书"，如图 5-26 所示。

(2) 输入文本。在证书中输入相应的文本，效果如图 5-16 所示。

图 5-26　创建"感谢证书"

5.3.3　实验：图形制作

实验：图形制作.pdf

绘制函数图形.mp4

制作组织结构图.mp4

5.3.4　实验：Word 2013 表格制作

1. 实验目的

熟练掌握 Word 2013 中表格制作、编辑的基本方法和技巧，初步掌握表格中数据计算的方法，能进行图表插入操作。

2. 实验内容

(1) 制作课程表，如图 5-27 所示。

(2) 制作收据单，如图 5-28 所示。

(3) 利用所给文本制作成绩表并根据成绩表中的各科平均成绩制作柱状图，如图 5-29 所示。

课程表

<table>
<tr><th>节次
时间</th><th>一</th><th>二</th><th>三</th><th>四</th><th>五</th></tr>
<tr><td>1-2 节
(8:30-10:00)</td><td>素描
23#506</td><td rowspan="2">色彩
23#506</td><td></td><td>油画
23#510</td><td>英语
23#502</td></tr>
<tr><td>3-4 节
(10:15-11:45)</td><td></td><td>平面构成
23#510</td><td></td><td>毛概
23#502</td></tr>
<tr><td>5-6 节
(13:20-14:50)</td><td>美术史
23#506</td><td>艺术概论</td><td></td><td rowspan="2">水粉
23#502</td><td></td></tr>
<tr><td>7-8 节
(15:05-16:35)</td><td></td><td></td><td></td><td></td></tr>
</table>

图 5-27 课程表

<u>收 款 收 据</u>

客户名称：　　　　　　　　　　　　　　　　　　　　　年　月　日　填制

<table>
<tr><th rowspan="2">项目</th><th rowspan="2">单位</th><th rowspan="2">数量</th><th rowspan="2">收费标准</th><th colspan="7">金额</th><th rowspan="2">备注</th></tr>
<tr><th>万</th><th>千</th><th>百</th><th>十</th><th>元</th><th>角</th><th>分</th></tr>
<tr><td></td><td></td><td></td><td></td><td></td><td></td><td></td><td></td><td></td><td></td><td></td><td></td></tr>
<tr><td></td><td></td><td></td><td></td><td></td><td></td><td></td><td></td><td></td><td></td><td></td><td></td></tr>
<tr><td></td><td></td><td></td><td></td><td></td><td></td><td></td><td></td><td></td><td></td><td></td><td></td></tr>
<tr><td>金额合计
（大写）</td><td colspan="3">万　仟　佰　拾　元　角　分</td><td></td><td></td><td></td><td></td><td></td><td></td><td></td><td></td></tr>
</table>

单位（盖章有效）　　　　　　　　　　开票　　　　　　　收款

图 5-28 收款收据

学号	姓名	数学	语文	英语	品社	总分
1	甲	63	64	70	59	256
2	乙	43	58	62	75	238
3	丙	41	89	45	86	261
4	丁	73	48	43	48	212
5	戊	95	72	45	45	257
6	己	72	86	59	87	304
7	庚	85	92	80	85	342
8	辛	81	41	55	42	219
9	壬	56	55	52	78	241
10	癸	54	52	92	89	287
平均分		66.30	65.70	60.30	69.40	261.70

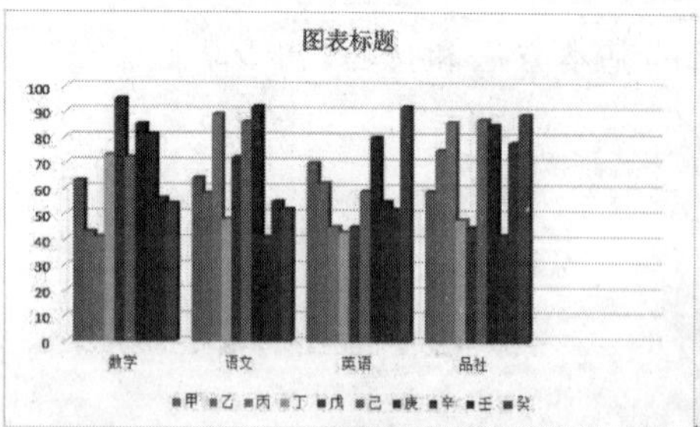

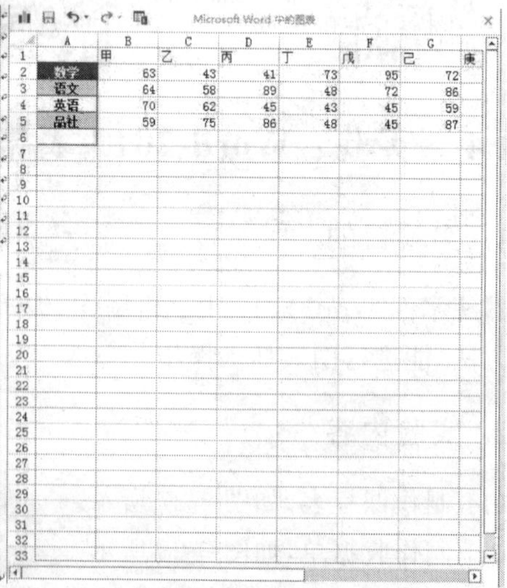

图 5-29 数据图表图

3. 实验步骤

1）制作课程表

（1）页面设置。

① 新建一个空白 Word 文档。

② 设置纸张大小为 A4，纸张方向为纵向，上、下、左、右页边距均为 1 厘米。

制作课程表.m4

（2）插入表格。

① 输入标题“课程表”，设置字体为黑体，字号为三号，居中。

② 另起一行，单击“插入”选项卡“表格”组中的“表格”按钮，“列数”选择 6，“行数”选择 5，如图 5-30 所示。或者在“表格”下拉列表中选择“插入表格”，在弹出的“插入表格”对话框中设置“列数”为 6，“行数”为 5，单击“确定”按钮。

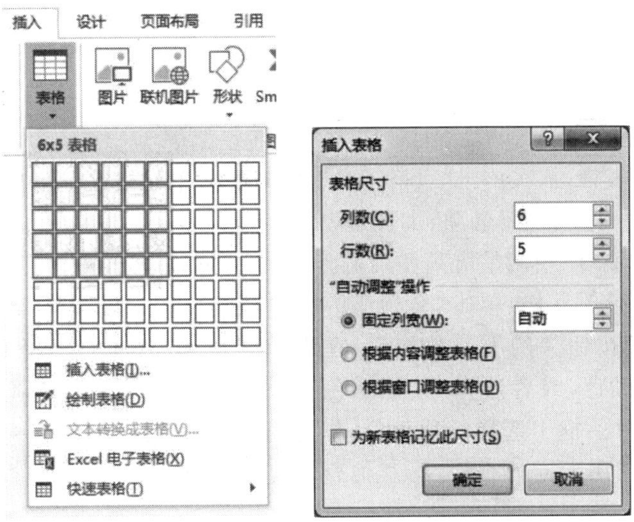

图 5-30　插入表格

③ 选中第 2 行第 3 列和第 3 行第 3 列的单元格，在功能区出现的“表格工具”的“布局”选项卡上，单击“合并”组中的“合并单元格”按钮。使用同样的方法，将第 4 行第 5 列和第 5 行第 5 列的单元格合并。

在表格中输入文字。单击表格，出现图标，单击此图标，即选中整个表格，依次单击“表格工具”|“布局”|“对齐方式”|“水平居中”按钮，使文字在单元格中居中，如图 5-31 所示。

（3）绘制斜线表头。

① 将光标移至第 1 行第 1 列的单元格中，单击“开始”选项卡“段落”组中的“边框”按钮旁的下三角按钮，在下拉列表中选择“斜下框线”选项，如图 5-32 所示。

② 在单元格中输入若干空格和文字“节次”后按 Enter 键，再输入文字“时间”，斜线表格制作完成。

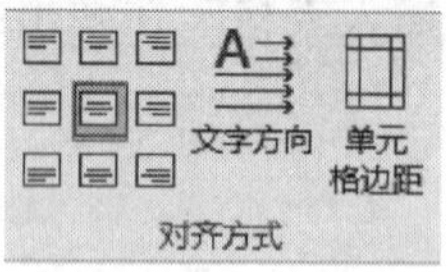

图 5-31 设置“对齐方式”

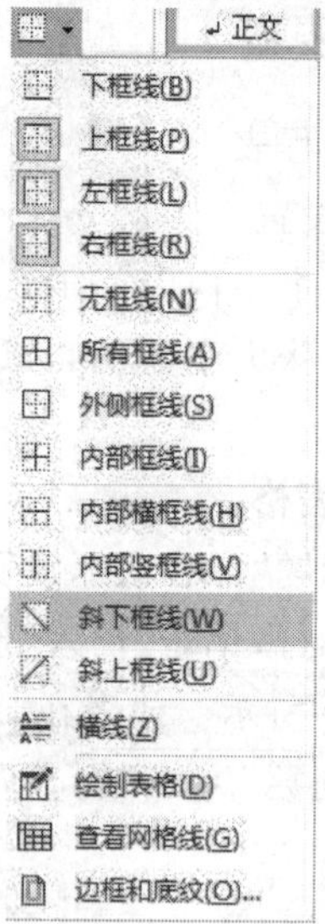

图 5-32 边框和底纹

(4) 美化表格。

① 选中整个表格,依次单击“表格工具”|“布局”|“单元格大小”|“自动调整”按钮,选择“根据窗口自动调整表格”选项,如图 5-33 所示,或者在“宽度”和“高度”中调整行高和列宽。

② 选中第一行单元格,单击“开始”选项卡“段落”组中的“底纹”按钮旁的下三角按钮,在下拉列表中选择某一种颜色,或者选择“其他颜色”命令,在弹出的“颜色”对话框中选择一种颜色,作为第一行的底纹颜色。使用相同的方法,给其他行填充不同的底纹颜色。

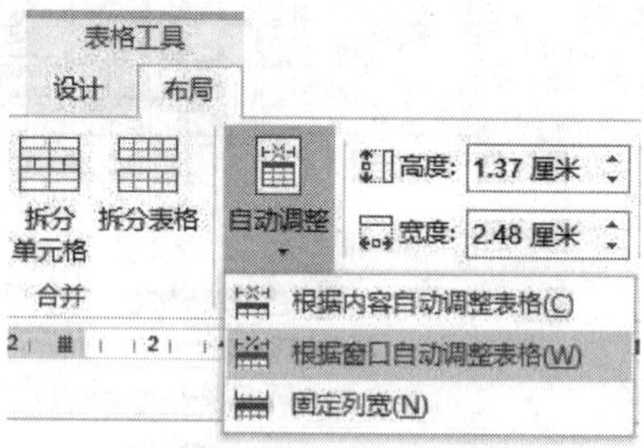

图 5-33 调整表格

③ 选中整个表格,单击“开始”选项卡“段落”组中的“边框和底纹”按钮旁的下三角按钮,选择“边框和底纹”命令,在弹出的“边框和底纹”对话框的“边框”选项卡中,“设置”区域选择“全部”,“颜色”选择“红色”,“宽度”选择“0.5 磅”,单击“确定”按钮,如图 5-34 所示,更改表格边框样式。在此对话框的“底纹”选项卡中也可以设置单元格底纹。

至此,课程表制作完成,最终效果如图 5-27 所示。

制作收据单.mp4

2) 制作收据单

(1) 制作表格。

① 新建一个空白的 Word 文档。

② 在第一行和第二行按照图 5-28 输入文字,设置文字格式。

③ 另起一行,单击“插入”选项卡“表格”组中“表格”按钮,插入 5 行 6 列的表格。

④ 将光标置于第 1 行第 5 列的单元格中,依次单击“表格工具”|“布局”|“合并”|“拆

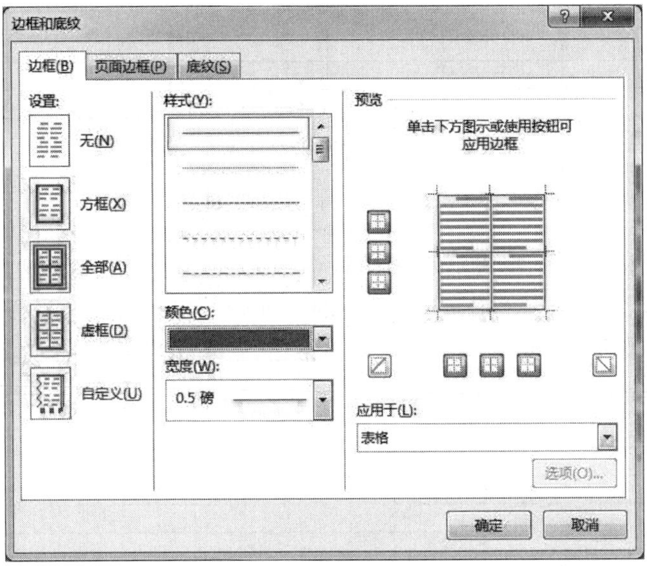

图 5-34　表格边框样式

分单元格”按钮，在弹出的“拆分单元格”对话框中输入要拆分出的行数 2 和列数 1，单击“确定”按钮。

⑤ 使用相同的方法，将第 2 行到第 6 行的 5 列的单元格拆分成 7 列 5 行的单元格，如图 5-35 所示。

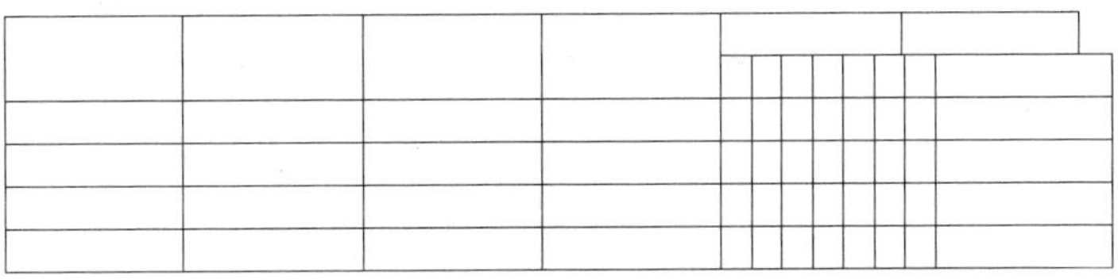

图 5-35　拆分单元格后的表格

⑥ 拆分后的表格发生了错位现象，需调整第 1 行的列宽。将鼠标指针移至第 1 行第 5 列的单元格处，当光标变成黑色右上箭头时，单击，可以选中此单元格。

然后将光标移至此单元格右框线上，当鼠标指针变成双竖线时，拖动鼠标即可调整此单元格的列宽。选择“表格工具”的“布局”选项卡内“绘图”组的“橡皮擦”命令，如图 5-36 所示。擦掉第一行最后一个单元格前的线，选择“绘制表格”命令，在正确的位置画线，调整后的表格如图 5-37 所示。

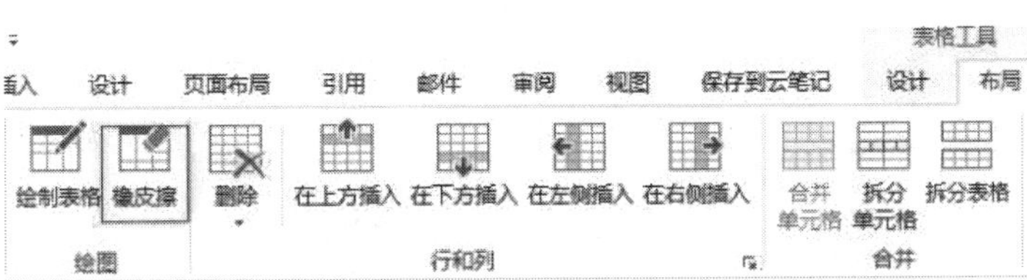

图 5-36　绘图工具

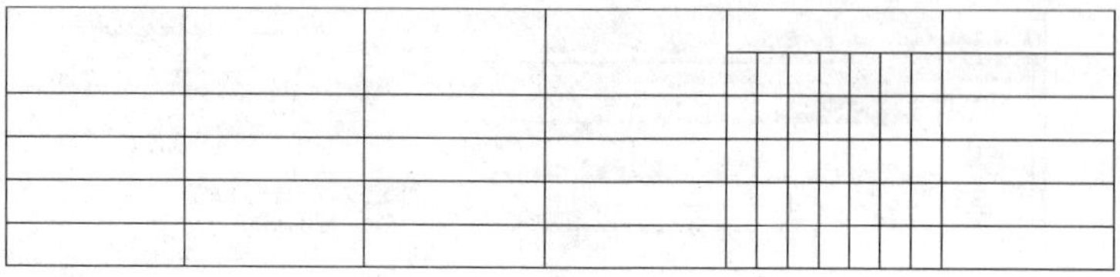

图 5-37　调整后的表格

⑦ 合并单元格。首先将最后一列的两个单元格合并。先选中这两个单元格，单击“表格工具”的“布局”选项卡“单元格大小”组中的“合并单元格”按钮，将两个单元格合并。相同的步骤合并最后两行第 2 列到第 4 列单元格，效果如图 5-38 所示。

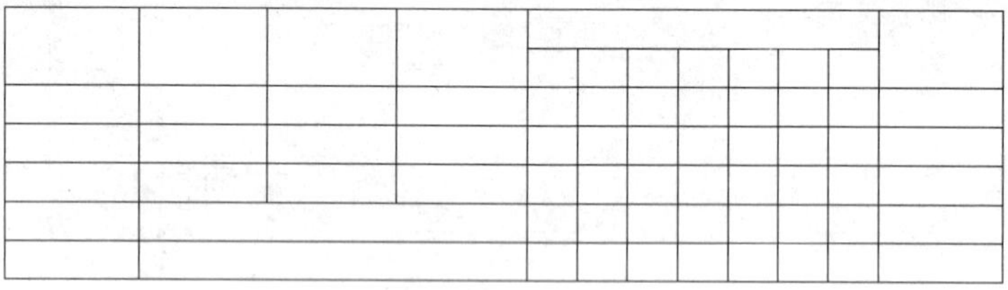

图 5-38　合并单元格后的表格

(2) 调整表格。

① 按照图 5-28 所示样表在表格中输入文字。

② 调整表格各列列宽和各行行高。除利用鼠标拖动单元格的边框线进行调整外，也可以右击，在弹出的快捷菜单中选择“表格属性”命令，在弹出的“表格属性”对话框中设置列宽和行高，如图 5-39 所示。

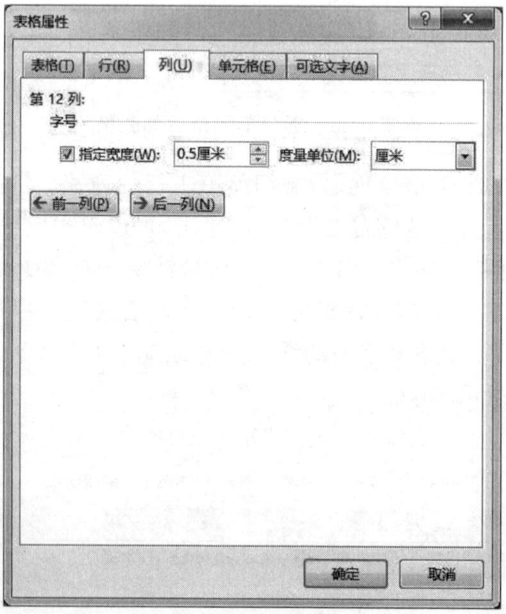

图 5-39　设置列宽

③ 表格调整完成，在表格下方输入“单位”等信息后，整个收据单绘制完成。

3）制作成绩表

制作成绩表.mp4

(1）将文本转为表格。

① 打开“实验 5-4 成绩表素材”文件。

② 选中需要转换为表格的文本(即从第一行至最后一行)，单击“插入”选项卡“表格”组中的“表格”按钮，选中“文本转换成表格”选项，在弹出的“将文字转换成表格”对话框中，“文字分隔位置”选择“制表符”，单击“确定”按钮，如图 5-40 所示，即可将文本转为表格形式。

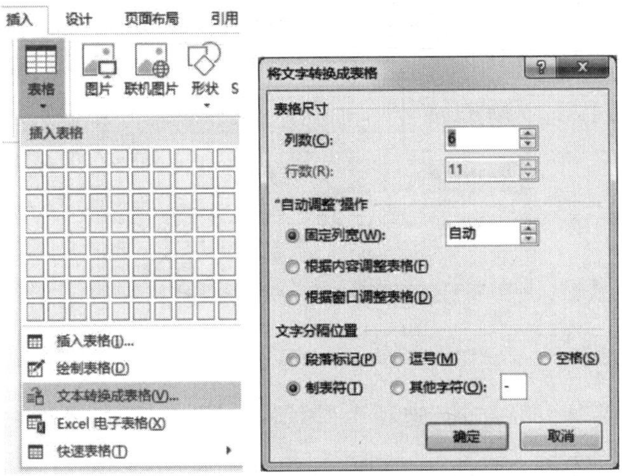

图 5-40　将文本转换为表格

(2）数据计算。

① 将光标置于表格最后一列，右击，在弹出的快捷菜单中选择“插入”|“在右侧插入”命令，则可在表格右侧插入一列，如图 5-41 所示。

② 在第一行最后一个单元格中输入文字“总分”。

③ 将光标置于第二行最后一个单元格，依次单击“表格工具”|“布局”|“数据”|“公式”按钮，在弹出的“公式”对话框中，输入公式为＝SUM(LEFT)，单击“确定”按钮，计算出第一个同学的总分，如图 5-42 所示。使用相同的公式和方法计算其他同学的总分。

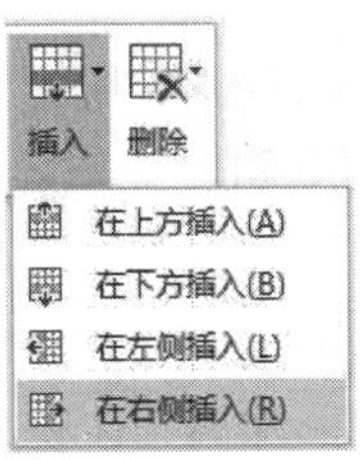

图 5-41　添加列

图 5-42　计算总分

④ 将光标置于表格最后一行,右击,在弹出的快捷菜单中选择“插入”|“在下方插入一行”命令,则可以在表格最后插入一行。

⑤ 选中最后一行第 1 个和第 2 个单元格,单击“表格工具”的“布局”选项卡“合并”组中的“合并单元格”按钮,将两个单元格合并。然后在单元格中输入“平均分”。

⑥ 将光标置于表格最后一行第二列单元格中。依次单击“表格工具”|“布局”|“数据”|“公式”按钮,弹出“公式”对话框。在“公式”文本框中输入=average(ABOVE),在“编号格式”下拉列表中选择 0.00,即计算结果保留两位小数,单击“确定”按钮,计算出课程的平均分,如图 5-43 所示。使用相同的公式和方法,计算其他课程的平均分。

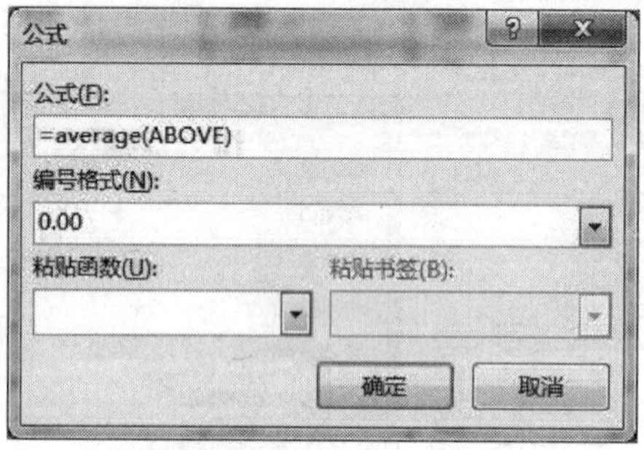

图 5-43　计算平均分

(3) 美化表格。

① 通过“表格工具”的“布局”选项卡“对齐方式”组,设置表格中数据对齐方式为居中。

② 通过“表格工具”的“设计”选项卡“表格样式”组,选择一个表格样式,即可将表格样式设置为自动套用格式,如图 5-44 所示。

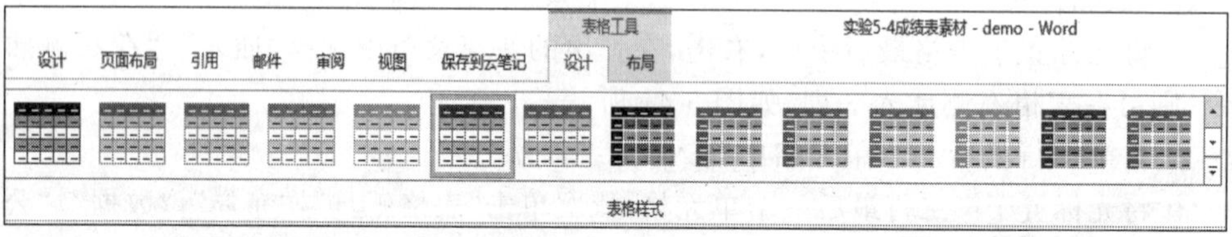

图 5-44　表格样式

(4) 插入图表。

① 选中整个“成绩表”,单击“插入”选项卡“插图”组中的“图表”按钮。

② 打开“插入图表”对话框,在左侧的列表中选择需要创建的图表类型,在右侧的列表中选择合适的图表子类型,单击“确定”按钮,如图 5-45 所示。

③ 在并排打开的 Word 窗口和 Excel 窗口中,首先要在 Excel 窗口中编辑图表数据,例如修改系列名称和类别名称并编辑具体数值。如果图表的行数和列数不足,可拖曳区域的右下角以调整图表数据区域的大小。在编辑 Excel 表格数据的同时,Word 窗口中将同步显示图表结果,如图 5-46 所示。

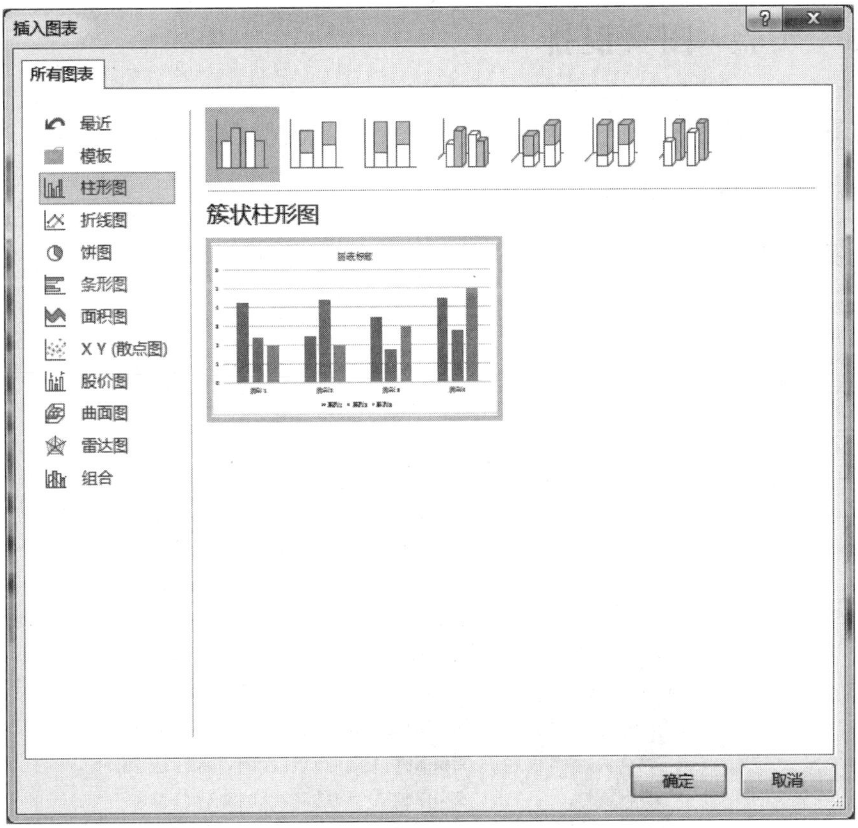

图 5-45　选择图表类型

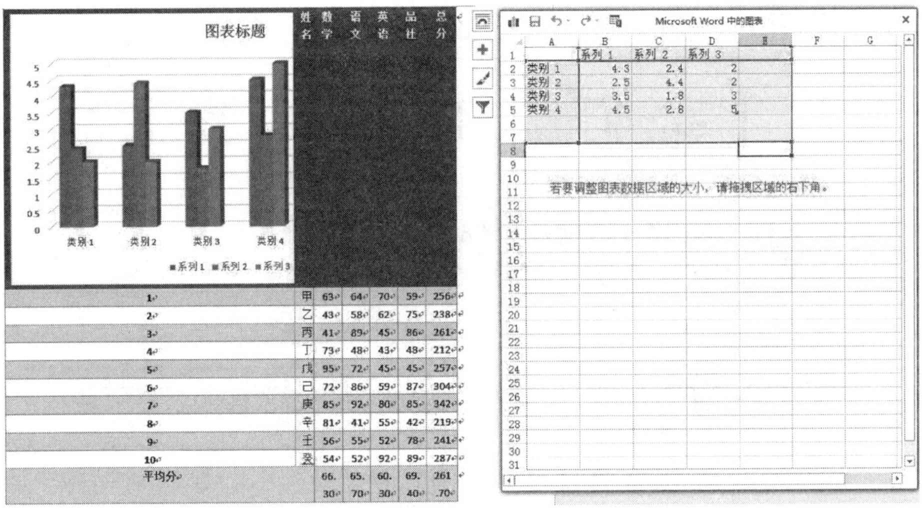

图 5-46　编辑 Excel 数据

5.3.5 实验：图文混排

1. 实验目的

熟练使用文本框，掌握图文混排的技巧。

2. 实验内容

(1) 制作宣传海报，如图 5-47 所示。

图 5-47 宣传海报

(2) 制作奖状,如图 5-48 所示。

图 5-48　奖状

3. 实验步骤

1) 制作宣传海报

具体操作如下。

制作宣传海报.mp4

(1) 页面设置。

① 打开 Word 文档“实验 5-5 宣传海报-文字素材”。

② 依次单击“页面布局”|“页面设置”|“纸张大小”按钮,选择纸张大小为 A4。

(2) 插入图片。

① 单击“插入”选项卡“插图”组中的“图片”按钮,在弹出的“插入图片”对话框中选择图片“宣传海报素材(2)”,单击“插入”按钮。

② 依次单击“图片工具”|“格式”|“排列”|“位置”按钮,在列表框中选择“其他布局选项”,弹出“布局”对话框。在对话框中选择“文字环绕”选项卡,环绕方式选择“四周型”,单击“确定”按钮。

③ 选中图片,依次单击“图片工具”|“格式”|“大小”|“裁剪”按钮,将图片裁剪成合适的大小后按 Enter 键。

④ 选中图片,把鼠标放在四周的 8 个调整点上,当光标变为 ⤡ 时,可改变图片的大小。选中图片,当光标变为 ✥ 时,可拖动图片至文档中合适的位置。

⑤ 选择“图片工具”的“格式”选项卡“调整”组中“删除背景”命令,删除图片背景,如图 5-49 所示。

⑥ 重复①～④的步骤,在文档中插入其他图片。

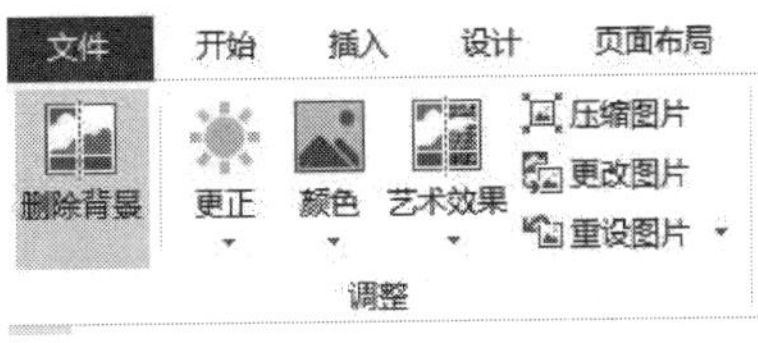

图 5-49　删除背景

(3) 插入文本框。

① 选中公司介绍文本,通过“开始”选项卡“字

体”组设置合适的字体、字号。本例中设置字体为宋体，字号为小四。

② 单击“插入”选项卡“文本”组中的“文本框”按钮，在下拉列表中选择“绘制文本框”。光标变为十字，在合适的位置按住鼠标左键向右下角拖曳，绘制一个横排文本框。

③ 在文本框中输入文字，如“我们一直在寻找”。

④ 选中文本框，或者选择文本框中的全部文字，通过“开始”选项卡“字体”组设置合适的字体和字号。本例中设置字体为华文中宋，小初，加粗。在“开始”选项卡“段落”组设置“分散对齐”，如图 5-50 所示。

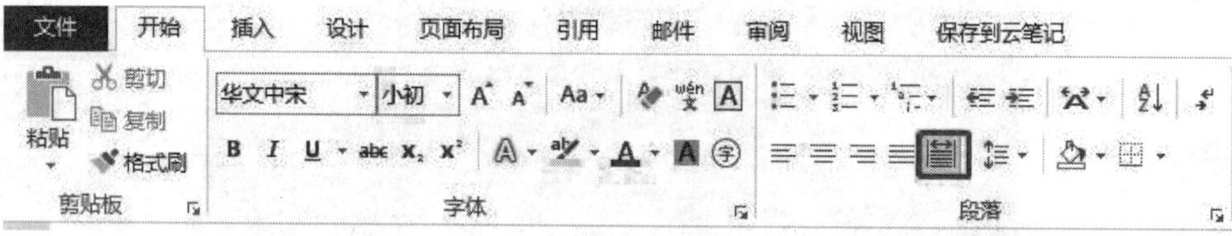

图 5-50 分散对齐

⑤ 其他文字内容格式设置同上。

注意：*在“宣传海报素材(2)”图片旁需要“竖排文本框”。*

(4) 设置页面背景。

单击“设计”选项卡“页面背景”组中的“页面颜色”命令，设置为金色、着色 4、淡色 60%。至此，宣传海报绘制完成。

2) 制作奖状

(1) 获取图片。登录搜索网站(如百度、搜狗)，切换到图片搜索，搜索关键字为“奖状”，将合适的图片文件下载并另存为.JPG 格式的文件。也可直接采用本文中的图片素材。

制作奖状.mp4

(2) 插入图片。

① 新建一个空白 Word 文档。

② 在“页面布局”选项卡中的“页面设置”组中，调整纸张方向为“横向”。

③ 单击“插入”选项卡“插图”组中的“图片”按钮，在弹出的“插入图片”对话框中选择下载的奖状图片，单击“插入”按钮，插入图片。

④ 选中图片，单击“图片工具”的“格式”选项卡的“位置”按钮，选择“其他布局选项”，在弹出的“布局”对话框中选择“文字环绕”选项卡，单击“衬于文字下方”按钮，再单击“确定”按钮，如图 5-51 所示。

⑤ 选中图片，拖曳图片左上角的触点，将图片左上角与文件边缘重合。继续拖曳图片右侧的触点和下面的触点，调整图片大小，将图片覆盖整个文档。

(3) 编辑获奖内容。

① 单击“插入”选项卡“文本”组中的“文本框”按钮，选择“绘制文本框”，绘制一个横排文本框。

② 在文本框中输入“张小北同学：你在 2017—2018 学年秋季运动会中，荣获男子组 3000 米项目一等奖，特发此证，以资鼓励。北京南瓜职业中学二〇一八年九月”，调整字

图 5-51　修改图片环绕方式

体大小和对齐方式。

③ 选中文本框，右击，在弹出的快捷菜单中选择“设置形状格式”命令，弹出“设置形状格式”对话框。在对话框中颜色选择为无颜色，线条颜色选择为无颜色，单击“关闭”按钮。奖状制作完成。

5.4　习题精解

1. 选择题

(1) 要在 Word 2013 编辑状态下进行文字效果的设置(如上下标等)，应打开(　　)。

A. “字体”对话框　　B. “段落”对话框

C. “格式”对话框　　D. “编辑”对话框

答案：A

解析：在 Word 2013 中，可以单击“开始”选项卡的“字体”组右下角的对话框启动器，在弹出的“字体”对话框中对文字效果进行设置。

(2) 在 Word 2013 的默认状态下，将鼠标指针移到某一行左端的文档选定区，鼠标指针变成反向箭头时单击，则(　　)。

A. 该行被选定　　B. 该行的下一行被选定

C. 该行所在的段落被选定　　D. 全文被选定

答案：A

解析：在 Word 2013 中,鼠标在一行文字的左侧单击为选定该行,双击为选定该行所在的段落,连续单击三次则选定整篇文章。

(3) 在 Word 文档的编辑状态下,闪动的竖型光标表示(　　)。

A. 鼠标位置　　B. 插入点　　C. 键盘位置　　D. 按钮位置

答案：B

解析：在文本操作中,按下 Insert 键,单击后在光标处产生插入点。

(4) 关于 Word 2013 中的多文档窗口操作,以下叙述错误的是(　　)。

A. Word 2013 的文档窗口可以拆分为两个文档窗口

B. 单击文档窗口右上角的“关闭”按钮,将关闭所有打开的文档

C. Word 2013 允许同时打开多个文档进行编辑,每个文档有一个文档窗口

D. 多文档窗口内的内容可以进行剪切、粘贴和复制等操作

答案：B

解析：在 Word 2013 中,一个窗口打开一个文档,如果单击文档窗口右上角的“关闭”按钮,则将关闭当前打开的文档。

(5) 下列关于格式刷的说法正确的是(　　)。

A. 单击格式刷图标,格式刷可以使用一次

B. 单击格式刷图标,格式刷可以使用任意多次

C. 格式刷只能复制字体格式

D. 以上全部正确

答案：A

解析：单击格式刷图标,格式刷可以使用一次,双击则可以使用多次。

(6) 在 Word 中,文字下面有红色波浪线表示(　　)。

A. 对输入的确认　　B. 已修改过的文档

C. 可能是语法错误　　D. 可能是拼写错误

答案：D

解析：Word 提供自动检查文档中的拼写和语法功能。当打开此功能时,Word 会使用红色波浪下划线标出可能的拼写错误,还会使用绿色波浪下划线标出可能的语法错误。

(7) 在 Word 2013 中,若要计算表格中某行数值的总和,可使用的统计函数是(　　)。

A. Sum( )　　B. Max( )　　C. Count( )　　D. Average( )

答案：A

解析：Max( )为求最大值,Count( )为计数,Average( )为求平均值。

(8) 在 Word 2013 中,下列关于模板的说法,正确的是(　　)。

A. 在 Word 中,文档都不是以模板为基础的

B. 模板不可以创建

C. 模板的扩展名是. TXT

D. 模板是一种特殊的文档，它决定着文档的基本结构和样式，作为其他同类文档的模型

答案：D

解析：Word 模板是 Word 中内置的、包含固定格式设置和版式设置的模板文件，用于帮助用户快速生成特定类型的 Word 文档。新建一个空白文档时，Word 自动使用 Normal 模板创建此文档。除了 Word 内置的文档模板外，也可以由用户自己创建模板。Word 2013 模板文件的扩展名是.docx。

(9) 在改变表格中某列宽度时，不影响其他列宽度的方法是(　　)。

A. 直接拖动某列的右边线

B. 直接拖动某列的左边线

C. 按住 Shift 键的同时拖动某列右边线

D. 按住 Ctrl 键的同时拖动某列右边线

答案：C

解析：在表格调整时，按住 Shift 键的同时用鼠标调整列边线，则只有当前列宽发生变化，其他各列宽度不变，表格整体宽度会因此增加或减少。按住 Ctrl 键的同时用鼠标调整列边线，当缩小某列列宽时，整体表格宽度不变，其右侧各列列宽增加；当增大某列列宽时，表格整体宽度不变，其右侧各列依次压缩直至极限，此时若继续增大该列列宽，则表格整体宽度也随之增大。

(10) 在 Word 中，如果当前光标在表格中某行的最后一个单元格的外框线外按 Enter 键，(　　)。

A. 对表格不起作用　　B. 在光标下方增加一行

C. 光标所在行加宽　　D. 光标所在列加宽

答案：B

解析：如果将光标置于表格中某行最后一个单元格的外框线外，按 Enter 键后会在当前行下方插入一行。

(11) “页眉页脚”命令在(　　)选项卡中。

A. 页面布局　　B. 视图　　C. 插入　　D. 引用

答案：C

解析：“页眉页脚”在“插入”选项卡的“页眉页脚”组中。

(12) 在“表格属性”对话框中，以下选项中对齐方式不存在的是(　　)。

A. 左对齐　　B. 右对齐　　C. 居中　　D. 分散对齐

答案：D

解析：选中表格后右击，在弹出的快捷菜单中选择“表格属性”命令，可以看到表格对齐方式有左对齐、居中、右对齐三种方式。

2. 简答题

(1) Word 2013 提供了几种视图方式？各有什么特点？如何切换？

答案：Word 2013 共提供了 5 种视图方式，分别是页面视图、阅读版式视图、Web 版

式视图、大纲视图和草稿视图。在“视图”选项卡的“文档视图”组中,单击某个视图的按钮,可以切换文档相应的视图。

“页面视图”可以显示文档的打印结果,主要包括页眉、页脚、图形对象、分栏设置、页面边距等元素,是最接近打印效果的页面视图。“阅读版式视图”以图书的分栏样式显示文档,功能区等窗口元素被隐藏起来。“Web 版式视图”以网页的形式显示文档,Web 版式视图适用于发送电子邮件和创建网页。“大纲视图”主要用于设置文档和显示标题的层级结构,并可以方便地折叠和展开各种层级的文档。大纲视图广泛用于长文档的快速浏览和设置中。“草稿视图”取消了页面边距、分栏、页眉页脚和图片等元素,仅显示标题和正文,是最节省计算机系统硬件资源的视图方式。

(2) 描述段落缩进的类别。

答案:缩进分首行缩进和悬挂缩进,首行是指一个段落的第一行,一般缩进 2 个字符。悬挂缩进是相对于首行缩进而言的,在这种段落格式中,段落的首行文本不会改变,而除首行以外的文本缩进一定的距离。

(3) 什么是样式?

答案:样式是指一组存储于模板或文档中并且有确定名称的段落格式和段落内的字符格式。一个已有的样式可以施加到任意段落上,所有使用统一样式的段落都具有完全相同的字符格式和段落格式。

5.5 综合任务

5.5.1 任务:自定义工作区

1. 任务目的

以自定义功能区为例,学会根据实际工作需要进行 Word 软件的技术准备。

2. 任务要求

某出版社为了推行编辑数字化,为编辑利用 Word 工作创造更好的条件,根据对编辑常用的操作进行统计分析后,决定自定义一个“数字化编辑”选项卡。

3. 任务分析

根据实际工作的需要,对 Word 功能区进行自定义设置,以提高操作效率。完成本任务需要完成“自定义功能区”“导入或导出选项卡”两项工作。

4. 步骤提示

1) 自定义功能区

(1) 启动 Word 2013,打开功能区快捷菜单,右击功能区(选项卡名称下、Word 文档区上，放置各种工具按钮的区域)，弹出如图5-52所示的快捷菜单。

(2) 单击“自定义功能区”命令，打开“Word选项”对话框。

(3) 选择“自定义功能区”选项列表中的“主选项卡”选项，再单击下方的“新建选项卡”按钮，生成“新建选项卡”和“新建组”。选中“新建选项卡”选项，右击“重命名”按钮，在弹出的“重命名”对话框中输入“数字化编辑”，单击“确定”按钮，如图5-53所示。

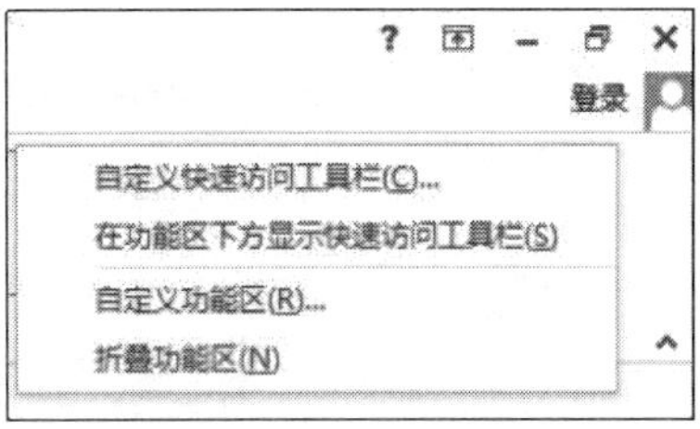

图5-52　快捷菜单

图5-53　“Word选项”对话框

(4) 选中“新建组”，然后单击“重命名”按钮，在弹出的“重命名”对话框的“显示名称”文本框中输入“字体和段落”，单击“确定”按钮，结果如图5-54所示。

(5) 载入“上标”命令。在“从下列位置选择命令”下拉列表框中选择“主选项卡”选项，在下面的选项列表中依次选择“开始”|“字体”|“上标”选项，单击“添加”按钮，如图5-55所示，完成“上标”命令的载入。

(6) 在“字体和段落”组中载入下标、项目符号、左对齐、居中、段落5个命令。载入途径如表5-1所示。

图 5-54 生成"字体和段落"组

图 5-55 载入"上标"命令

表 5-1　“段落和字体”组各命令载入途径

序号	命令图标	命令名称	载入途径简要说明
1	x^2	上标	“主选项卡”|“开始”|“字体”|“上标”
2	x_2	下标	“主选项卡”|“开始”|“字体”|“下标”
3		项目符号	“主选项卡”|“开始”|“段落”|“项目符号”
4		左对齐	“主选项卡”|“开始”|“段落”|“左对齐”
5		居中	“主选项卡”|“开始”|“段落”|“居中”
6		段落	“主选项卡”|“开始”|“段落”|“段落”

（7）再生成“数字化编辑”组，包括靠上左对齐、分隔符、段前、段后、字体、字号、显示以供审阅、表格行高、格式刷、表格样式、表格属性、重复标题行、分布行、分布列、修订、公式、恢复、接受修订、拒绝修订、上一条、下一条、新建批注 22 个命令，如表 5-2 所示。

表 5-2　“数字化编辑”工作组下各命令载入途径

序号	命令图标	命令名称	载入途径简要说明
1	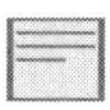	靠上左对齐	“工具选项卡”|“表格”|“布局”|“对齐方式”|“靠上左对齐”
2	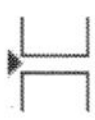	分隔符	“主选项卡”|“页面布局”|“页面设置”|“分隔符”
3	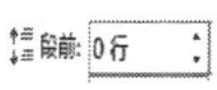	段前	“主选项卡”|“页面布局”|“段落”|“段前”
4	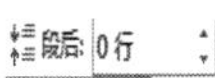	段后	“主选项卡”|“页面布局”|“段落”|“段后”
5	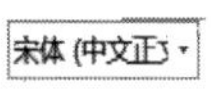	字体	“主选项卡”|“开始”|“字体”|“字体”
6	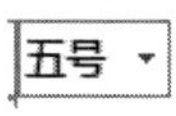	字号	“主选项卡”|“开始”|“字体”|“字号”
7		显示以供审阅	“主选项卡”|“审阅”|“修订”|“显示以供审阅”
8		表格行高	“工具选项卡”|“表格”|“布局”|“单元格大小”|“高度”
9		格式刷	“常用命令”|“格式刷”
10		表格样式	“工具选项卡”|“表格工具”|“设计”|“表格样式”|“表格样式”

续表

序号	命令图标	命令名称	载入途径简要说明
11		表格属性	“工具选项卡”|“表格工具”|“布局”|“表”|“属性”
12	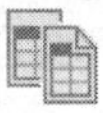	重复标题行	“工具选项卡”|“表格工具”|“布局”|“数据”|“重复标题行”
13	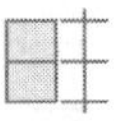	分布行	“工具选项卡”|“表格工具”|“布局”|“单元格大小”|“分布行”
14	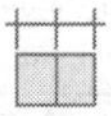	分布列	“工具选项卡”|“表格工具”|“布局”|“单元格大小”|“分布列”
15		修订	“主选项卡”|“审阅”|“修订”|“修订”
16		公式	“主选项卡”|“插入”|“符号”|“公式”
17		恢复	“不在功能区中的命令”|“恢复”
18		接受修订	“主选项卡”|“审阅”|“更改”|“接受”|“接受修订”
19		拒绝修订	“主选项卡”|“审阅”|“更改”|“拒绝”|“拒绝修订”
20		上一条	“主选项卡”|“审阅”|“批注”|“上一条”
21		下一条	“主选项卡”|“审阅”|“批注”|“下一条”
22		新建批注	“主选项卡”|“审阅”|“批注”|“新建批注 ”

载入完成后的“Word 选项”对话框如图 5-56 所示。

2) 导入与导出自定义选项卡

如果希望在其他计算机中也设置相同的“数字化编辑”选项卡，可以在设置完成后的“Word 选项”对话框中单击“导入/导出”按钮，选择“导出所有自定义设置”，形成单独的自定义文件(默认文件名为 Word 定义. exportUI)，将该文件单独保存起来，或者复制到其他计算机中，再在相同位置单击“导入/导出”按钮，选择“导入自定义文件”命令，即可直接形成相同的“数字化编辑”选项卡。

5. 任务结果

自定义选项卡操作完成，单击“确定”按钮，打开“数字化编辑”选项卡，如图 5-57 所示，可以看到包括“字体和段落”和“编辑常用命令”两个组的选项卡已形成。

总结：既可以根据具体工作的需要从各选项卡(甚至不在功能区，但实际存在，如“恢复”命令)分别载入各命令，也可以直接载入命令组。同时要注意载入的顺序，它将决定相

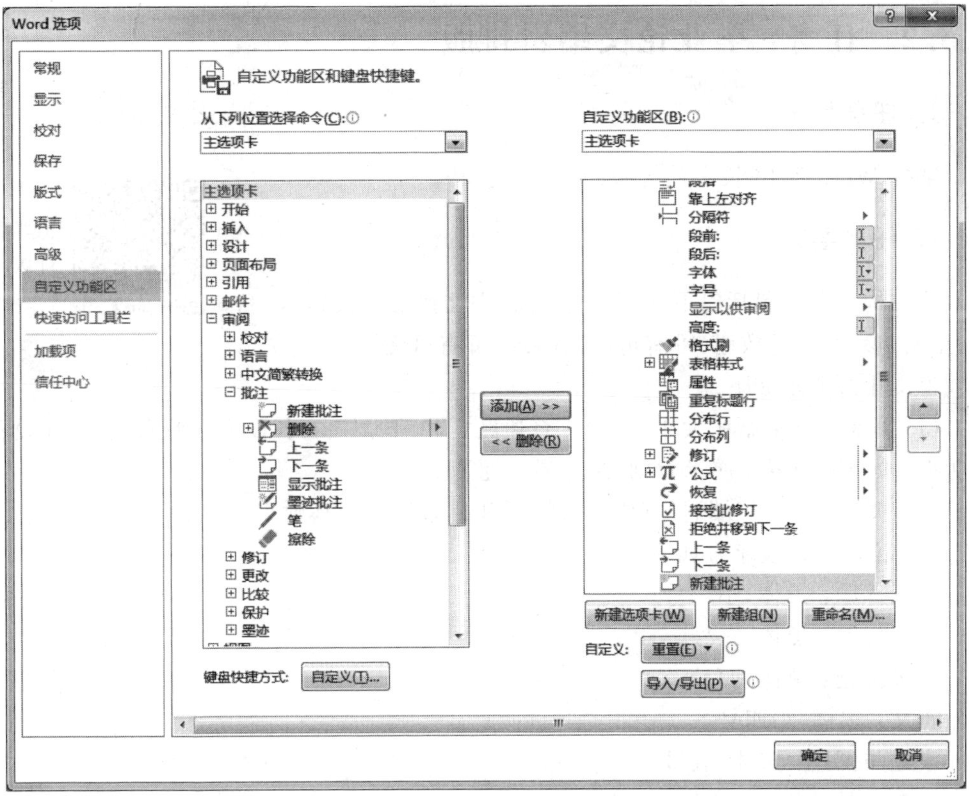

图 5-56　载入完成后的“Word 选项”对话框

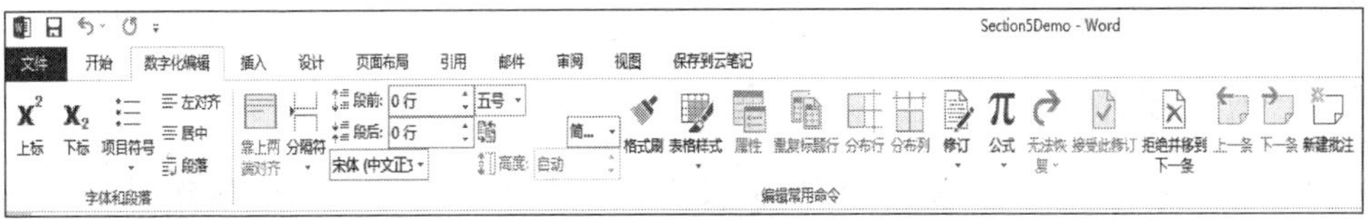

图 5-57　定义完成的“数字化编辑”选项卡

应的命令图示在功能区的摆放位置。如果载入后需要再调整，可直接在“Word 选项”对话框中“自定义功能区”下的列表中通过拖曳相关命令改变其位置；也可通过选中相应命令名后单击“删除”按钮，移除相应命令；还可以选择右下方的“新建选项卡”“新建组”命令，形成其他的选项卡和组。

灵活运用本任务中介绍的两组共 29 个工具，再加上 Ctrl+C(复制)、Ctrl+V(粘贴)、Ctrl+S(存盘)、Ctrl+F(查找)、Ctrl+H(替换)、Ctrl+I(斜体)这 6 个快捷键，90%以上的常规数字化编辑工作基本就可以实现了。换句话说，有了“数字化编辑”这个自定义选项卡，就可以高效完成大部分的数字化编辑工作。

在实际工作中，根据具体的工作内容的不同、个人工作习惯的差异，可以选择定义不同工具组合和不同排列顺序的选项卡。

5.5.2 任务：毕业论文编辑排版

1. 任务目的

掌握 Word 2013 长文档排版的方法与技巧。

毕业论文排版.mp4

2. 任务要求

论文构成一般包括以下几部分：封面、中文摘要及关键词、目录、正文、参考文献、致谢(可有可无)、附录(可有可无)。

论文排版要求如下。

(1) 页面设置：纸张大小为 A4。页边距：上、下、左、右各设为 3 厘米,装订线设置为 0 厘米；页眉距边界 1 厘米,页脚距边界 1 厘米。

(2) 页码：页面底端居中(中英文摘要和目录使用罗马数字)。

(3) 论文字体及字号如下。

一级标题：黑体,小二号。

二级标题：黑体,三号。

三级标题：黑体,四号。

正文：宋体,小四号。

表题与图题：宋体,五号。

参考文献及目录：宋体,五号。

段落及行间距：除封面外,论文文字主要部分行间距为固定值 20 磅,首行缩进 2 个字符。

3. 任务分析

本任务旨在考查长文档排版技巧,涉及文字格式、段落设置、分页、分节、多级列表、页眉页脚、插入目录等多项操作。

4. 步骤提示

1) 页面设置

根据论文排版要求,在“页面布局”选项卡“页面设置”组中进行纸张大小、页边距、装订线、页眉页脚位置等的设置。

2) 格式设置

(1) 选中正文内容,按要求设置字体、字号、首行缩进、行间距等。设置完成后,如果论文里有图片,可能无法正常显示,只要将图片所在行的行间距改为单倍行距即可正常显示图片。图片与表格居中显示。

(2) 修改标题样式。将“标题”的样式按论文一级标题的要求进行修改。在“开始”选项卡“样式”组中,右击快速样式库的“标题 1”,在弹出的快捷菜单中选择“修改”命令,弹出“修改样式”对话框,根据论文排版中一级标题的要求修改标题 1 的样式,如图 5-58 所示。

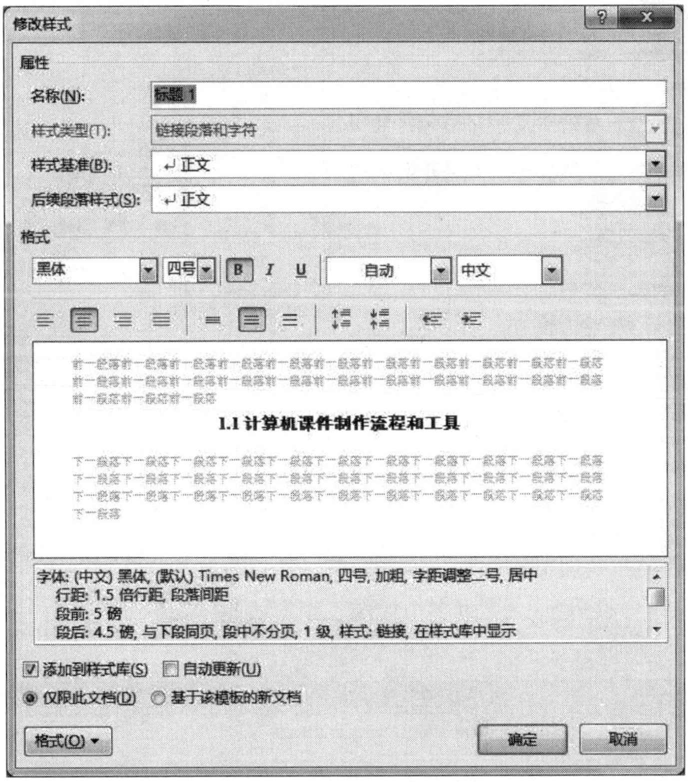

图 5-58　修改样式

（3）使用同样的方法，修改“标题 2”的样式为论文中二级标题的样式，“标题 3”的样式为论文中三级标题的样式。注意，如果在“开始”选项卡“样式”组列表中没有显示“标题 2”与“标题 3”，可以单击“样式”组右下角的对话框启动器，弹出样式窗格，单击样式窗格下方的“管理样式”按钮，在弹出的“管理样式”对话框中选择“推荐”选项卡，在下拉列表框中选择“标题 2(使用前隐藏)”，单击“显示”按钮，再选择“标题 3”，单击“显示”按钮，如图 5-59 所示，再单击“确定”按钮，退出对话框，即可在“样式”组中显示“标题 2”和“标题 3”。

（4）应用样式。将插入点置于标题行“第一章 计算机程序课件”中，单击“开始”选项卡上的“样式”组中快速样式库的“标题 1”，即可将此行应用一级标题样式。同样将论文中所有标题均应用样式。

（5）文档结构图。标题样式设置完成后，在“视图”选项卡上的“显示”组中，勾选“导航窗格”，导航窗格中会显示所有标题，单击某一标题可以自动定位到论文标题位置，方便长文档编辑，如图 5-60 所示。

（6）分节。将插入点置于摘要之前，单击“页面布局”选项卡“页面设置”组中的“分隔符”按钮，选择“分节符”中的“下一页”，在光标处会显示分节符(下一页)，分节符后的内容另起一页。如果没有显示，在“文件”选项卡上选择“选项”命令，在弹出的“Word 选项”对话框的“显示”区域勾选“显示所有格式标记”复选框，则可显示出分节符，如图 5-61 所示。使用同样的方法将摘要、目录(空白页)、各章与参考文献分节。

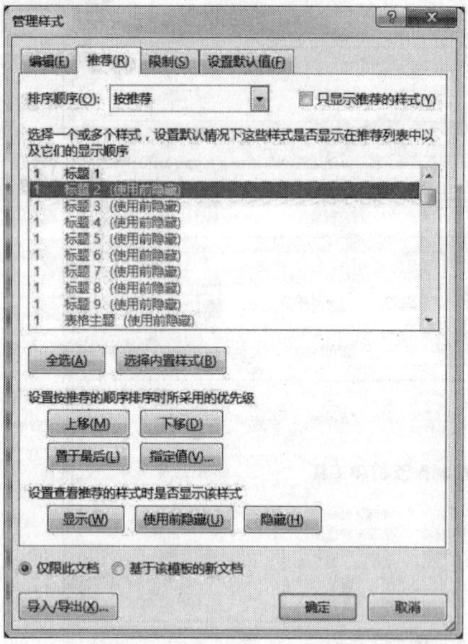

图 5-59　在快速样式库中显示样式

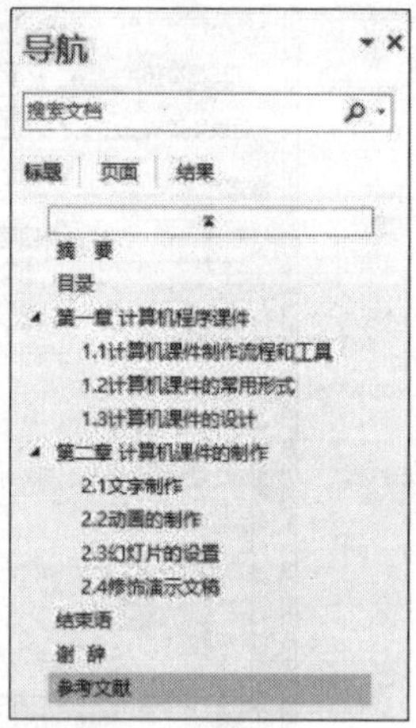

图 5-60　文档结构图

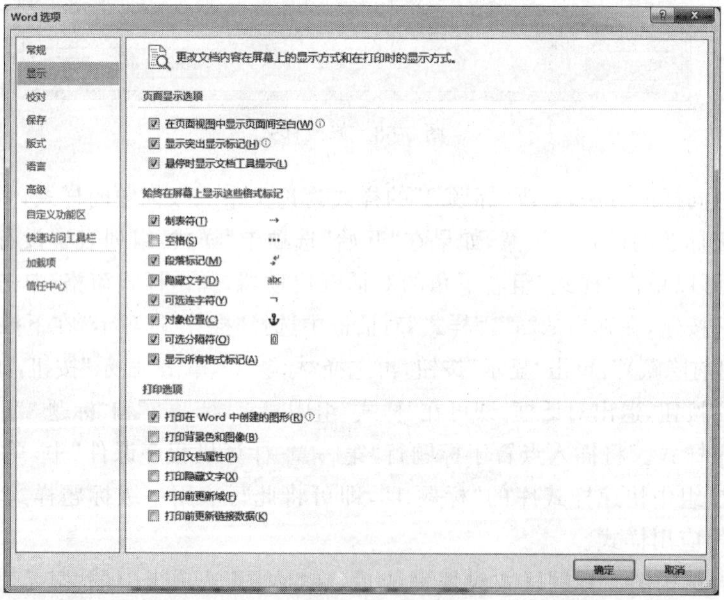

图 5-61　显示标记

(7) 制作封面。将插入点置于第 1 页，制作毕业论文封面，或将已有封面复制到文档中。

(8) 插入页码。单击"插入"选项卡"页眉和页脚"组中的"页码"按钮，选择"页面底端"中的"普通数字 2"。将光标置于摘要页的页码处，单击"页眉和页脚工具"的"设计"选项卡"导航"组中的"链接到另一条页眉"按钮，然后单击"页眉和页脚"组中的"页码"按钮，选择“设置页码格式”命令，在弹出的对话框中对格式进行设置，如图5-62所示。将摘要页和目录页的页码格式设置为Ⅰ、Ⅱ格式。删除封面页页码，正文页码格式设置为1,2,3,…的格式。

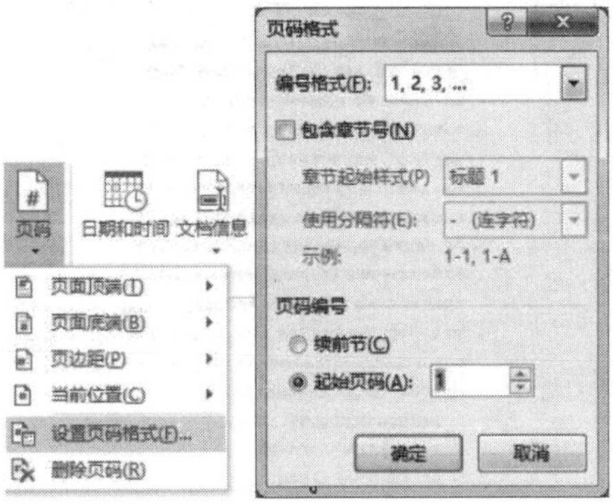

图5-62　设置页码格式

（9）插入页眉。单击“插入”选项卡上“页眉和页脚”组中的“页眉”按钮，在弹出的下拉列表中选择一种页眉样式。如果当前节的页眉与前一节的页眉不同，则在“页眉和页脚工具”的“设计”选项卡上的“导航”组中，单击“链接到前一条页眉”按钮，取消链接到前一条页眉，再输入页眉即可。

3）生成目录

单击“引用”选项卡“目录”组中的“目录”按钮，在下拉列表中选择“插入目录”，弹出“插入目录”对话框。在该对话框中可以单击“选项”按钮，在弹出的“目录选项”对话框中修改目录显示的标题级别，单击“修改”按钮，在弹出的“样式”对话框中修改目录中标题样式，如图5-63所示。结果参考如图5-64所示。

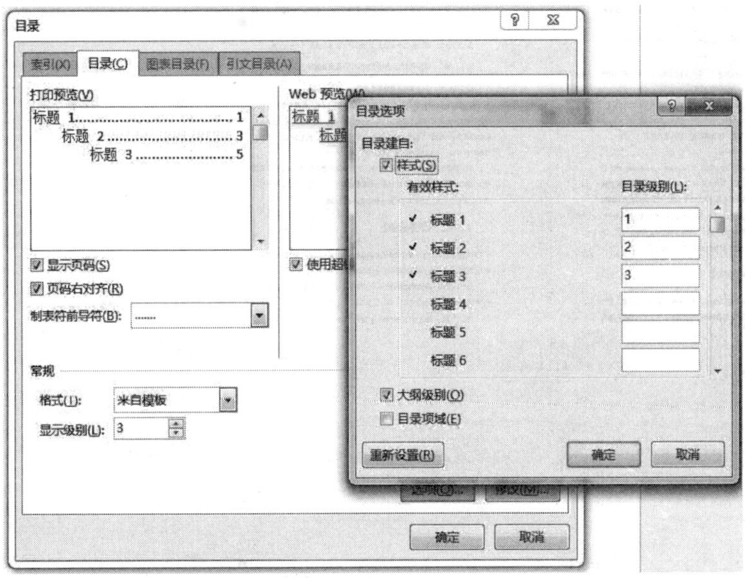

图5-63　修改目录

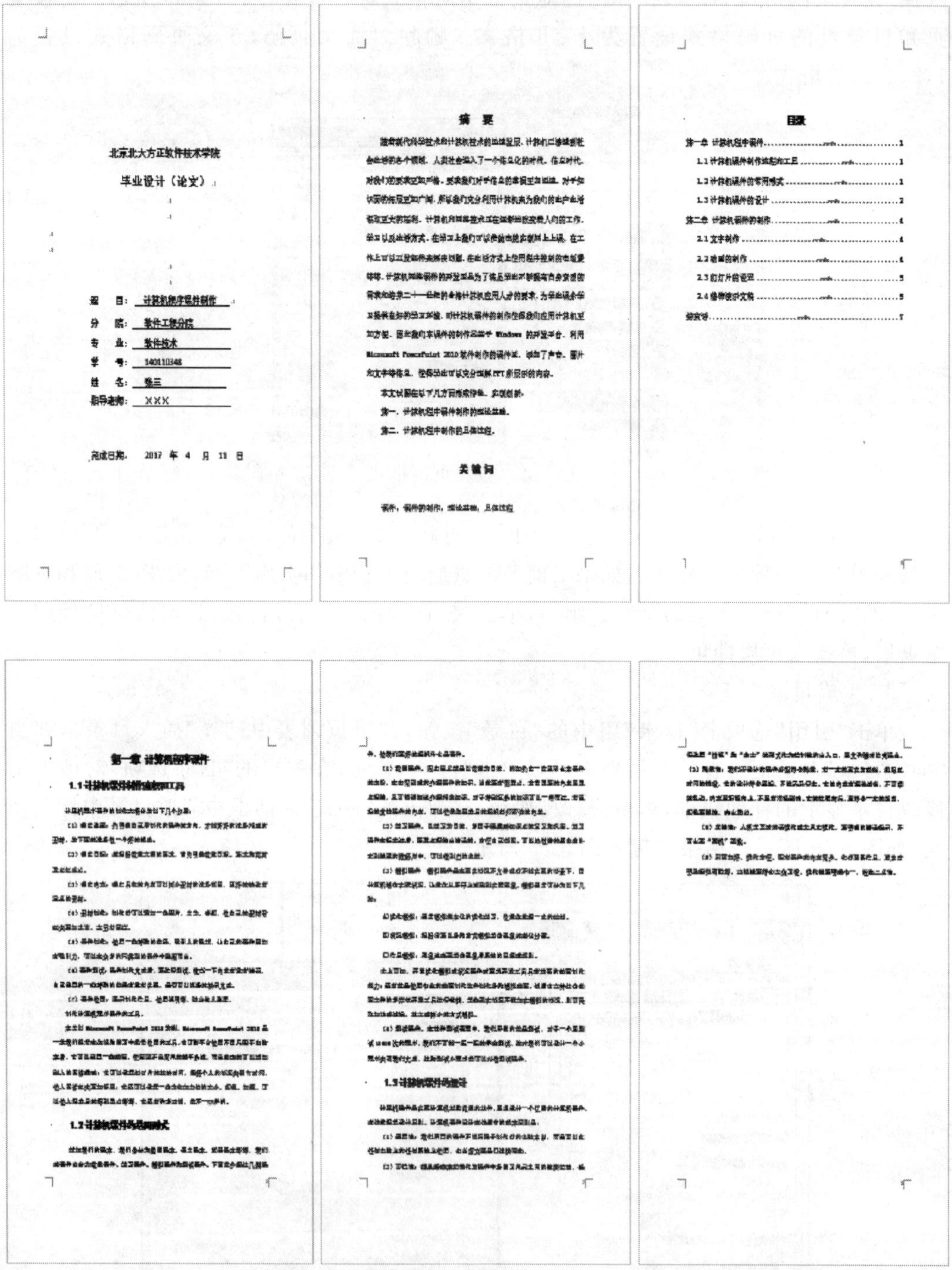

北京北大方正软件技术学院

毕业设计（论文）

题　　目：计算机程序课件制作

分　　院：软件工程分院

专　　业：软件技术

学　　号：1401110348

姓　　名：张三

指导老师：×××

完成日期：2017 年 4 月 11 日

摘　要

关键词

目录

第一章 计算机程序课件……1

1.1 计算机课件制作法起的工具……1

1.2 计算机课件的常用格式……1

1.3 计算机课件的设计……2

第二章 计算机课件的制作……4

2.1 文字制作……4

2.2 动画的制作……4

2.3 幻灯片的返回……5

2.4 修饰演示文稿……5

参考文献……7

第一章 计算机程序课件

1.1 计算机课件制作法起的工具

1.2 计算机课件的常用格式

1.3 计算机课件的设计

图 5-64　排版后的毕业论文

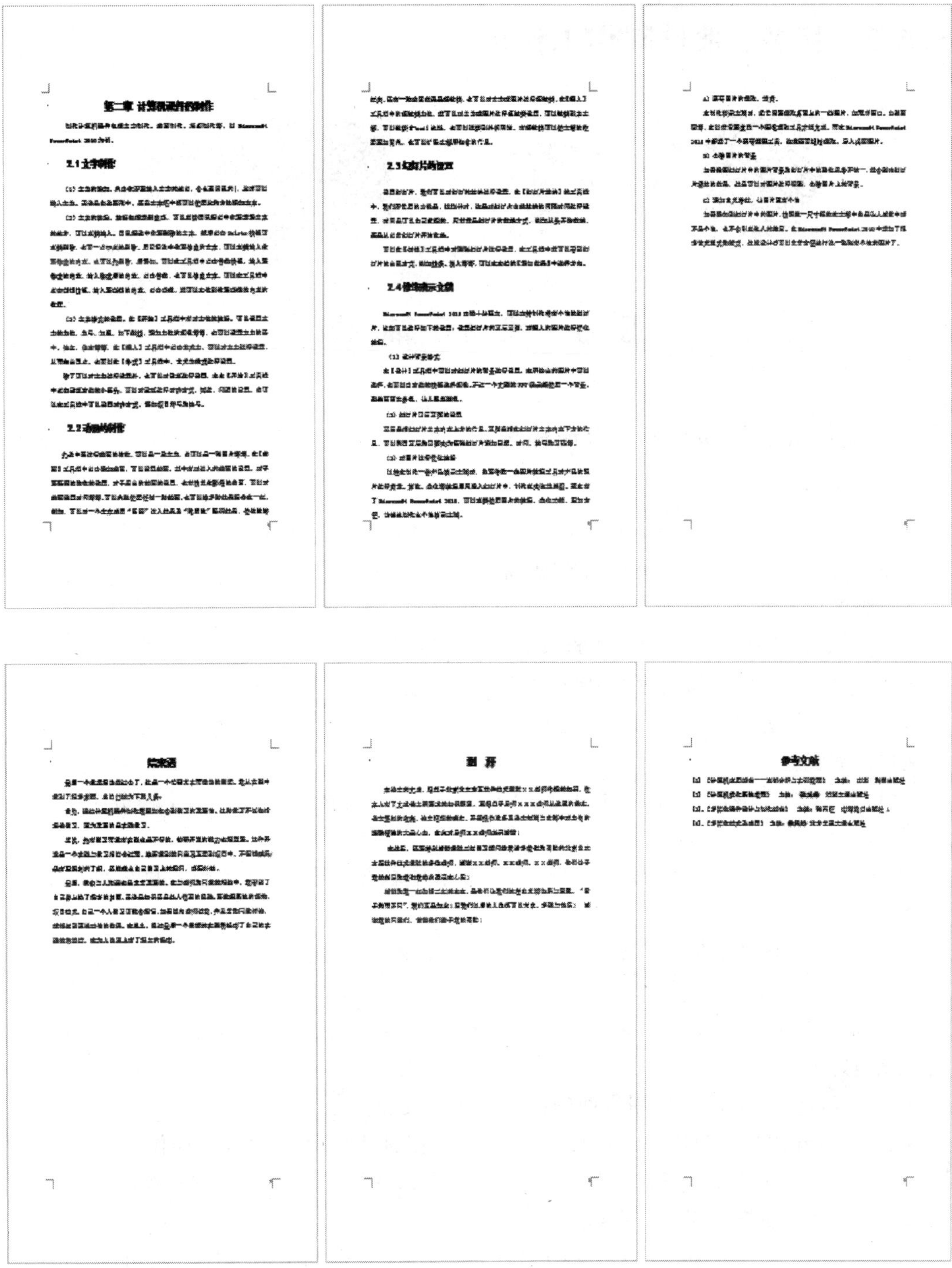

图 5-64 （续）

5.5.3 任务:批量制作工作证

任务:批量制作
工作证.pdf

批量制作
工作证.mp4

5.6 考证辅导

1. 全国计算机等级考试考证辅导

1)考试要求

一级考试的基本要求为:了解文字处理的基本知识,熟练掌握文字处理Word的基本操作和应用,熟练掌握一种汉字(键盘)输入法。

一级考试的考试内容如下。

(1) Word的基本概念、Word的基本功能和运行环境、Word的启动和退出。

(2) 文档的创建、打开、输入、保存等基本操作。

(3) 文本的选定、插入与删除、复制与移动、查找与替换等基本编辑技术;多窗口和多文档的编辑。

(4) 字体格式设置、段落格式设置、文档页面设置、文档背景设置和文档分栏等基本排版技术。

(5) 表格的创建、修改;表格的修饰;表格中数据的输入与编辑;数据的排序和计算。

(6) 图形和图片的插入;图形的建立和编辑;文本框、艺术字的使用和编辑。

(7) 文档的保护和打印。

二级考试的基本要求为:掌握Word的操作技能,并熟练应用编制文档。二级考试的考试内容如下。

(1) Microsoft Office应用界面的使用和功能设置。

(2) Word的基本功能,文档的创建、编辑、保存、打印和保护等基本操作。

(3) 设置字体和段落格式、应用文档样式和主题、调整页面布局等排版操作。

(4) 文档中表格的制作与编辑。

(5) 文档中图形、图像(片)对象的编辑和处理,文本框和文档部件的使用,符号与数学公式的输入与编辑。

(6) 文档的分栏、分页和分节操作,文档页眉、页脚的设置,文档内容引用操作。

(7) 文档审阅和修订。

(8) 利用邮件合并功能批量制作和处理文档。

(9) 多窗口和多文档的编辑,文档视图的使用。

(10) 分析图文素材,并根据需求提取相关信息引用到 Word 文档中。

2) 模拟练习

(1) 打开文档“第六部分-练习 5.1-素材.docx”,按照要求完成下列操作并以该文件名保存文档。效果如图 5-65 所示。

文档排版.mp4

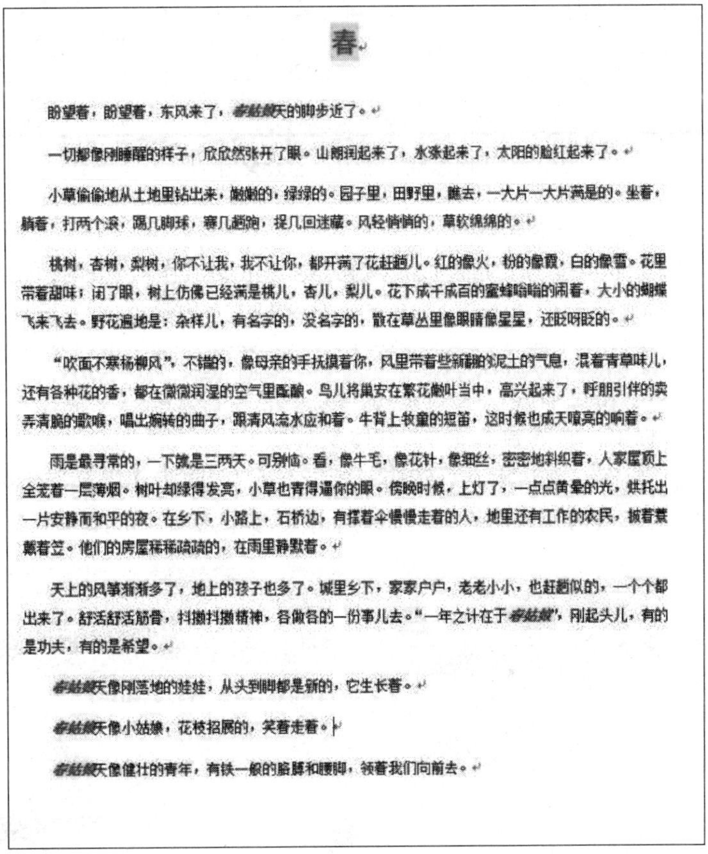

春

盼望着,盼望着,东风来了,春姑娘天的脚步近了。

一切都像刚睡醒的样子,欣欣然张开了眼。山朗润起来了,水涨起来了,太阳的脸红起来了。

小草偷偷地从土地里钻出来,嫩嫩的,绿绿的。园子里,田野里,瞧去,一大片一大片满是的。坐着,躺着,打两个滚,踢几脚球,赛几趟跑,捉几回迷藏。风轻悄悄的,草软绵绵的。

桃树,杏树,梨树,你不让我,我不让你,都开满了花赶趟儿。红的像火,粉的像霞,白的像雪。花里带着甜味;闭了眼,树上仿佛已经满是桃儿,杏儿,梨儿。花下成千成百的蜜蜂嗡嗡的闹着,大小的蝴蝶飞来飞去。野花遍地是:杂样儿,有名字的,没名字的,散在草丛里像眼睛像星星,还眨呀眨的。

“吹面不寒杨柳风”,不错的,像母亲的手抚摸着你,风里带着些新翻的泥土的气息,混着青草味儿,还有各种花的香,都在微微润湿的空气里酝酿。鸟儿将巢安在繁花嫩叶当中,高兴起来了,呼朋引伴的卖弄清脆的歌喉,唱出婉转的曲子,跟清风流水应和着。牛背上牧童的短笛,这时候也成天嘹亮的响着。

雨是最寻常的,一下就是三两天。可别恼。看,像牛毛,像花针,像细丝,密密地斜织着,人家屋顶上全笼着一层薄烟。树叶却绿得发亮,小草也青得逼你的眼。傍晚时候,上灯了,一点点黄晕的光,烘托出一片安静而和平的夜。在乡下,小路上,石桥边,有撑着伞慢慢走着的人,地里还有工作的农民,披着蓑戴着笠。他们的房屋稀稀疏疏的,在雨里静默着。

天上的风筝渐渐多了,地上的孩子也多了。城里乡下,家家户户,老老小小,也赶趟似的,一个个都出来了。舒活舒活筋骨,抖擞抖擞精神,各做各的一份事儿去。“一年之计在于春姑娘”,刚起头儿,有的是功夫,有的是希望。

春姑娘天像刚落地的娃娃,从头到脚都是新的,它生长着。

春姑娘天像小姑娘,花枝招展的,笑着走着。

春姑娘天像健壮的青年,有铁一般的胳膊和腰脚,领着我们向前去。

图 5-65　练习 5.1 文档排版

① 将标题“春”设置为小二号黑体、红色、居中,并添加黄色底纹,设置段后间距为 1 行。

② 各段落内容设置为小五号宋体,各段落左、右各缩进 0.5 字符,首行缩进 2 个字符,行距 18 磅。将正文各段中所有的“春”替换为“春姑娘”设置字体为蓝色,加粗,斜体。

(2) 打开文档“第六部分-练习 5.2-素材.docx”,按照要求完成下列操作并以该文件名保存文档。效果如图 5-66 所示。

① 在表格最右边插入一空列,输入列标题“总分”,在这一列下面的各单元格中计算其左边相应 3 个单元格中数据的总和。

② 将表格设置为列宽 2 厘米;表格外围框线为 3 磅单实线,表内线为 1 磅单实线;表内所有内容对齐方式为水平居中。

南瓜小学　四二班成绩表

序号	姓名	数学	语文	英语	科学	品社	总分
1	陈一	97	95	76	69	61	398
2	陈二	70	78	40	45	46	279
3	陈三	47	99	98	51	95	390
4	陈四	53	40	57	65	65	280
5	陈五	94	76	58	90	73	391
6	陈六	90	50	78	64	85	367
7	陈七	54	90	52	83	72	351
8	陈八	41	50	92	87	58	328
9	陈九	45	93	50	49	52	289

南瓜小学四二班成绩表.mp4

图 5-66　练习 5.2 效果图

(3) 按照要求完成下列操作。

阿文是千里马公司的前台文秘,她的主要工作是管理各种档案,为总经理起草各种文件。新年将至,公司定于 2018 年 2 月 2 日下午 2：00,在海淀区万泉河路紫荆大厦五层多功能厅举办一个联谊会,重要客人名录保存在名为“重要客户名录.docx”的 Word 文档中,公司联系电话为 010-66666666。

根据上述内容制作请柬,具体要求如下。

① 制作一份请柬,以“董事长：王金龙”名义发出邀请,请柬中需要包含标题、收件人名称、联谊会时间、联谊会地点和邀请人,如图 5-67 所示。

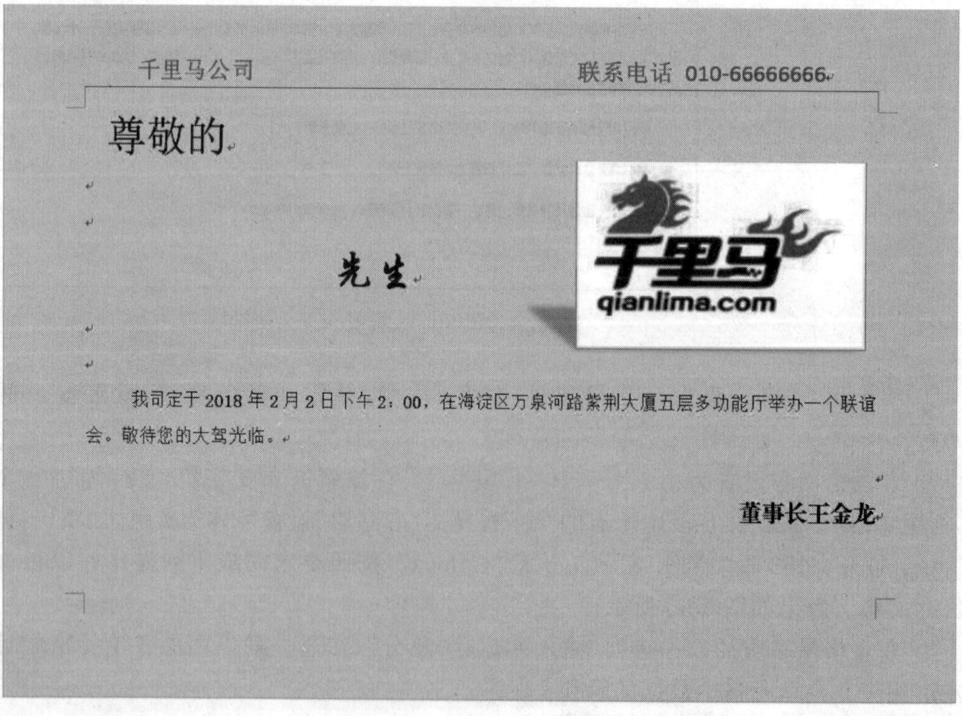

图 5-67　练习 5.3 请柬模板

② 对请柬进行适当的排版，具体要求：改变字体，加大字号，且标题部分“请柬”与正文部分（以“尊敬的×××”开头）采用不同的字体和字号；加大行间距和段间距；对必要的段落改变对齐方式，适当设置左右及首行缩进，以美观且符合中国人的阅读习惯为准。

请柬模板.mp4

③ 在请柬的左下角插入一幅图片（图片自选），调整其大小及位置，不影响文字排列、不遮挡文字内容。

④ 进行页面设置，加大文档的上边距；为文档添加页眉，要求页眉内容包含本公司的联系电话。

⑤ 运用邮件合并功能制作内容相同、收件人不同（收件人为“重要客户名录.docx”中的每个人，采用导入方式）的多份请柬。要求先将合并主文档以“请柬 1.docx”为文件名进行保存，再进行效果预览后生成可以单独编辑的单个文档“请柬 2.docx”。

2. 全国计算机信息高新技术考试考证辅导

1）考试要求

（1）文档处理的基本操作。

① 设置文档页面格式：打开文档、页面设置、页眉/页脚和页码、多栏设置、文字方向等。

② 设置文档编排格式：字体、段落、项目符号和编号、边框和底纹、并排（组合/分散）字符等。

③ 文档的插入设置：插入图片、对象、自动图文集、符号、数字、脚注和尾注、批注、题注、公式等。

④ 文档的整理、修改和保护：拼写和语法、合并文档、修订、查找、替换、保护文档、排序等。

⑤ 插入、绘制文档表格：插入表格及自动套用格式、绘制表格等。

（2）文档处理的综合操作。

① 模板的调用、修改和新建：调用现有模板创建报告、出版物、信函和传真、Web 页（超链接）、备忘录等，修改现有模板，新建模板。

② 样式的调用、修改和新建：调用现有样式处理文档段落，修改、新建样式。

③ 长文档的处理：创建主控文档、索引和目录、自动编写摘要、交叉引用、书签等。

④ 邮件合并：创建主控文档、获取数据，信封的创建。

2）模拟练习

（1）文档的设置与排版。打开文档“样文 5-1-将进酒-素材.docx”，按下列要求设置、编排文档格式。

① 设置“样文 5-1-将进酒-素材”，效果如图 5-68 所示。

a. 设置字体格式。

- 将文档标题行的字体设置为华文行楷，字号为小一号，并为其添加“填充-黑色，文本 1，阴影”的文本效果。
- 将文档副标题的字体设置为隶书，字号为四号，颜色为标准色中的“深红”色。

设置"样文5-1-将进酒-素材.mp4

将进酒·君不见黄河之水天上来

[唐] 李白

君不见黄河之水天上来，奔流到海不复回。
君不见高堂明镜悲白发，朝如青丝暮成雪。
人生得意须尽欢，莫使金樽空对月。
天生我材必有用，千金散尽还复来。
烹羊宰牛且为乐，会须一饮三百杯。
岑夫子，丹丘生，将进酒，杯莫停。
与君歌一曲，请君为我倾耳听。
钟鼓馔玉不足贵，但愿长醉不复醒。
古来圣贤皆寂寞，惟有饮者留其名。
陈王昔时宴平乐，斗酒十千恣欢谑。
主人何为言少钱，径须沽取对君酌。
五花马，千金裘，
呼儿将出换美酒，与尔同销万古愁。

【注释】：

陈王：即曹植，曹操的第三子。

【简析】：

《将进酒》属汉乐府《鼓吹曲·铙歌》旧题，内容多写宴饮游乐。诗中表达了对怀才不遇的感叹，又抱着乐观、通达的情怀，也流露了人生几何当及时行乐的消极情绪。但全诗洋溢着豪情逸兴，取得出色的艺术成就。

图 5-68　样文 5-1-将进酒

- 将正文诗词部分的字体设置为方正姚体，字号为小四。
- 将文本"注释译文"的字体设置为微软雅黑，字号为小四，并为其添加"双波浪线"下划线。

b. 设置段落格式。

- 将文档的标题和副标题设置为居中对齐。
- 将正文诗词部分的左侧缩进 10 个字符，段落间距为段前 0.5 行，段后 0.5 行，行距为固定值 18 磅。
- 将正文最后两段的首行缩进 2 个字符，并设置行距为 1.5 倍行距。

② 设置"样文 5-2-素材"，如图 5-69 所示。

设置"样文5-2-素材".mp4

Where ia the egg?

Teacher:Can yo make a sentence with the word "egg"?

Student:Yes. I ete a piece of cake yesterday.

Teacher:Then where is the "egg"?

Student:In the cake,Sir.

图 5-69　样文 5-2-素材

a. 拼写检查：改正“样文 5-2-素材”中拼写错误的单词。

b. 项目符号或编号：按照“样文 5-2-素材”为文档段落添加项目符号。

③ 设置“样文 5-3 素材”，如图 5-70 所示。按照“样文 5-3 素材”所示，为“样文 5-3 素材”中的文本添加拼音，并设置拼音的对齐方式为居中，偏移量为 3 磅，字号为 14 磅。

jìng yè sī
静夜思

chuáng qián míng yuè guāng　yí shì dì shàng shuāng
床 前 明 月 光，疑 是 地 上 霜。

jǔ tóu wàng míng yuè　dī tóu sī gù xiāng
举 头 望 明 月，低 头 思 故 乡。

设置“样文 5-3-素材”. mp4

图 5-70　样文 5-3 排版效果

（2）文档表格的创建与设置。按下列要求创建、设置表格如图 5-71 所示。

莲花瑜伽会馆　课程表							
约课热线：010-51101234							
时间	星期一	星期二	星期三	星期四	星期五	星期六	星期日
10：30-11：45		body balance		瑜伽基础			
11：50-13：05	瑜伽基础		脊柱修复		女性瑜珈		
12：15-13：30			私教			女性瑜珈	瑜伽中级
15：00-16：15			脊柱修复	脊柱修复			
18：00-19：15							
18：45-20：00	瑜伽基础	瑜伽基础					
19：30-20：45				瑜伽中级			
蓝色课程　适合一般人群							
橙色课程　适合有一定身体基础的人群							
绿色课程　更关注办公室、亚健康人群，使身体得到更有针对性的修复和梳理							

温馨提示：

1. 身体有任何不适的会员，请于上课前告知授课老师；
2. 请提前 5 分钟进入教室，并保持安静，不带手机进入教室；
3. 会员上课时衣着应轻便舒适，避免裙装；
4. 请会员提前至少 2 个小时约课或取消预约，周四上午的课请提前一天预约；
5. 约课不满 2 人，课程取消。

图 5-71　表格样例

① 创建表格。在文档的开头创建一个 8 行 8 列的表格，在单元格内依次输入：时间，星期一至星期日，为单元格设置“填充底纹”。

② 表格的基本操作如下。

a. 在“时间” 单元格中右击，选择“插入”|“在上方插入一行”，即在单元格的上方插

入一行，填入“约课热线：010-51101234”。另一行的插入同理。

b. 将光标置于表格最后一格单元格中右击，选择“插入”|“在下方插入一行”，按此方法，插入三行，填入内容，根据效果图进行单元格的合并。

③ 表格的格式设置。

a. 将表格中的单元格内容设置为“居中对齐”。

b. 为表格的第一行填充标准色“蓝色”底纹，其他各行填充橙色和绿色底纹。

c. 将表格的外边框线设置为 1.5 磅的双实线，横向网格线设置为 0.5 磅的点画线。

(3) 文档的版面设置与编排。打开文档“样文 5-4 素材.docx”，按下列要求设置、编排文档的版面，如图 5-72 所示。

设置“样文 5-4-素材”.mp4

古诗欣赏

梦游天姥吟留别

[唐] 李白[1]

海客谈瀛洲，烟涛微茫信难求。
越人语天姥，云霞明灭或可睹。
天姥连天向天横，势拔五岳掩赤城。
天台四万八千丈，对此欲倒东南倾。
我欲因之梦吴越，一夜飞度镜湖月。
湖月照我影，送我至剡溪。
谢公宿处今尚在，渌水荡漾清猿啼。
脚著谢公屐，身登青云梯。
半壁见海日，空中闻天鸡。
千岩万转路不定，迷花倚石忽已暝。
熊咆龙吟殷岩泉，栗深林兮惊层巅。
云青青兮欲雨，水澹澹兮生烟。
列缺霹雳，丘峦崩摧。洞天石扉，訇然中开。
青冥浩荡不见底，日月照耀金银台。
霓为衣兮风为马，云之君兮纷纷而来下。
虎鼓瑟兮鸾回车，仙之人兮列如麻。
忽魂悸以魄动，恍惊起而长嗟。
惟觉时之枕席，失向来之烟霞。
世间行乐亦如此，古来万事东流水。
别君去兮何时还，且放白鹿青崖间，须行即骑访名山。安能摧眉折腰事权贵，
使我不得开心颜。

[1]李白：字太白,号青莲居士,又号“谪仙人”,是唐代伟大的浪漫主义诗人

1

图 5-72 样文 5-4 效果

① 页面设置。自定义纸张大小为 A4，设置页边距为上、下各 1.8 厘米，左、右各 2 厘米。按图 5-69 所示，为文档添加页眉文字和页码，并设置相应的格式。

② 艺术字设置。将标题“梦游天姥(mu 念 3 声)吟留别”设置为艺术字样式“填充渐

变，蓝色，着色 1，反射”；字体为华文行楷，字号为小初；环绕方式为上下型，并为其添加映像变体中的“紧密映像，半映像 8pt 偏移量”的文本效果。

③ 文档的版面格式设置。

a. 分栏设置：将正文除第一段以外的其余各段均设置为两栏格式，栏间距为 3 个字符，显示分隔线。

b. 边框和底纹：为正文的最后一段添加红色，单波浪线边框，并填充底纹为图案样式 10%。

④ 文档的插入设置。

a. 插入图片。在样文中所示位置插入所给图片，设置图片的缩放比例为 45%，环绕方式为紧密型，并为图片添加“剪裁对角线，白色”的外观样式。

b. 插入尾注。为第二行“李白”两个字插入尾注：“李白：字太白，号青莲居士，又号‘谪仙人’，是唐代伟大的浪漫主义诗人。”

第6单元　信息统计与分析

本单元的学习旨在帮助大家掌握使用Excel进行数据处理的基本能力。计算机处理的数据既包括数值型的数据(如定点数、浮点数等),也包括非数值型的数据(如声音、图像、动画等)。人们经常讲到的数据处理,是指除科学计算以外的、对数据进行的计算管理和各种应用,包括对各种原始数据的分析、整理、计算、编辑等加工和处理。数据处理的特征是数据量大、运算(统计)规则简单、需要长期保存、可以共享。

学习目标

(1) 了解Excel中的常用术语。
(2) 掌握工作簿和工作表的基本操作。
(3) 掌握在Excel中输入各种数据的方法。
(4) 掌握表格与单元格的格式化方法。
(5) 掌握常用公式与函数的使用方法。
(6) 掌握创建及编辑图表的方法。
(7) 掌握Excel中对数据进行分析及处理的方法。
(8) 掌握利用数据透视表和透视图对数据进行汇总、分析、浏览的方法。
(9) 了解简单宏的应用。
(10) 了解Excel与其他程序协同工作的方法。

6.1　能力自测

1. 知识水平测评

在20分钟内回答以下问题。
(1) 你使用过Excel软件吗?是否用它解决过实际问题,请举例说明。
(2) 你知道Excel能对数据进行哪些计算与统计分析?
(3) 你知道如何将外部数据导入Excel表中吗?怎样实现Excel表的共享?

2. 技能水平测评

(1) Excel格式设置与数据统计。打开“自测6.1-素材.xlsx”文件,进行下列操作。
① 将Sheet1工作表更名为“运动商品基本信息表”。

② 自动填充商品编号：001，002，…，007。

③ 为“商品基本信息”工作表的列标题添加紫色底纹，数据单元格添加橙色底纹；表格中行高与列宽为自动调整；将除“商品名称”列外的其他列对齐方式设置为“水平居中”与“垂直居中”；“进价”和“售价”两列单元格设置为“数字型”，保留两位小数；冻结首行。

运动商品基本信息表.mp4

④ 将 Sheet2 工作表更名为“运动商品销售记录表”。根据“商品基本信息”工作表中的数据，利用公式和函数，填写“销售记录”工作表中的“单位”“进价”和“售价”；录入制表日期 2018/8/26（提示：Ctrl＋；录入时间）。

⑤ 计算“销售记录”工作表中的数据。其中：销售额＝售价×数量；毛收入＝（售价－进价）×数量；毛利率＝毛收入÷销售额。

⑥ 将日期列格式改为“××××年××月××日”；对“销售记录”工作表的表格设置自动套用格式“表样式中等深浅 10”；将除“商品名称”列外的其他列对齐方式设置为“水平居中”与“垂直居中”；“进价”“售价”“销售额”“毛收入”四列单元格设置为“数字型”，保留一位小数；“毛利率”列单元格设置为“百分比”，保留两位小数；冻结首行和首列。

（2）创建 Excel 图表。打开“自测 6.2-素材.xlsx”，进行下列操作。

离职人数明细表.mp4

① 根据“离职人数明细表”工作表的数据，利用公式与函数填写“离职人员情况分析”工作表的数据。

② 在“离职人员情况分析”工作表中，绘制“按离职原因分析”饼图、“按部门分析”柱形图、“按离职时间分析”折线图及“按学历分析”条形图，如图 6-1 所示。

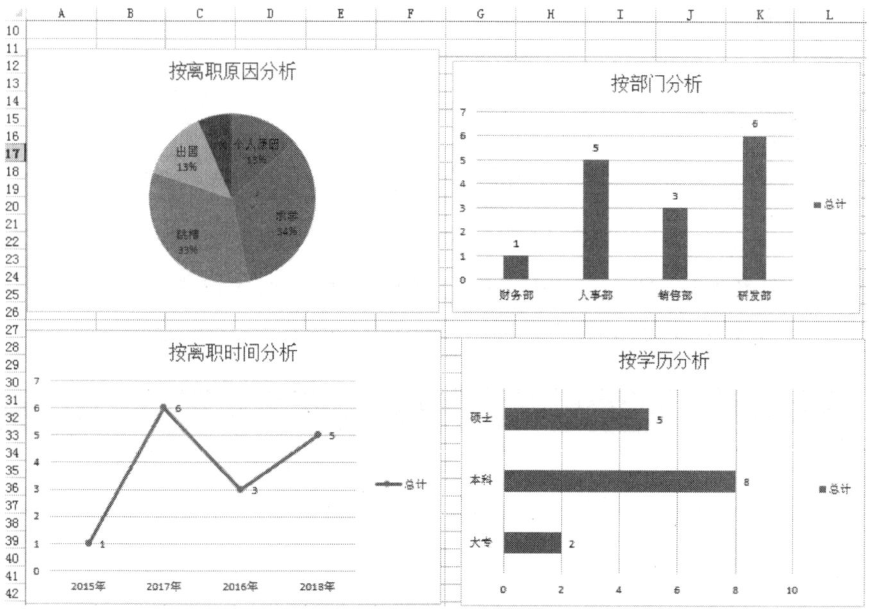

图 6-1　离职人员情况分析图表

(3) Excel 数据管理与分析。打开“自测 6.3-素材.xlsx”,进行下列操作。

① 在“六月各大城市温度”工作表中,根据温度级别,将单元格以不同颜色填充。具体数值参考表 6-1。

表 6-1　六月各大城市温度

城　市	温度数值(摄氏度)	温度级别	温度颜色
呼和浩特	13	温凉	绿色
哈尔滨	15	温凉	绿色
北京	30	炙热	橙色
太原	29	炙热	橙色
重庆	34	酷热	褐红色
武汉	33	酷热	紫色

② 在“排序”工作表中,将数据以“温度颜色”为主关键字进行升序排序,“温度数值”为次关键字进行降序排序。

③ 在“自动筛选”工作表中,筛选出温凉的城市。

④ 利用“六月各大城市温度”工作表中的数据,筛选出温度小于 30℃、大于 10℃的城市,筛选结果放在“高级筛选”工作表中。

⑤ 在“分类汇总”工作表中,以“温度级别”为分类字段,“温度数值”为汇总项,分类汇总后的平均值保留两位小数,如图 6-2 所示。

六月各大城市温度.mp4

	A	B	C	D
1	六月各大城市温度			
2	城市	温度数值(摄氏度)	温度级别	温度颜色
3	呼和浩特	13	温凉	绿色
4	哈尔滨	15	温凉	绿色
5		14	**温凉 平均值**	
6	太原	30	炙热	橙色
7	北京	29	炙热	橙色
8		29.5	**炙热 平均值**	
9	重庆	34	酷热	褐红色
10	武汉	33	酷热	紫色
11		33.5	**酷热 平均值**	
12		25.67	**总计平均值**	

图 6-2　六月各大城市温度

⑥ 为“六月各大城市温度”工作表中的数据创建“数据透视表”。在数据透视表中按“温度数值”计算平均值,保留两位小数,如图 6-3 所示。

平均值项:温度数值(摄氏度)	列标签						
行标签	北京	哈尔滨	呼和浩特	太原	武汉	重庆	总计
酷热					33.00	34.00	33.50
温凉		15.00	13.00				14.00
炙热	29.00			30.00			29.50
总计	**29.00**	**15.00**	**13.00**	**30.00**	**33.00**	**34.00**	**25.67**

图 6-3　创建“数据透视表”计算平均值

6.2　学习指南

1. 知识要点

信息统计与分析
知识要点.pdf

2. 技能要点

1）输入数据

（1）自动填充序列：拖动填充柄，或依次选择“开始”|“填充”|“序列”命令，在“序列”对话框中进行设置。

（2）自定义填充序列：依次选择“文件”|“选项”|“高级”|“常规”|“编辑自定义序列”命令，在“自定义序列”对话框中添加序列。

（3）设置数据有效性：依次选择“数据”|“数据有效性”命令，在“数据有效性”对话框中设置。

（4）插入行、列和单元格：依次选择“开始”|“插入”|“插入工作表行”或“插入工作表列”或“插入单元格”命令；或右击选中的行或列，选择快捷菜单中的“插入”命令。

（5）删除行、列和单元格：依次选择“开始”|“删除”|“删除工作表行”或“删除工作表列”或“删除单元格”命令；或右击选中行或列，选择快捷菜单中的“删除”命令。

（6）添加批注：选择“审阅”|“新建批注”命令；或右击单元格，选择快捷菜单中的“插入批注”命令。

（7）编辑或删除批注：选择“审阅”|“编辑批注”或“删除”命令；或右击单元格，选择快捷菜单中的“编辑批注”或“删除批注”命令。

2）工作簿的基本操作

（1）新建工作簿：选择“文件”|“新建”命令。

（2）保存工作簿：选择“文件”|“保存”或“另存为”命令。

（3）隐藏工作簿：选择“视图”|“隐藏”命令。

（4）保护工作簿：选择“审阅”|“保护工作簿”命令。

3）工作表的基本操作

（1）插入工作表，共有三种方法。

① 单击工作表标签右侧的“插入工作表”按钮；

② 右击工作表标签，选择快捷菜单中的“插入”|“工作表”命令；

③ 选择“开始”|“插入”|“插入工作表”命令。

（2）删除工作表：右击工作表标签，选择快捷菜单中的“删除”命令；或选择“开始”|“删除”|“删除工作表”命令。

(3) 重命名工作表,共有三种方法。

① 双击工作表标签;

② 右击工作表标签,选择快捷菜单中的"重命名"命令;

③ 选择"开始"|"格式"|"重命名工作表"命令。

(4) 移动或复制工作表,共有三种方法。

① 用鼠标拖曳工作表标签移动(拖曳的同时按 Ctrl 键则复制工作表);

② 右击工作表标签,选择快捷菜单中的"移动或复制"命令;

③ 依次选择"开始"|"格式"|"移动或复制工作表"命令。

(5) 显示或隐藏工作表:右击工作表标签,选择快捷菜单中的"隐藏"或"取消隐藏"命令;或依次选择"开始"|"格式"|"隐藏或取消隐藏"|"隐藏工作表"或"取消隐藏工作表"命令。

(6) 保护工作表:右击工作表标签,选择快捷菜单中的"保护工作表"命令;或选择"审阅"|"保护工作表"命令。

(7) 拆分或取消拆分工作表:选择"视图"|"拆分"命令。

(8) 冻结或取消冻结窗口:选择"视图"|"冻结窗格"命令。

4) 选择单元格或区域

(1) 选择整行或整列:

① 单击行号或列号;

② 用鼠标在行号或列号上移动选择连续的多行或多列;

③ 按 Ctrl 键单击行号或列号,选择不相邻的多行或多列。

(2) 选择一个区域:

① 单击起始单元格,按左键移动鼠标选择;

② 按 Shift 键的同时按箭头键以扩展选定区域;

③ 单击第一个单元格,按 Shift 键单击最后一个单元格。

(3) 选择不相邻区域:单击第一个单元格,按 Ctrl 键选择不相邻区域。

(4) 选择整个表格:单击表格左上角的"全选"按钮;或在空白区域按 Ctrl+A 组合键。

(5) 选择有数据的区域:在数据区按 Ctrl+A 组合键。

5) 格式化工作表

(1) 设置单元格格式:依次选择"开始"|"格式"|"设置单元格格式"命令。

(2) 设置列宽和行高,主要有两种方法:

① 用鼠标拖动行号或列号的边线;

② 依次选择"开始"|"格式"|"行高"或"列宽"命令。

(3) 设置条件格式:选择"开始"|"条件格式"命令。

(4) 自动套用格式:选择"开始"|"套用表格样式"命令。

6) 创建与修饰图表

(1) 创建迷你图:选择"插入"命令,选择迷你图类型。

(2) 修饰迷你图:通过"迷你图工具设计"选项上的命令修饰迷你图。

(3) 清除迷你图：选择“迷你图工具设计”|“清除”命令。

(4) 创建图表：选择“插入”命令，选择图表类型。

(5) 编辑和修改图表：单击“图表工具”，利用对话框中的“设计”“布局”“格式”选项卡内的命令编辑和修改图表；或右击图表，利用弹出的快捷菜单命令编辑和修改图表。

7) 数据分析与处理

(1) 合并计算：选择“数据”|“合并计算”命令，在“合并计算”对话框中进行设置。

(2) 排序：依次选择“开始”|“排序和筛选”|“升序”或“降序”或“自定义排序”命令；或选择“数据”|“升序”或“降序”或“排序”命令。

(3) 自动筛选：依次选择“开始”|“排序和筛选”|“筛选”命令；或选择“数据”|“筛选”命令，在工作表列标题会出现筛选标志，根据条件进行筛选即可。

(4) 高级筛选：首先构造筛选条件，然后选择“数据”|“高级”命令，在“高级筛选”对话框中进行设置。

(5) 分类汇总：首先按分类字段进行排序，然后选择“数据”|“分类汇总”命令，在“分类汇总”对话框中进行分类汇总设置。

8) 数据透视表与数据透视图

(1) 创建数据透视表：选择“插入”|“数据透视表”命令，在出现的“数据透视表字段”窗格中选择字段；

(2) 创建数据透视图：依次选择“数据透视表工具”|“选项”|“数据透视图”命令，可同时创建数据透视表与数据透视图。

6.3　实验指导

6.3.1　实验：Excel 2013 的基本操作

1. 实验目的

(1) 掌握 Excel 中不同类型数据的输入方法。

(2) 掌握工作表和工作簿的基本操作以及格式化表格的方法。

2. 实验内容

1) 数据输入

新建一个 Excel 工作簿，在 Sheet1 工作表中输入下列数据。

(1) 在第 1 列中输入 1、1、1……1。

(2) 在第 2 列中输入 1、2、3……15。

(3) 在第 3 列中输入等差数列 1、4、7……43。

(4) 在第 4 列中输入等比数列 1、3、9……4782969。

(5) 在第 5 列中输入“第 1 名、第 2 名……第 15 名”。

(6) 在第 6 列中输入“一月、二月……十二月”。

(7) 在第 7 列中输入“2018 年 1 月 1 日、2018 年 1 月 1 日……2018 年 1 月 1 日”。

(8) 在第 8 列中输入“2018 年 1 月 1 日、2018 年 1 月 2 日……2018 年 1 月 15 日”。

(9) 在第 9 列中输入“2018 年 1 月 1 日、2018 年 2 月 1 日……2018 年 12 月 1 日”。

(10) 在第 10 列中输入自定义序列“党员,团员,群众”,如图 6-4 所示。

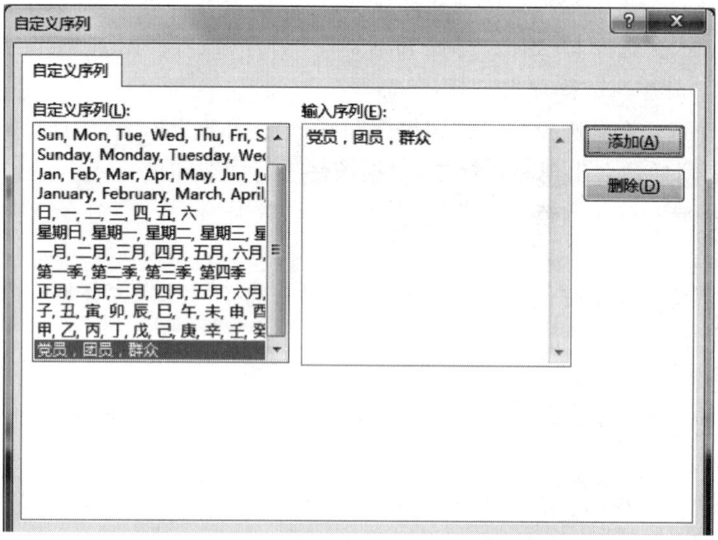

图 6-4 “自定义序列”对话框

2) 表格格式设置

打开“实验 6.1-素材.xlsx”,进行下列操作,结果参考图 6-5 所示。

	A	B	C	D	E	F	G	H	I	J
1	人事档案信息									
2										
3	姓名	岗级	职位	学历	身份证号	来公司时间	毕业院校	联系电话	电子邮箱	是否在编
4	田星宇	一级	网页制作工程师	本科	110111198208061356	2006/7/1	北方工业大学	13807239680	tianxingyu@163.com	在编
5	王晓伟	一级	前端制作工程师	硕士	101131198105186587	2007/7/1	首都师范大学	13910648219	wangxiaowei@163.com	在编
6	王灿	一级	网络重构工程师	硕士	252731198805200111	2009/7/1	中国地质大学	13671599904	wangcan@163.com	在编
7	周文	一级	前端开发工程师	博士	172903198612118130	2010/7/1	北京大学	13216974146	zhouwen@163.com	在编
8	林世正	二级	前端构架工程师	硕士	400402198411281617	2010/7/1	哈尔滨工业大学	13158469741	linshizheng@163.com	在编
9	赵越	二级	前端制作工程师	本科	160224198606292434	2010/7/1	北方邮电大学	13659781531	zhaoyue@163.com	在编
10	单雯雯	二级	网络重构工程师	硕士	390283198603270024	2010/7/1	北方工业大学	13879874413	shanwenwen@163.com	在编
11	李旭	一级	前端开发工程师	本科	260703198409240731	2012/7/1	首都师范大学	13997874162	lixu@163.com	在编
12	陈远任	三级	前端制作工程师	本科	650104199012110558	2012/7/1	山西理工大学	13351479852	chengyuanren@163.com	在编
13	胡婷	四级	网络重构工程师	硕士	180102199008155261	2014/7/1	大连理工大学	13745694129	huting@163.com	在编
14	王瑞	四级	前端制作工程师	本科	231002199109091047	2015/7/1	北京邮电大学	13564874134	wangrui@163.com	在编
15	李天天	一级	网页制作工程师	本科	31041119880527245X	2016/7/1	天津工业大学	13769541369	litiantian@163.com	在编
16	孙宁	二级	前端构架工程师	硕士	272501198608021170	2017/12/1	北京邮电大学	13987864218	sunning@163.com	在编
17	杜雪	四级	前端构架工程师	本科	360921199302210026	2018/7/1	北京师范大学	13652169741	duxue@163.com	在编

图 6-5 “信息技术系人员信息”工作表

(1) 在姓名前插入一列,列标题为“职工号”,从 001 开始递增。

人事档案信息表设置.mp4

(2) 在标题行下方插入一行,在 A2 单元格中输入“部门:”,在 B2 单元格中输入“人事部”,在 I2 单元格中输入“日期:系统时间”。

(3) 将“来公司时间”列数据格式转换为××××年××月

××日；删除电子邮箱的超链接。

(4) 设置表格标题格式：合并 A1：K1 单元格，字体为黑体，字号 22 磅，对齐方式为"水平与垂直方向居中"，行高为 35。

(5) 将第 2 行对齐方式设置为"垂直居中"，A2 与 I2 单元格对齐方式为"文本右对齐"。

(6) 将第 3 行列标题行格式设置为黄色底纹，仿宋，字号 12 磅，字体加粗。

(7) 将 A3：K17 单元格对齐方式设置为"水平与垂直方向居中"，列宽为"自动调整"，行高 26；为 A3：K17 单元格添加边框，其中外边框为双实线，内边框为单实线。

(8) 冻结前 3 行(提示：先拆分窗口，再冻结窗口)。

(9) 打印要求：纸张方向为横向，并水平居中打印在 A4 纸上，重复打印列标题行，页边距为上、下、左、右各 1 厘米，页脚为"第？页，共？页"的形式。

(10) 操作完成后保存 Sheet1 工作表，并退出 Excel。

3) 工作簿与工作表的操作

(1) 工作表的基本操作。打开"实验 6.1-素材.xlsx"，进行下列操作。

① 将 Sheet1 工作表重命名为"信息技术系人员信息"，工作表标签颜色为红色。

② 复制"信息技术系人员信息"工作表，重命名为"系部人员信息模板"。

③ 在"系部人员信息"工作表中，删除 B2 单元格和表中数据以及 A4：K17 单元格中的内容，但不清除其格式。

④ 在"系部人员信息模板"工作表中，设置岗级列只能输入"一级、二级、三级、四级和无"中的一项。学历只能输入"博士、硕士、本科"中的一项。身份证号列数据长度为 18 位；如输入不符合有效性要求，弹出出错警告，如图 6-6 和图 6-7 所示。

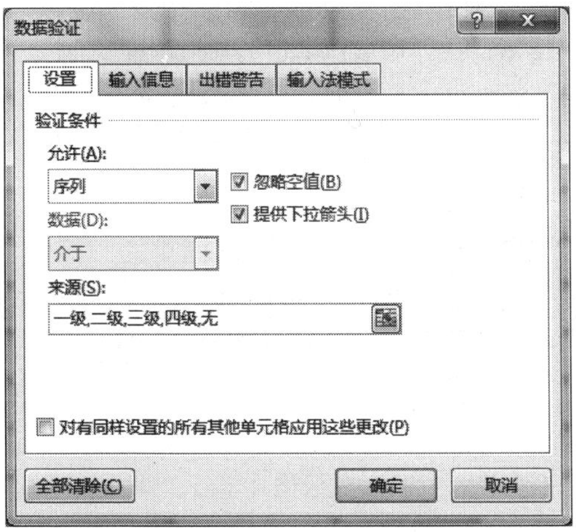

图 6-6 "数据验证"对话框(1)

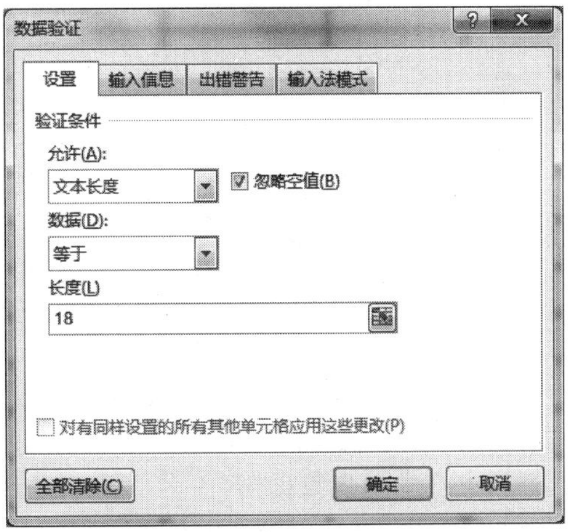

图 6-7 "数据验证"对话框(2)

⑤ 在 C3 单元格中插入批注，批注内容为"公司评定岗级"。

⑥ 删除工作表 Sheet2 和 Sheet3。

(2) 工作簿的基本操作。

① 保护此工作簿的结构，密码为 abcd。

② 将此工作簿另存为"人事档案信息.xltx"，设置修改密码为 abc123。

3. 实验步骤

1）数据输入

（1）启动 Excel 2013，系统会自动新建一个名为“工作簿 1”的空白工作簿，选定 Sheet1 工作表。

（2）自动填充数据 1、1、1……1。在 A1 单元格中输入 1，选中 A1 单元格，向下拖动填充柄（活动单元格右下角的黑色小方块，将光标移动至此处会变成十字，然后拖动鼠标）自动填充数据。

（3）自动填充数据 1、2、3……15。在 B1 单元格中输入 1，选中 B1 单元格，向下拖动填充柄至 B15 单元格，单击右下角的“自动填充选项”按钮，选择“填充序列”命令，如图 6-8 所示。

（4）自动填充数据“1、4、7……43”。在 C1 单元格中输入 1，C2 单元格中输入 4，选中 C1 与 C2 单元格，向下拖动填充柄至 C15 单元格。

（5）自动填充数据 1、3、9……4782969。在 D1 单元格中输入 1，选中 D1:D15 单元格，单击“开始”选项卡“编辑”组中的“填充”按钮，选择“序列”命令。在弹出的“序列”对话框中选择“等比序列”，步长值为 3，单击“确定”按钮，如图 6-9 所示。等差数列的自动填充也可以使用此方法。

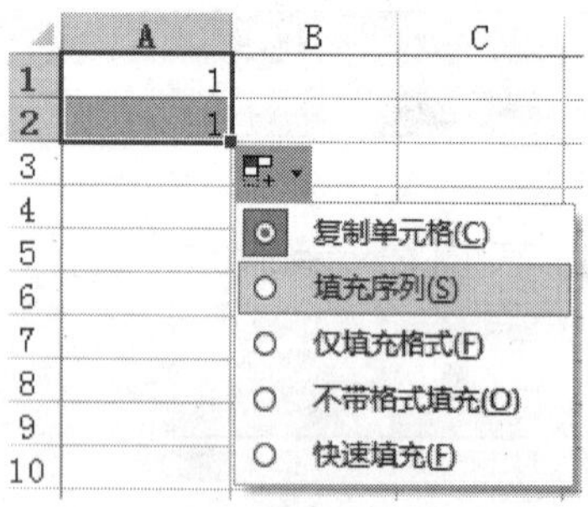

图 6-8　自动填充差为 1 的等差数列

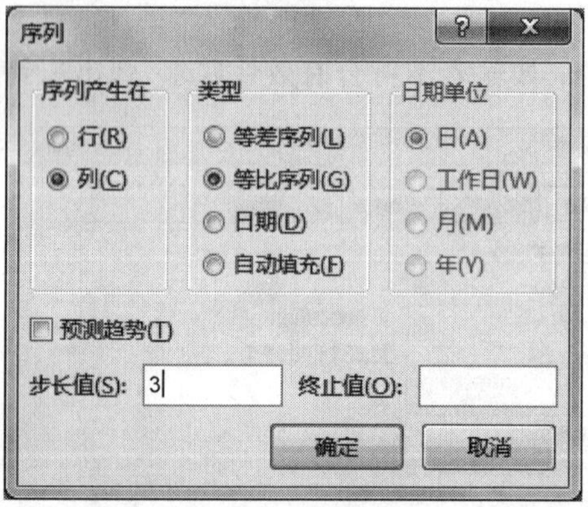

图 6-9　等比序列的填充

（6）自动填充数据“第 1 名、第 2 名……第 15 名”。在 E1 单元格中输入“第 1 名”，选中 E1 单元格，向下拖动填充柄，自动填充。

（7）自动填充数据“一月、二月……十二月”。在 F1 单元格中输入“一月”，选中 F1 单元格，向下拖动填充柄，自动填充。

（8）自动填充数据“2018 年 1 月 1 日、2018 年 1 月 1 日……2018 年 1 月 1 日”。输入日期型数据时，年月日以“/”或者“-”分隔。选中 G1:I12 单元格，右击，在弹出的快捷菜单中选择“设置单元格格式”命令。或者单击“开始”选项卡“数字”组右下角的对话框启动器 ，在弹出的“设置单元格格式”对话框中选择“数字”选项卡，在分类列表中选择“日期”，在类型中选择“2001 年 3 月 14 日”，单击“确定”按钮，如图 6-10 所示。在 G1 单元格中输入 2018/1/1 或者 2018-1-1，选中 G1 单元格，向下拖动填充柄至 G15 单元格，单击右下角的“自动填充选项”按钮，选择“复制单元格”命令。

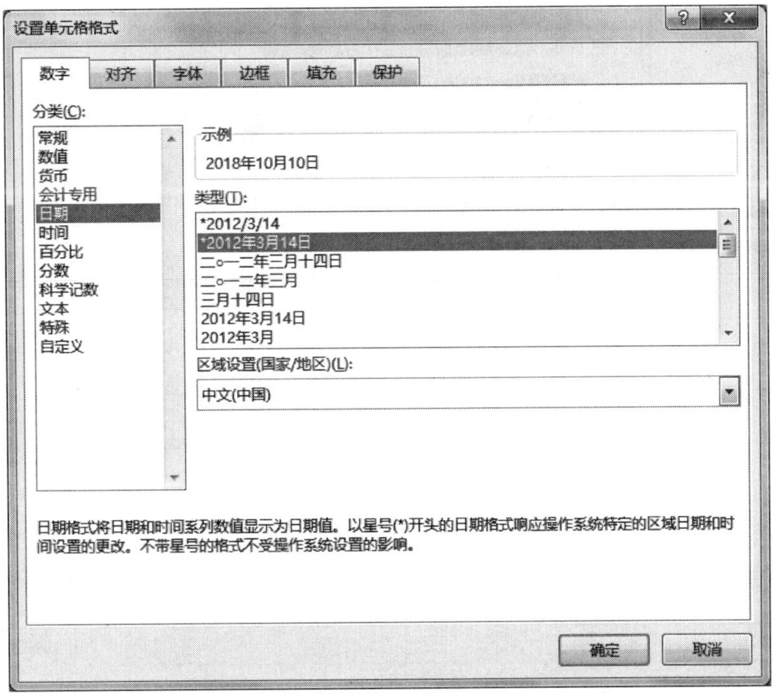

图 6-10　设置单元格格式为“日期型”

(9) 自动填充数据“2018 年 1 月 1 日、2018 年 1 月 2 日……2018 年 1 月 15 日”。在 H1 单元格中输入 2018/1/1 或者 2018-1-1，选中 H1 单元格，向下拖动填充柄至 H15 单元格。

(10) 自动填充数据“2018 年 1 月 1 日、2018 年 2 月 1 日……2018 年 12 月 1 日”。在 I1 单元格中输入 2018/1/1 或者 2018-1-1，选中 I1 单元格，向下拖动填充柄至 I15 单元格，单击右下角的“自动填充选项”按钮，选中“以月填充”单选按钮，如图 6-11 所示。

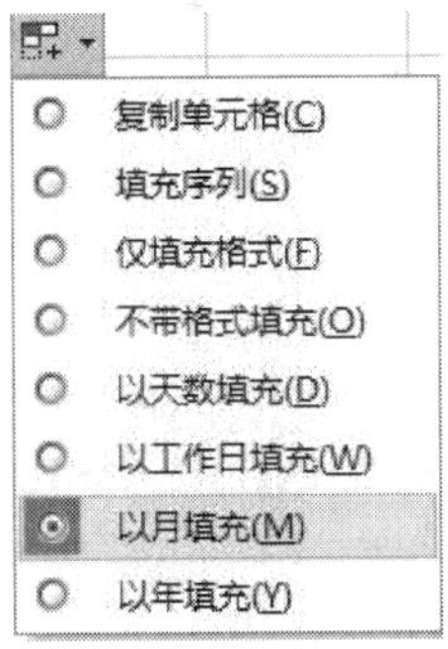

图 6-11　选中“以月填充”单选按钮

(11) 自定义序列填充。如果想对系统中不存在的序列进行自动填充，需要先自定义序列。选择“文件”选项卡中的“选项”命令，在弹出的“Excel 选项”对话框左侧选择“高级”，拖动右侧滚动条向下，单击区域中的“编辑自定义列表”按钮，如图 6-12 所示。在弹出的“自定义序列”对话框中输入“党员、团员、群众”，单击“添加”按钮。在 J1 单元格中输入“党员”，选中 J1，向下拖动填充柄进行自动填充。

2) 表格格式设置

打开“实验 6.1-素材.xlsx”，关键操作步骤讲解如下。

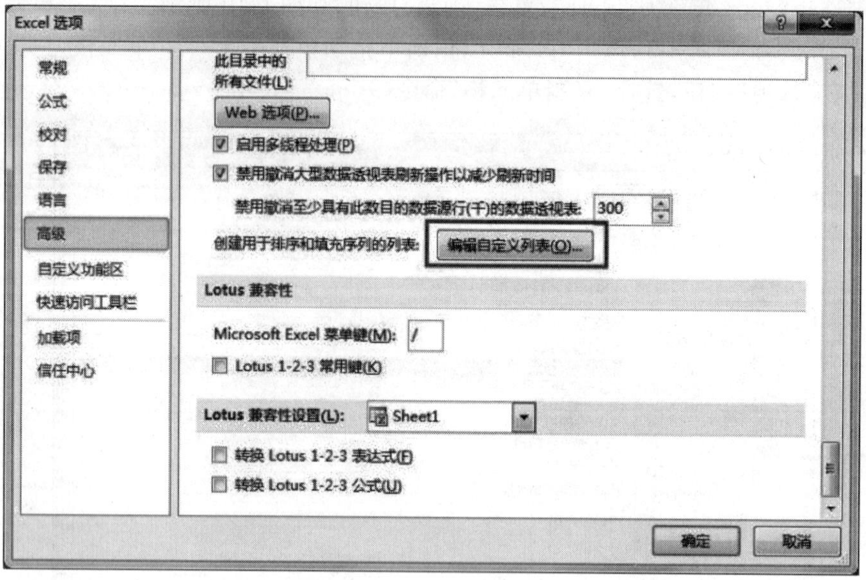

图 6-12 “Excel 选项”对话框

(1) 将数据 A4：K17 单元格对齐方式的“水平对齐”和“垂直对齐”均设置为“居中”，如图 6-13 所示。

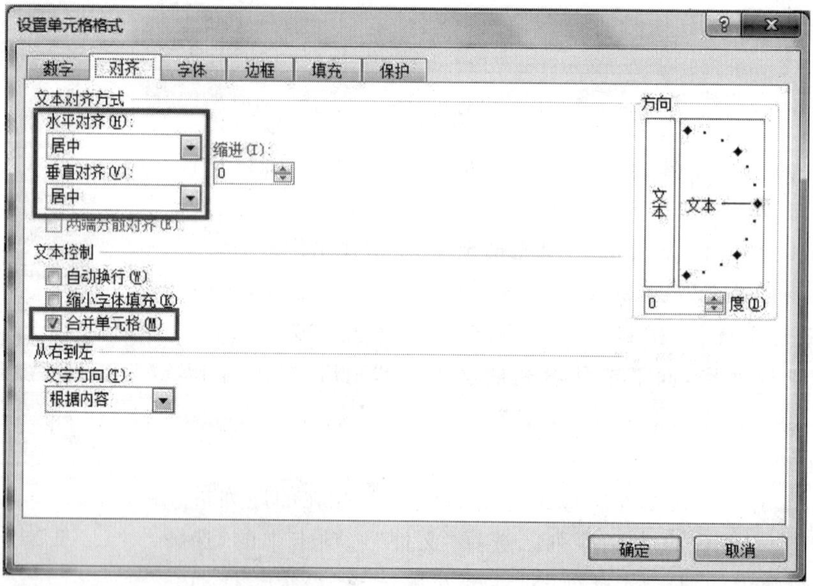

图 6-13 水平与垂直居中对齐

(2) 调整行高与列宽。选中整个表格，依次单击“开始”|“单元格”|“格式”按钮，在下拉列表中选择“自动调整列宽”命令。

(3) 填充底纹。选中 A3：K3 单元格，在“开始”选项卡的“字体”组中，单击“填充颜色”按钮旁的下三角按钮，在下拉列表中选择“黄色”，为标题行添加黄色底纹。

(4) 修改单元格数据格式。选中G4：G17单元格，单击“开始”选项卡“数字”组右下角的对话框启动器，在弹出的“设置单元格格式”对话框中选择“数字”选项卡，在分类列表中选择“日期”，在类型中选择“2001年3月4日”，单击“确定”按钮。

(5) 删除超链接。选中J4：J17单元格，在弹出的快捷菜单中选择“删除超链接”命令，或者单击“开始”选项卡“编辑”组中的“清除”按钮，在下拉列表中选择“清除超链接”命令。

(6) 添加边框。选中数据区域A4：A17单元格，在“开始”选项卡的“字体”组中，单击“边框”按钮旁的下三角按钮，在下拉列表中选择“其他边框”选项，在弹出的“设置单元格格式”对话框中选择“边框”选项卡，在左侧的线条中选择“双实线”，单击预置区域的“外边框”按钮，再在左侧的线条中选择“单实线”，单击预置区域的“内边框”按钮，单击“确定”按钮，如图6-14所示，为表格添加边框。

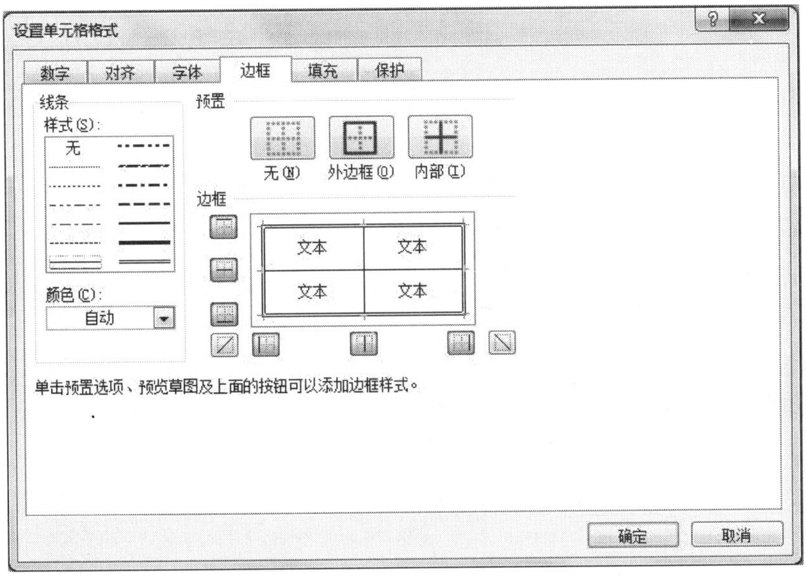

图6-14 设置表格框线

(7) 冻结标题行。选中第4行，单击“视图”选项卡“窗口”组中的“冻结窗格”按钮，在下拉列表中选择“冻结拆分窗格”选项，如图6-15所示。

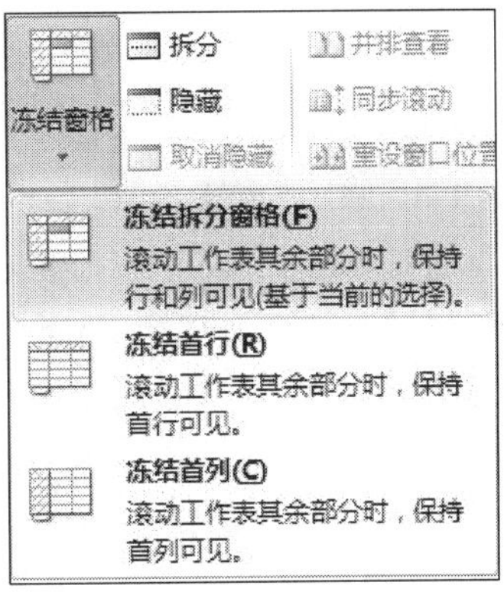

图6-15 冻结窗格

(8) 打印设置。选定Sheet工作表，单击“页面布局”选项卡“页面设置”组右下角的对话框启动器，打开“页面设置”对话框，在“页面”选项卡中设置方向为“横向”，纸张大小为A4；在“页边距”选项卡中，设置上、下、左、右边距为1厘米，居中方式为“水平”；在“页眉/页脚”选项卡中，在“页脚”下拉列表中选择“第1页，共?页”形式；在“工作表”选项卡中，“顶端标题行”选择第3行，如图6-16所示。

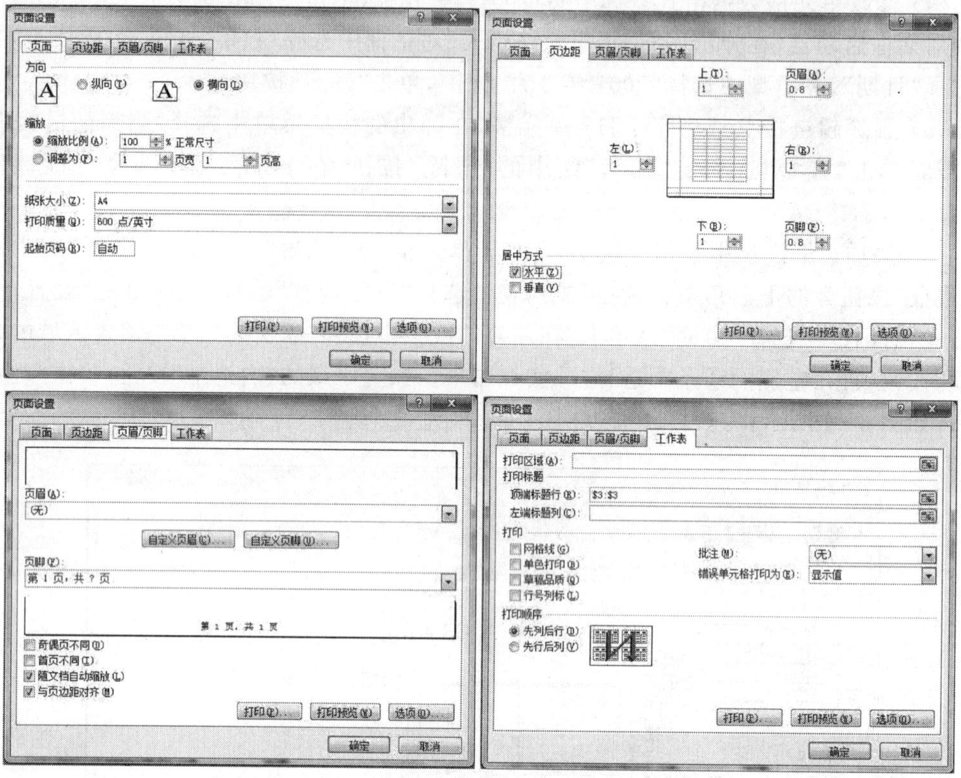

图 6-16　打印设置

3）工作簿与工作表的操作

打开“实验 6.1-素材.xlsx”，关键操作步骤讲解如下。

(1) 工作表的基本操作。

① 重命名工作表。双击 Sheet1 工作表标签，或者在工作表名称处右击，从弹出的快捷菜单中选择“重命名”命令，工作表名进入编辑状态，输入“信息技术系人员信息”。

② 更改工作表标签颜色。在工作表标签处右击，在弹出的快捷菜单中选择“工作表标签颜色”子菜单中的红色。

③ 复制工作表。在“信息技术系人员信息”工作表标签处右击，在弹出的快捷菜单中选择“移动或复制”命令，在弹出的“移动或复制工作表”对话框中，勾选“建立副本”复选框，单击“确定”按钮，如图 6-17 所示。或者单击“信息技术系人员信息”工作表标签，按住鼠标左键，此时在工作表标签左上角会出现一个黑色倒三角形，鼠标指针变化为，按住 Ctrl 键同时拖动鼠标至 Sheet2 工作表之前(如果不按 Ctrl 键，则为移动工作表)也可复制工作表，然后将复制后的工作表重命名为“系部人员信息模板”。

④ 清除内容。选中 B2 与 A4：K35 单元格(注意不连续的单元格可以按 Ctrl 键进行选择)，按 Delete 键删除内容。或者单击“开始”选项卡“编辑”组中的“清除”按钮，在列表中选择“清除内容”命令，可以清除单元格内容，而不清除单元格格式，如图 6-18 所示。

⑤ 设置数据有效性。选中 C4：C17 单元格，单击“数据”选项卡的“数据工具”组中的

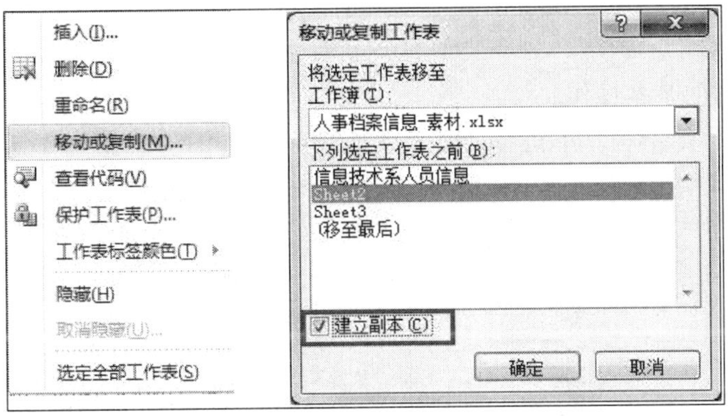

图 6-17　复制工作表

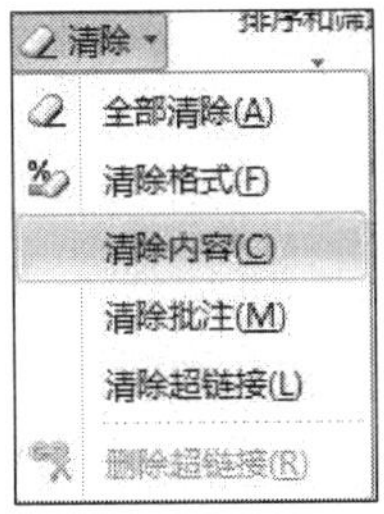

图 6-18　清除内容而不清除格式

“数据有效性”按钮，在下拉列表中选择“数据有效性”命令，弹出“数据有效性”对话框。在对话框中选择“设置”选项卡，“允许”下拉列表中选择“序列”，“来源框”中输入“一级，二级，三级，四级，无”(英文状态下的逗号)，单击“确定”按钮，如图 6-19 所示。

使用同样的方法设置 E4：E17 单元格只能输入“博士、硕士、本科”中的一项。选中 F4：F17 单元格，在“数据有效性”对话框中，“允许”下拉列表中选择“文本长度”，“数据”下拉列表中选择“等于”，“长度”框中输入 18，单击“确定”按钮，如图 6-20 所示。控制身份证号列数据长度为 18 位。

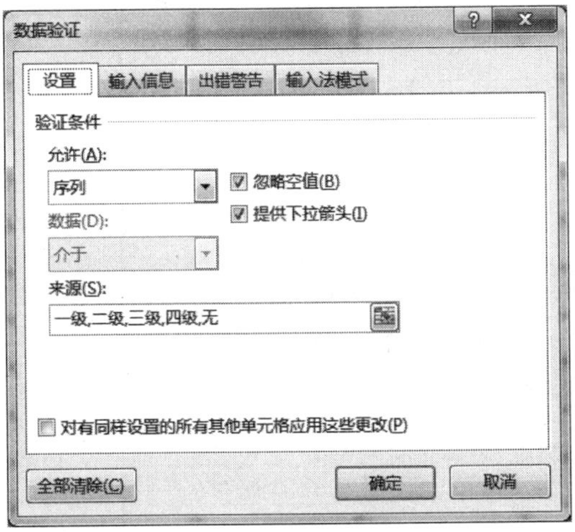

图 6-19　设置数据有效性

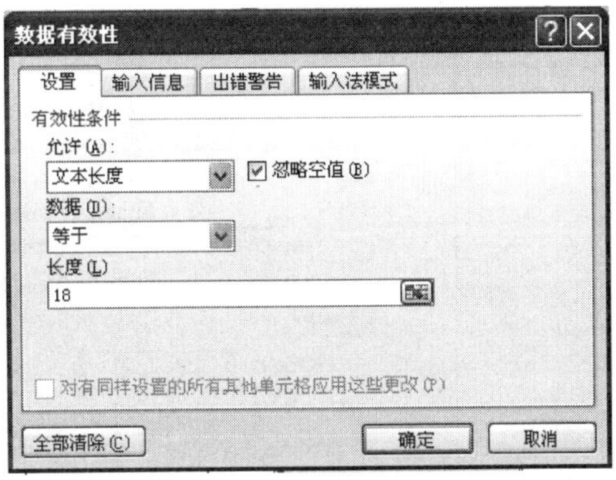

图 6-20　控制文本长度

⑥ 插入批注。选中 C3 单元格，单击“审阅”选项卡“批注”组中的“新建批注”按钮；或者右击，从弹出的快捷菜单中选择“插入批注”命令。在批注框中输入批注内容“公司评定岗级”，此时在单元格右上角会出现红色的三角形，当光标移到此处时，会显示批注内容，如图 6-21 所示。对“性别”“年龄”和“出生日期”单元格设置相同的批注。

⑦ 删除工作表。选中 Sheet2 和 Sheet3 工作表，在工作表标签处右击，在弹出的快捷菜单中选择“删除”命令。

(2) 工作簿的基本操作。

① 保护工作簿结构。单击“审阅”选项卡“更改”组中的“保护工作簿”按钮，在弹出的“保护结构和窗口”对话框中勾选“结构”复选框，输入密码后单击“确定”按钮。再次输入密码确认后，单击“确定”按钮，如图 6-22 所示。可以通过插入工作表查看有何变化。

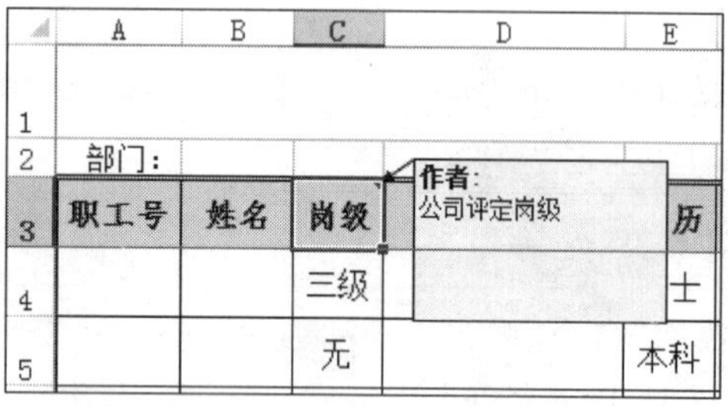

图 6-21　插入批注

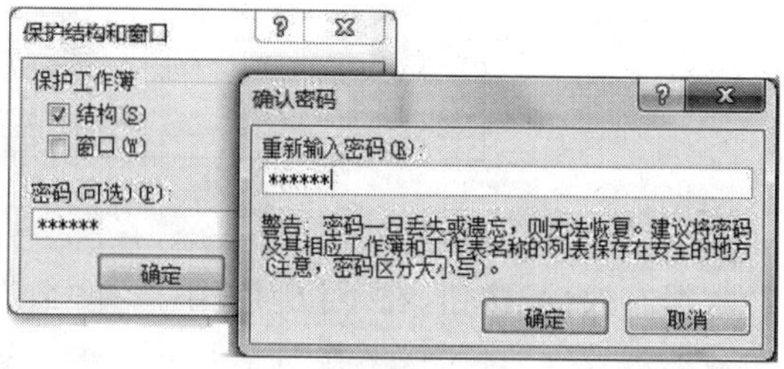

图 6-22　保护工作簿

② 设置打开及修改工作簿的权限密码。在“开始”选项卡中单击“另存为”按钮，在弹出的“另存为”对话框中选择保存的位置，设置文件名为“人事档案信息”，保存类型选择“Excel 工作簿”。单击对话框下方的“工具”按钮，在下拉列表中选择“常规”命令，在弹出的“常规选项”对话框中输入打开权限密码和修改权限密码，勾选“建议只读”复选框，单击“确定”按钮。重新输入密码后，再单击“确定”按钮，如图 6-23 所示。

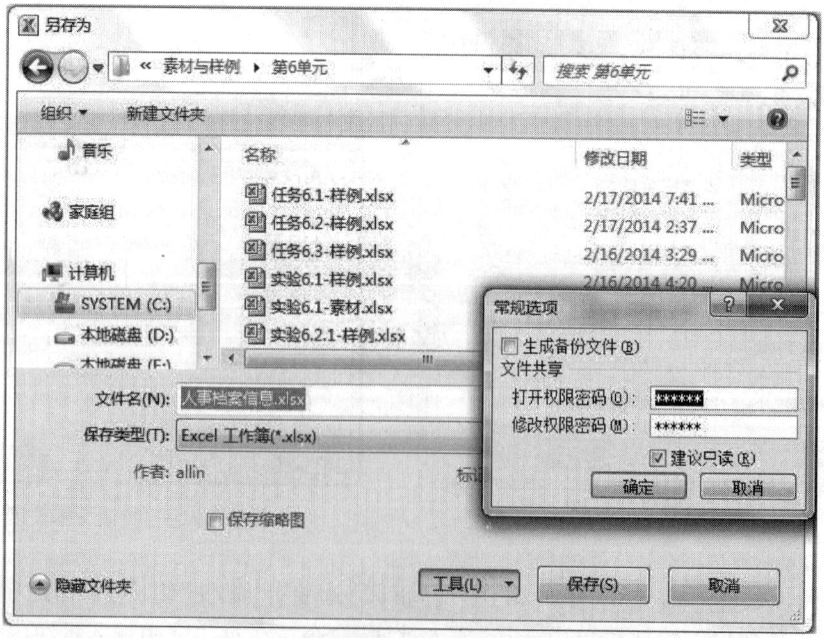

图 6-23　设置打开及修改权限密码

6.3.2　实验：Excel 2013 公式与函数的使用

1. 实验目的

掌握 Excel 中常用公式与函数的使用方法，绝对引用、相对引用和混合引用的概念与使用方法。

2. 实验内容

1）数学函数与统计函数的使用

打开“实验 6.2.1-素材.xlsx”，进行下列操作。

（1）格式化工作表。设置表格行高为 20，列宽为自动调整，自动套用表格样式“表样式中等深浅 18”，单元格对齐方式为水平和垂直居中。

（2）使用公式和函数进行计算。

① 将各科成绩复制到“学期总成绩”工作表中相应的位置。在“学期总成绩”工作表中，将 A1：I1 合并并居中；将各科成绩中不及格的成绩用红色、加粗、加删除线的格式标出；分别计算学生总成绩、平均成绩（保留两位小数）和学生名次；按照名次升序排序，如图 6-24 所示。

各科成绩

学号	姓名	性别	语文	数学	英语	总成绩	平均成绩	名次
18072102	王薇丽	女	75	88	85	248	82.67	1
18072122	邵文静	女	69	89	90	248	82.67	1
18072124	刘花畅	女	80	84	83	247	82.33	3
18072108	杜声	男	72	76	86	234	78.00	4
18072123	柳岸明	女	69	89	71	229	76.33	5
18072121	黄静文	女	68	87	73	228	76.00	6
18072112	赵涵志	男	61	82	79	222	74.00	7
18072120	钱媛	女	73	74	62	209	69.67	8
18072125	陈卿云	男	~~51~~	80	78	209	69.67	8
18072101	韩霞	女	63	85	60	208	69.33	10
18072103	张业	男	66	75	65	206	68.67	11
18072105	文婷	女	~~46~~	75	84	205	68.33	12
18072127	李子良	男	67	80	~~56~~	203	67.67	13
18072110	汤潇怡	女	60	71	70	201	67.00	14
18072109	王婧	女	63	78	~~56~~	197	65.67	15
18072126	李健	女	~~55~~	80	60	195	65.00	16

图 6-24　“各科成绩”工作表

② 在“成绩统计”工作表中，分别计算各科的平均分、最高分、最低分、男生平均分、女生平均分和各分数段人数；并对统计结果进行格式设置，如图 6-25 所示。

③ 在“成绩查询”工作表中,通过输入学生的完整学号,查询学生的姓名、各科成绩、总成绩、平均成绩与名次;对查询公式进行保护,不允许修改;并对查询结果进行格式设置,如图 6-26 所示。

	A	B	C	D
1	各科成绩统计表			
2		语文	数学	英语
3	平均分	59.89	71.59	64.74
4	最高分	80	89	90
5	最低分	37	24	34
6	男 平均值	56.31	68.69	59.85
7	女 平均值	63.21	74.29	69.29
8				
9	不及格	12	5	10
10	60-69分	11	3	6
11	70-79分	3	9	5
12	80-89分	1	10	5
13	90-100分	0	0	1

图 6-25 “成绩统计”工作表

	A	B	C	D
1				
2		考试成绩查询表		
3		学号(请输入完整学号)		18072102
4				
5		姓名		王薇丽
6		考试科目	语文	75
7			数学	88
8			英语	85
9		总成绩		248
10		平均成绩		82.67
11		名次		1

图 6-26 考试成绩查询表

2) 日期和时间函数与文本函数的使用

要求利用公式与函数计算人事档案信息中的工号、性别、出生日期和年龄;掌握函数嵌套的使用方法。打开“实验 6.2.2-素材.xlsx”,进行下列操作。

(1) 在“姓名”列前插入一列“工号”,在“岗级”前插入“性别”“年龄”和“出生日期”三列。

(2) 通过公式和函数在 M3 中输入当前日期,并计算工号、性别、年龄和出生日期。其中工号为 8 位数字,前 4 位是来校工作的年份,中间 2 位是 01(在编)或者 02(非编),后 2 位是序号。结果参考图 6-27 所示。

	A	B	C	D	E	F	G	H	I	J	K	L	M	N	O
1	人事档案信息														
2	部门:	人事部												日期:2018/10/8	
3	序号	工号	姓名	性别	年龄	出生日期	岗级	职位	学历	身份证号	来公司时间	毕业院校	联系电话	电子邮箱	是否在编
4	01	20060201	田星宇	男	36	1982年08月06日	一级	网页制作工程师	本科	110111198208061356	2006/7/1	北方工业大学	13807239680	tianxingyu@163.com	在编
5	02	20070202	王晓伟	女	37	1981年05月18日	无	前端制作工程师	硕士	101131198105186587	2007/7/1	首都师范大学	13910648219	wangxiaowei@163.com	在编
6	03	20090203	王灿	男	30	1988年05月20日	一级	网络重构工程师	硕士	252731198805200111	2009/7/1	中国地质大学	13671599904	wangcan@163.com	在编
7	04	20100204	周文	男	31	1986年12月11日	一级	前端开发工程师	博士	172903198612118130	2010/7/1	北京大学	13216974146	zhouwen@163.com	在编
8	05	20100205	林世正	男	33	1984年11月28日	二级	前端构架工程师	硕士	400402198411281617	2010/7/1	哈尔滨工业大学	13158469741	linshizheng@163.com	在编
9	06	20100206	赵越	男	32	1986年06月29日	二级	前端制作工程师	本科	160224198606292434	2010/7/1	北方邮电大学	13659781531	zhaoyue@163.com	在编
10	07	20100207	单雯雯	女	32	1986年03月27日	二级	网络重构工程师	硕士	390283198603270024	2010/7/1	北方工业大学	13879874413	shanwenwen@163.com	在编
11	08	20120208	李旭	男	34	1984年09月24日	一级	前端开发工程师	本科	260703198409240731	2012/7/1	首都师范大学	13997874162	lixu@163.com	在编
12	09	20120209	陈远任	男	27	1990年12月11日	三级	前端制作工程师	本科	650104199012110558	2012/7/1	山西理工大学	13351479852	chengyuanren@163.com	在编
13	10	20140210	胡婷	女	28	1990年08月15日	四级	网络重构工程师	硕士	180102199008155261	2014/7/1	大连理工大学	13745694129	huting@163.com	在编
14	11	20150211	王瑞	女	28	1990年09月09日	四级	前端制作工程师	本科	231002199009091047	2015/7/1	北京邮电大学	13564874134	wangrui@163.com	在编
15	12	20130212	李虎	男	30	1988年05月27日	一级	网页制作工程师	本科	31041119880527245X	2013/7/1	天津工业大学	13769541369	lihu@163.com	非编
16	13	20170213	孙宁	男	32	1986年08月02日	二级	前端构架工程师	硕士	272501198608021170	2017/12/1	北京邮电大学	13987864218	sunning@163.com	在编
17	14	20180214	杜雪	女	25	1993年02月21日	四级	前端构架工程师	本科	360921199302210026	2018/7/1	北京师范大学	13652169741	duxue@163.com	在编
18	15	20160215	李天天	男	30	1988年05月27日	一级	网页制作工程师	本科	31041119880527245X	2016/7/1	天津工业大学	13769541369	litiantian@163.com	在编

图 6-27 人事档案信息表

3. 实验步骤

1) 数学函数与统计函数的使用

(1) 制作“学期总成绩”工作表关键操作步骤讲解如下。

① 使用公式与函数计算学生总成绩、平均成绩(保留两位小数)和学生名次。其中学生名次利用公式=RANK([@总成绩],G$3:G$29)计算。

② 向下拖动填充柄,进行自动填充。

(2) 制作“成绩统计”工作表关键操作步骤讲解如下。

① 计算平均分使用 AVERAGE 函数,计算最高分使用 MAX 函数,计算最低分使用 MIN 函数,计算男生平均成绩使用 AVERAGEIF 函数。

② 计算不及格人数输入公式=COUNTIF(L$2:L$28,"<60")。

③ 计算60～69分人数即小于70分人数－不及格人数,所以输入公式=COUNTIF(L$2:L$28,"<70")－L35。

④ 计算90～100分人数:在B12单元格中输入公式=COUNTIF(L$2:L$28,">=90"),或者输入公式=COUNTIF(L$2:L$28,"<=100")－L35－L36－L37－L38。

⑤ 计算完第一列的数据后,向右拖动填充柄,进行自动填充即可。填充后对格式进行相应设置。

(3) 制作"成绩查询"工作表关键操作步骤讲解如下。

① 复制"学期总成绩(参考答案)"数据表,清除格式与筛选后,保存数据表,命名为"成绩查询数据源"。

② 利用=VLOOKUP($D$3,成绩查询数据源!$A$2:$I$29,2,FALSE)进行查询。

③ 向下拖动填充柄,进行自动填充,对公式做相应修改。注意不同工作表间的数据源引用和绝对引用方法。公式说明:VLOOKUP(公共字段,目标值所在区域,目标值所在列位置,精确查询还是模糊查询)。

④ 保护工作表。在"审阅"菜单选项下,选择"保护工作表",密码是2018。

⑤ 对查询结果进行相应格式的设置。

2) 日期和时间函数与文本函数的使用

关键操作步骤讲解如下。

① 打开"实验6.2.2-素材"工作簿,选定"人事档案信息"工作表。在"姓名"前插入一列"工号",在"岗级"列前插入三列:"性别""年龄"和"出生日期"。

② 分别计算"工号""性别""出生日期"和"年龄"。

- 工号:在B4单元格中输入公式=CONCATENATE(YEAR(K4),IF(O4="在编","01","02"),A4)。函数说明:YEAR函数提取来校工作时间的年份;IF函数通过判断条件判断是否为在编,设置值为01或02;CONCATENATE函数将三个字符串连接。
- 性别:在D4单元格中输入公式=IF(MOD(MID(J4,17,1),2),"男","女")。函数说明:身份证号第17位如果是奇数,则性别为男;如果是偶数,则性别为女。使用MID函数提取身份证中第17位,然后使用MOD函数求这个数除以2的余数,以判断奇偶性。最后,利用IF将结果填至单元格中。
- 出生日期:在F4单元格中输入公式=CONCATENATE(MID(J4,7,4),"年",MID(J4,11,2),"月",MID(J4,13,2),"日")。函数说明:身份证号中的第7～10位为出生年份,第11～12位为出生月份,第13～14位为出生日期。使用MID函数提取身份证中的出生年月日,再通过CONCATENATE函数将年月日连接。
- 年龄:在E4单元格中输入公式=INT((TODAY()－F4)/365)。函数说明:Today函数获取当前日期,减去出生日期,除以365得到年限,再通过INT函数向下取整,得到的是周岁年龄(不足一年不计入年龄)。

③ 计算完第一行的数据后,拖动填充柄进行自动填充;填充完成后对格式进行相应的设置。

6.3.3 实验：创建 Excel 2013 图表

1. 实验目的

掌握创建、编辑图表的方法。

2. 实验内容

创建与编辑图表。制作折线图，打开“实验 6.2.1-素材”工作簿，根据“成绩统计”工作表中的数据绘制“各科成绩各分数段人数分布图”，如图 6-28 所示。

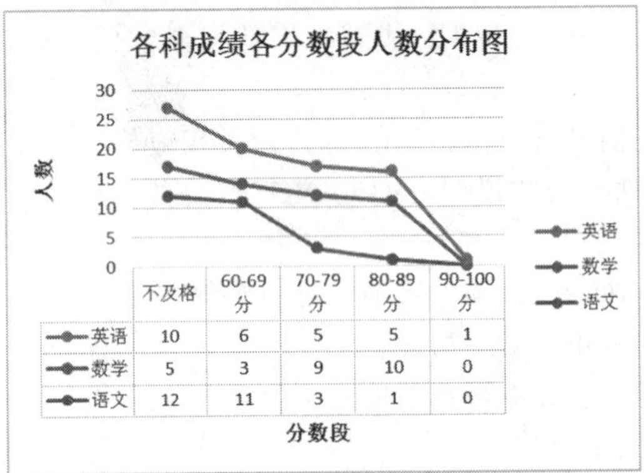

图 6-28 各科成绩各分数段人数分布图

3. 实验步骤

关键操作步骤讲解如下。

① 打开“实验 6.2.1-素材”工作簿，选中数据源。

② 选择“插入”菜单项，再选择“插入折线图”。

③ 选择“各科成绩各分数段人数分布图”，对“图表元素”进行相应的编辑操作，如图 6-29 所示。

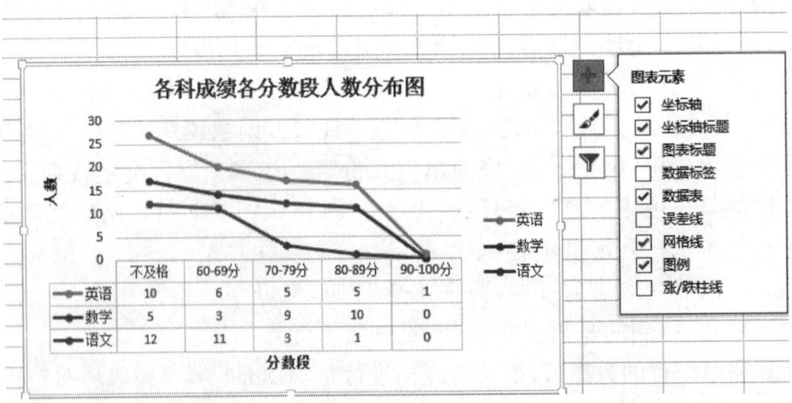

图 6-29 图表元素的编辑

6.3.4 实验：Excel 2013 的数据分析与处理

1. 实验目的

（1）掌握对工作表数据进行合并计算、排序、筛选和分类汇总的方法。

（2）掌握数据透视表与数据透视图的制作方法。

2. 实验内容

1）合并计算

（1）利用各科成绩工作表，通过合并计算的方法计算各学生的总成绩。

（2）关键操作步骤讲解如下。

① 选定“合并计算”工作表。

② 单击“数据”选项卡“数据工具”组中的“合并计算”按钮，弹出“合并计算”对话框，进行相应操作。

2）排序

（1）简单排序。将“学期总成绩”工作表中的数据按总成绩的高低排序，成绩优秀的排在前面。

关键操作步骤讲解如下。

① 打开素材“实验 6.2.1-素材.xlsx”，复制“学期总成绩”工作表，重命名为“排序”。

② 在“排序”工作表中选中“总分”列中任一单元格，单击“开始”选项卡“编辑”组中的“排序和筛选”按钮，在下拉列表中选择“降序”。或者单击“数据”选项卡的“排序和筛选”组中的“降序”按钮 。将工作表中的数据按总成绩的高低降序排序。

（2）多条件排序。将“学期总成绩”工作表中的数据以总成绩的高低排序，高的排在前面；成绩相同时，女生排在前面；性别相同时，学号小的排在前面。

关键操作步骤讲解如下。

① 选择要排序的单元格 A1：A48，或者单击此区域中的任一单元格。

② 单击“数据”选项卡“排序和筛选”组中的“排序”按钮。

③ 在打开的“排序”对话框中，设置主要关键字为“总成绩”，次序为“降序”。单击“添加条件”按钮，条件列表中新增一行，在次要关键字中选择“性别”，次序选择“降序”；再添加次要关键字“学号”，次序为“升序”，单击“确定”按钮，如图 6-30 所示。在弹出的“排序提醒”对话框中，单击“确定”按钮。此时工作表中的数据将以总成绩为主关键字，性别和学号为次关键字排序。

（3）自定义排序。将“信息技术系人员信息”工作表中的数据以“党员”“团员”“群众”的顺序进行排序。

关键操作步骤讲解如下。

① 打开素材“人事档案信息.xlsx”，选定“信息技术系人员信息（自定义排序数据源）”工作表，单击数据区中任一单元格。

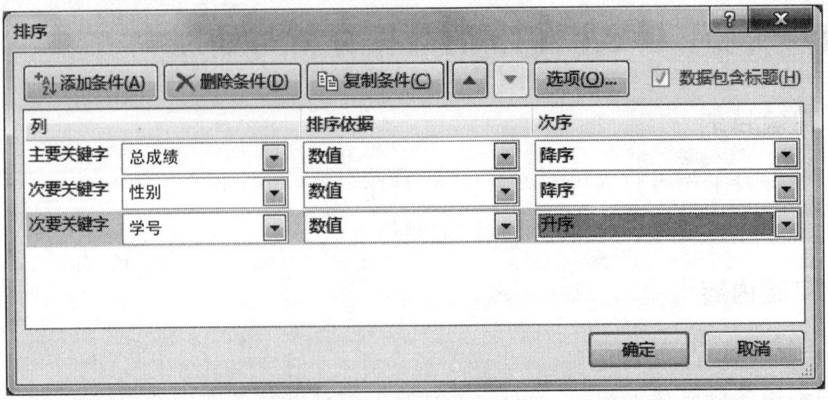

图 6-30　添加排序关键字

② 自定义序列“党员,团员,群众”,步骤可参考实验 6.3.1。

③ 单击“数据”选项卡“排序和筛选”组中的“排序”按钮,在打开的“排序”对话框中,“主要关键字”选择“政治面貌”,“次序”选择“自定义序列”,打开“自定义序列”对话框,选择刚才定义的序列,单击“确定”按钮,如图 6-31 所示。

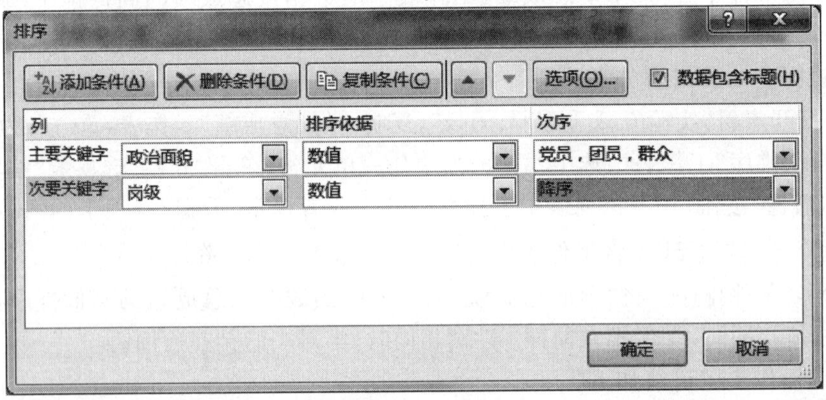

图 6-31　自定义排序

3）筛选

对“学期总成绩”工作表中的数据进行如下筛选。

(1) 自动筛选。

① 筛选出数学不及格的学生。

② 筛选出姓李的学生。

③ 筛选出总分排在前 5 名的男生。

关键操作步骤讲解如下。

① 打开素材“实验 6.2.1-素材. xlsx”,复制“学期总成绩”工作表,清除表格格式,重命名为“自动筛选”。

② 选定“自动筛选”工作表,选中要筛选的数据列表 $A$2:$I$29,或者在数据列

表中单击任一单元格。

③ 单击“数据”选项卡“排序和筛选”组中的“筛选”按钮。或者单击“开始”选项卡“编辑”组中的“排序和筛选”按钮，在下拉列表中选择“筛选”命令。此时，在数据列表的每个列标题旁边均出现一个筛选箭头，进入自动筛选状态，如图 6-32 所示。

	A	B	C	D	E	F	G	H	I
1	各科成绩								
2	学号	姓名	性别	语文	数学	英语	总成绩	平均成绩	名次
3	18072101	韩霞	女	63	85	60	208	69.33	10
4	18072102	王薇丽	女	75	88	85	248	82.67	1
5	18072103	张业	男	66	75	65	206	68.67	11
6	18072104	段宏宇	女	51	54	82	187	62.33	18
7	18072105	文婷	女	46	75	84	205	68.33	12
8	18072106	袁玉帅	男	57	67	60	184	61.33	19

图 6-32 进入自动筛选状态

④ 单击“数学”列的筛选箭头，打开“筛选器选择列表”，在“数字筛选”子菜单中选择“小于”命令，打开“自定义自动筛选方式”对话框，数值中输入 60，单击“确定”按钮，如图 6-33 所示，筛选“数学”不及格的学生记录。

图 6-33 数字筛选

⑤ 清除筛选结果。单击“开始”选项卡“排序与筛选”组中的“排序与筛序”按钮，在下拉列表中选择“筛选”；或者选择“数据”选项卡，选择“筛选”命令，重新显示所有行。

⑥ 单击“姓名”列的筛选箭头，打开“筛选器选择列表”，在搜索框中输入“李＊”，单击“确定”按钮，筛选出姓李的学生记录。通配符＊表示任意多个任意字符，如图 6-34 所示。

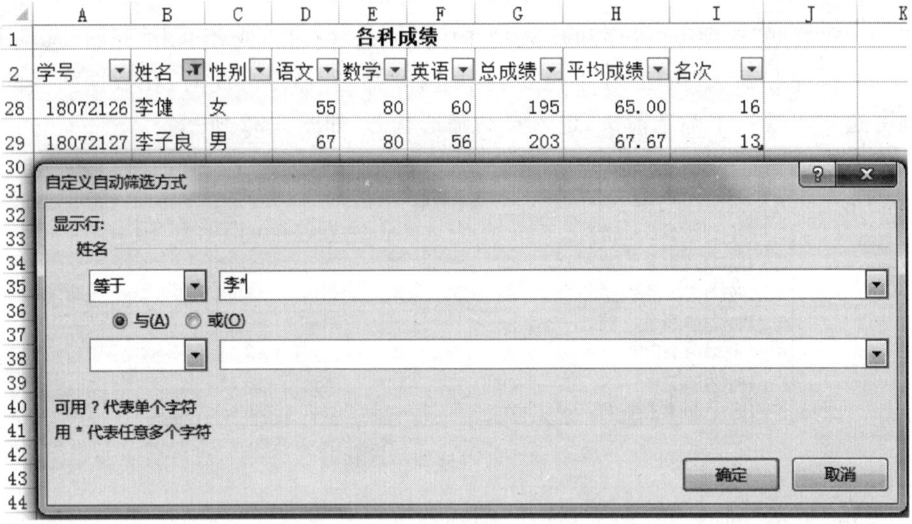

图 6-34 “自定义自动筛选方式”对话框

⑦ 清除筛选结果,重新显示所有行。单击“总成绩”列的筛选箭头,打开“筛选器选择列表”,在“数字筛选”子菜单中选择“10 个最大的值”命令,打开“自动筛选前 10 个”对话框,项数输入 5,单击“确定”按钮。

⑧ 单击“性别”列的筛选箭头,打开“筛选器选择列表”,列表显示当前列中包含的所有值。从“文本筛选”子菜单中先取消勾选“全部”复选框,再勾选“男”复选框,单击“确定”按钮,筛选出总分排在前 5 名的男生。

(2) 高级筛选,筛选出各科不及格的学生。

关键操作步骤讲解如下。

① 打开素材“实验 6.2.1-素材. xlsx”,复制“自动筛选”工作表,清除筛选结果,重命名为“高级筛选”。

② 设置筛选条件,如图 6-35 所示。在条件区域中必须有列标题,且与数据表中的列标题一致。需要同时满足的条件位于同一行中;如果位于不同的行,意味着只要满足其一即可。

③ 选定“高级筛选”工作表,单击“数据”选项卡“排序和筛选”组中的“高级”按钮。

④ 在弹出的“高级筛选”对话框中,“方式”选择“将筛选结果复制到其他位置”,“列表区域”选择“学期总成绩”工作表中的整个数据,在“条件区域”中选择筛选条件区域,复制到“高级筛选”工作表中的单元格,单击“确定”按钮。如图 6-36 所示,筛选出所有不及格的学生记录。

4) 分类汇总与分级显示

(1) 分类汇总。利用“学期总成绩”工作表中的数据,对各班各科平均成绩及各班男生和女生的平均分进行嵌套分类汇总。

(2) 分级显示。将刚才分类汇总的结果进行分级显示,只显示分类汇总结果,不显示每组的明细数据,并将分类汇总结果复制到新建工作表“分级结果”中。

	A	B	C
1	语文	数学	英语
2	<60		
3		<60	
4			<60

图 6-35 筛选条件

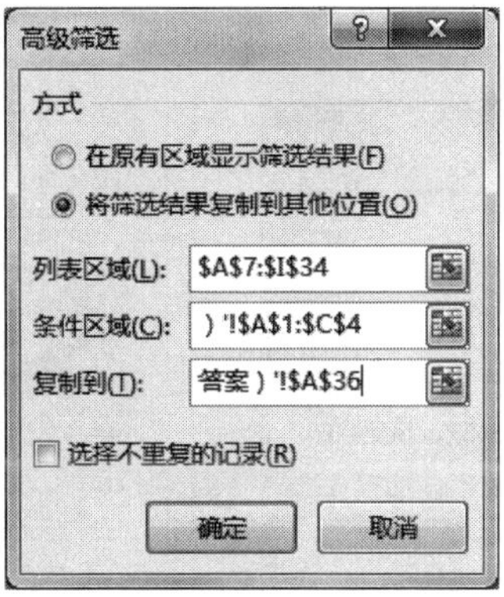

图 6-36 “高级筛选”对话框

关键操作步骤如下。

① 打开素材“实验 6.2.1-素材.xlsx”，复制“自动筛选”工作表，清除筛选结果，重命名为“分类汇总”。（注意，如果“分类汇总”选项为灰色，则单击“转换为区域”，确定转换为普通区域，再进行分类汇总。）

② 在进行分类汇总前，必须先按分类字段进行排序。以“班级”为主要关键字，“性别”为次要关键字进行排序。

③ 单击进行分类汇总的数据区域的任一单元格，单击“数据”选项卡“分级显示”组中的“分类汇总” 按钮。

④ 在弹出的“分类汇总”对话框中的“分类字段”下拉列表中选择“总成绩”，在“汇总方式”下拉列表中选择“平均值”，在“选定汇总项”中勾选“语文”“数学”“英语”复选框。然后勾选“替换当前分类汇总”和“汇总结果显示在数据下方”复选框，单击“确定”按钮，如图 6-37 所示。

⑤ 单击“数据”选项卡“分级显示”组中的“分类汇总”按钮，在弹出的“分类汇总”对话框中的“分类字段”下拉列表中选择“性别”，在“汇总方式”下拉列表中选择“平均值”，选定汇总项不变，取消勾选“替换当前分类汇总”复选框，单击“确定”按钮，对刚才的分类汇总结果进行“性别”分类汇总的嵌套，如图 6-38 所示。

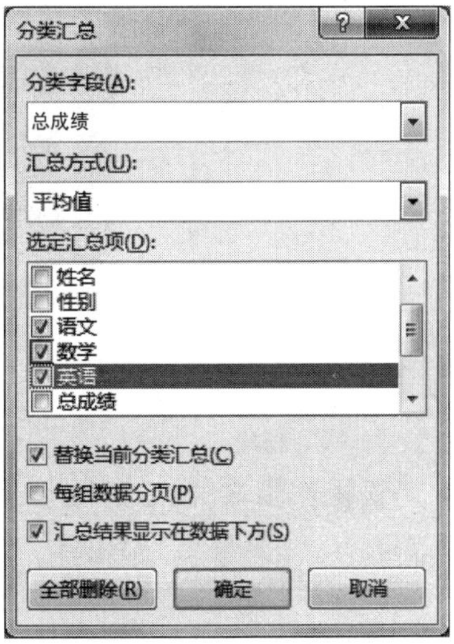

图 6-37 “分类汇总”对话框

5）数据透视表与数据透视图

打开“实验 6.2.1-素材.xlsx”工作表，为“学期总成绩”创建一个数据透视表和数据透视图，放在新的工作表中，命名为“数据透视表”。在数据透视表中汇总字段为按性别汇总各科成绩的平均分（保留两位小数），同时将班级作为“报表筛选字段”，结果如图 6-39 所示。

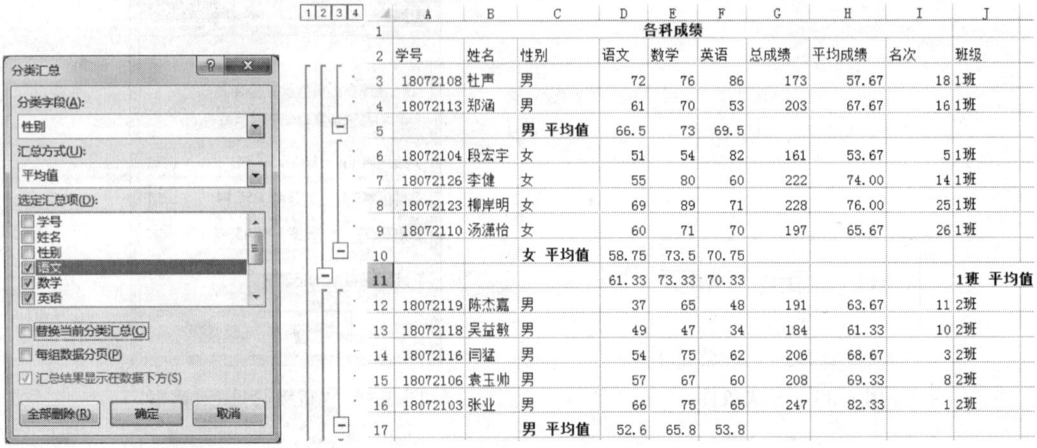

图 6-38　分类汇总嵌套

行标签	平均值项:语文	平均值项:数学	平均值项:英语
男	56.31	68.69	59.85
女	63.21	74.29	69.29
总计	**59.89**	**71.59**	**64.74**

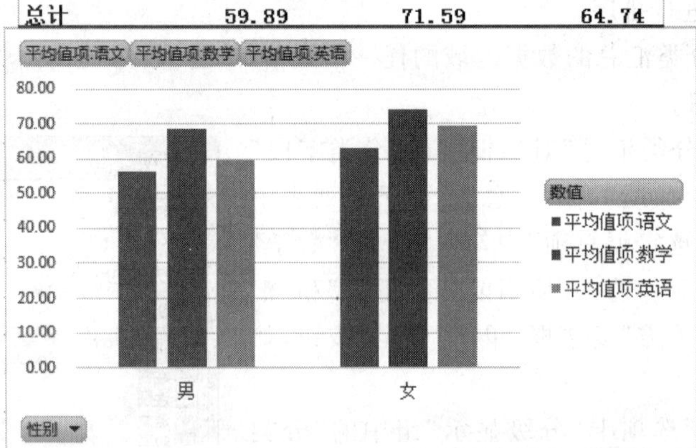

图 6-39　数据透视表和数据透视图

关键操作步骤讲解如下。

(1) 打开"实验 6.2.1-素材"工作簿,选中数据源。

(2) 选择"插入"菜单项,再选择"数据透视图"和"数据透视表"进行相应操作,如图 6-40 所示。

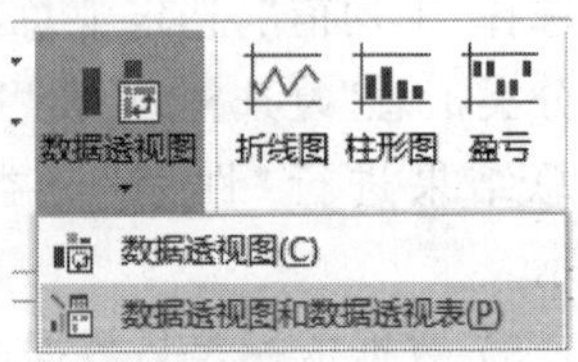

图 6-40　选择"数据透视图和数据透视表"

(3) 在"数据透视图字段"中,选择"性别""语文""数学""英语"字段,并进行设置,如图 6-41 所示。

(4) 选择"数字格式",弹出"设置单元格格式对话框",再选择"数值"选项,设置保留两位小数,即完成设置。

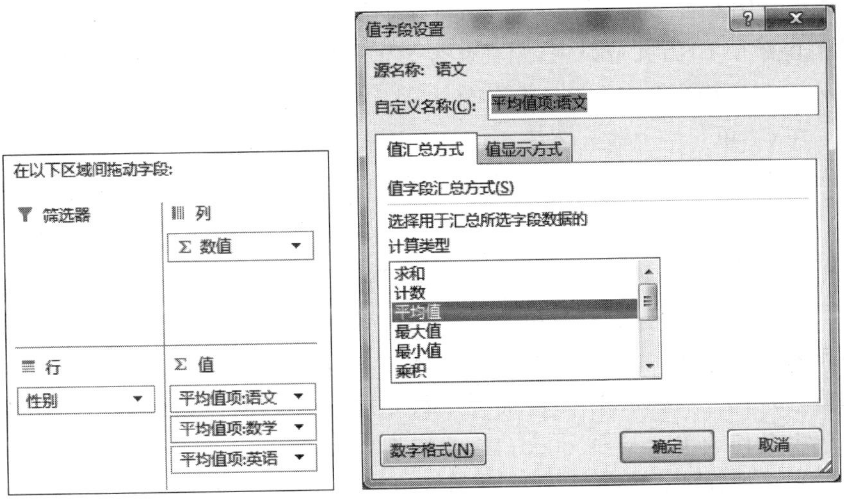

图 6-41 设置数据透视图中的字段

6.4 习题精解

1. 选择题

信息统计与分析习题精解选择题.pdf

2. 简答题

(1) 在 Excel 中,函数=SUM(10,MIN(15,MAX(2,1),3))的值是什么?

答案:12。

解析:此函数使用了求和函数 SUM、最大值函数 MAX、最小值函数 MIN。计算顺序为:

先计算 MAX(2,1)=2,然后计算 MIN(15,2,3)=2,最后计算 SUM(10,2)=12。

(2) 在某工作表的某一单元格中输入=LEFT(RIGHT("ABCDE123",6),3)后按 Enter 键,该单元格的显示结果是什么?

答案:CDE。

解析:LEFT 函数是左侧截取字符串函数,即从文本字符串最左边开始返回指定个数的字符。RIGHT 函数是右侧截取字符串函数,即从文本字符串最右边开始返回指定个数的字符。此函数首先计算 RIGHT("ABCDE123",6)=CDE123,然后计算 LEFT("CDE123",3)=CDE。

(3) 假设在图 6-42 所示工作表中,某单位的奖金是根据员工的销售额确定的,如果某员工的销售额在 10 万元或以上,则其奖金为销售额的 0.5%,否则为销售额的 0.1%。如何利用公式和函数计算奖金这一列的值?

答案:在 C2 单元格中输入公式=IF(B2>=100000,B2 * 0.5%,B2 * 0.1%),然后选中 C2 单元格,将光标移到单元格右下角,当光标变成十字时,单击并拖曳至 C4 单元格。

解析:题目要求不同的销售额奖金不同,所以使用 IF 函数。IF 函数的格式为 IF(logical_test,[value_if_true],[value_if_false]),第一个参数 logical_test 作为判断条件的任意值或表达式,第二个参数 value_if_true 是 logical_test 参数的计算结果为 true 时要返回的值,第三个参数 value_if_false 是 logical_test 参数的计算结果为 false 时要返回的值。此题中条件为 B2>=100000(B2 的值是否大于 100000),满足条件则计算 B2 * 0.5%,不满足条件则计算 B2 * 0.1%。在 C2 单元格输入公式后,剩余单元格可以进行自动填充。

(4) 在如图 6-43 所示工作表中,如果要计算工资为 800 元的员工的销售总额,应使用什么公式?

	A	B	C
1	姓名	销售额	奖金
2	张三	236720	
3	李四	9832	
4	王五	12982	

图 6-42　计算员工奖金(一)

	A	B	C
1	姓名	工资	销售额
2	张三	800	23571
3	李四	1000	29765
4	王五	800	16753

图 6-43　计算员工奖金(二)

答案:SUMIF(A2:A5,800,B2:B5)。

解析:题目中要求对工资为 800 元的员工的销售总额进行计算,所以使用条件求和 SUMIF 函数。此函数的格式为 SUMIF(range,criteria,[sum_range]),第一个参数 range 表示用于条件计算的单元格区域,第二个参数 criteria 表示求和的条件,第三个参数表示要求和的单元格。

(5) 在 Excel 中,B2 单元格的值为 2,C3 单元格的值为 3,其他单元格为空。在 D4 单元格中输入公式=B$2+C3,选中 D4 单元格向下拖曳进行自动填充,则单元格 D4、D5、D6、D7 的值分别是什么?

答案:D4 单元格值为 5,D5、D6、D7 单元格的值均为 2。

解析:D4 单元格的值=B$2+C3,即 B2 单元格的值+C3 单元格的值=5。D4 单元格中对第 2 行的引用是绝对引用,对 B、C 列和第 3 行的引用是相对引用。当由 D4 单元格向下进行填充时,列号不发生变化,相对引用的行号发生变化,绝对引用不变,所以在 D5 中的单元格公式为=B$2+C4,即 B2 单元格的值+C4 单元格的值,但 C4 单元格为空,则 D5 单元格的值为 2,D6、D7 单元格同理求得值均为 2。

6.5　综合任务

6.5.1　任务：验证开普勒第三定律

1. 任务目的

利用 Excel 表格进行数值计算。

2. 任务要求

(1) 通过上网收集资料，建立关于太阳系八大行星的数据表格，包括中文名称、英文名称、轨道长半轴、行星赤道半径、自转周期、公转周期、天然卫星数及密度。

(2) 通过以上数据计算各个行星的质量。

(3) 通过以上数据，验证开普勒第三定律(即所有行星的轨道半长轴的三次方与公转周期的二次方的比值都相等)的正确性。

3. 任务分析

本任务旨在考查利用 Excel 进行科学计算的能力。首先，通过访问相关的天文网站获得有关太阳系行星的准确数据。其次，利用已经学过的数学、物理学知识进行计算。计算时应注意各物理量的单位要一致。

4. 步骤提示

1) 建立太阳系八大行星的数据表

通过搜索引擎，查找有关太阳系八大行星的数据，建立如图 6-44 所示的数据表格。

注意：要学会分析和鉴别网上信息的可靠性，多访问一些类似网站，通过对比鉴别信息的真伪。

	A	B	C	D	E	F	G	H
1	太阳系行星数据表							
2	中文名称	英文名称	轨道长半轴(万千米)	行星半径(千米)	自转周期(太阳日)	公转周期(太阳日)	天然卫星数	密度(克/立方厘米)
3	水星	Mercury	5790	2440	58.653485	87.7	0	5.43
4	金星	Venus	10820	6051.9	243.02	224.701	0	5.24
5	地球	Earth	14960	6378.1	0.9973	365.2422	1	5.51
6	火星	Mars	22790	3398	1.026	686.98	2	3.94
7	木星	Jupiter	77830	71492	0.41	4332.71	66	1.31
8	土星	Saturn	142700	60268	0.426	10759.5	60	0.7
9	天王星	Uranus	288230	25559	0.646	30685	25	1.24
10	海王星	Neptune	452390	24788	0.658	60190	9	1.64

图 6-44　太阳系行星数据

2) 建立求行星质量的数学表达式

因为所有行星都近似球体，所以利用球的体积和密度相乘即可得出行星质量，表达式为

$m=pV=\rho\ \dfrac{4}{3}(\pi R^3)$，转化为 Excel 公式，步骤如下。

验证开普勒第三定律.mp4

(1) 在 I2 单元格输入"质量(吨)"。

(2) 在 I3 单元格，输入公式=H3 * ((4/3) * 3.1415926 * (D3 * 1000 * 100)^3)/1000/1000。

(3) 利用自动填充，计算出其他行星的质量，如图 6-45 所示。

太阳系行星数据表								
中文名称	英文名称	轨道长半轴（万千米）	行星半径（千米）	自转周期（太阳日）	公转周期（太阳日）	天然卫星数	密度（克/立方厘米）	质量（吨）
水星	Mercury	5790	2440	58.653485	87.7	0	5.43	3.30414E+20
金星	Venus	10820	6051.9	243.02	224.701	0	5.24	4.86514E+21
地球	Earth	14960	6378.1	0.9973	365.2422	1	5.51	5.98845E+21
火星	Mars	22790	3398	1.026	686.98	2	3.94	6.47523E+20
木星	Jupiter	77830	71492	0.41	4332.71	66	1.31	2.00508E+24
土星	Saturn	142700	60268	0.426	10759.5	60	0.7	6.4187E+23
天王星	Uranus	288230	25559	0.646	30685	25	1.24	8.67245E+22
海王星	Neptune	452390	24788	0.658	60190	9	1.64	1.0463E+23

图 6-45　计算各行星的质量

3) 验证开普勒定律

开普勒常数的数学表达式为 $K=R^3/T^2$，转化为 Excel 公式=C3^3/F3^2。在 J 列计算所有行星的开普勒常数。查看开普勒常数列，数值在误差范围内相等，从而验证了开普勒第三定律。任务结果如图 6-46 所示。

太阳系行星数据表									
中文名称	英文名称	轨道长半轴（万千米）	行星半径（千米）	自转周期（太阳日）	公转周期（太阳日）	天然卫星数	密度（克/立方厘米）	质量（吨）	开普勒常数
水星	Mercury	5790	2440	58.653485	87.7	0	5.43	3.30414E+20	25236928.92
金星	Venus	10820	6051.9	243.02	224.701	0	5.24	4.86514E+21	25088331.06
地球	Earth	14960	6378.1	0.9973	365.2422	1	5.51	5.98845E+21	25097639.71
火星	Mars	22790	3398	1.026	686.98	2	3.94	6.47523E+20	25080996.54
木星	Jupiter	77830	71492	0.41	4332.71	66	1.31	2.00508E+24	25114344.56
土星	Saturn	142700	60268	0.426	10759.5	60	0.7	6.4187E+23	25100810.19
天王星	Uranus	288230	25559	0.646	30685	25	1.24	8.67245E+22	25431108.45
海王星	Neptune	452390	24788	0.658	60190	9	1.64	1.0463E+23	25555848.36

图 6-46　太阳系行星数据表

6.5.2　任务：制作并打印工资条

1. 任务目的

掌握 Excel 公式与函数以及 Word 邮件合并功能。

2. 任务要求

(1) 用 Excel 制作工资单和工资条。

(2) 将工资条发送至每个人的邮箱。

3. 任务分析

本任务旨在考查综合运用 Word、Excel 和 Outlook 的能力。在批量制作信函、信封、邮件、标签时，可以使用 Word 的邮件合并功能。在本任务中，首先利用 Excel 制作工资表和工资条，然后利用 Word 邮件合并功能将每个人的工资条发送至邮箱。

4. 步骤提示

（1）制作人事档案信息有关步骤请参考实验 6.3.1。

（2）制作岗级津贴和个人所得税税率说明，结果可以参考图 6-47。

岗位津贴说明

岗级	岗位津贴
一级	4100
二级	3600
三级	3100
四级	2600
五级	2100
六级	1600

个人所得税税率表（工资、薪金所得适用）

个人所得税费用减除标准：3500

级数	全月应纳税所得额（含税级距）	税率%	速算扣除数
1	不超过1500元的	3%	0
2	超过1500元至4500元的部分	10%	105
3	超过4500元至9000元的部分	20%	555
4	超过9000元至35000元的部分	25%	1005
5	超过35000元至55000元的部分	30%	2755
6	超过55000元至80000元的部分	35%	5505
7	超过80000元的部分	45%	13505

制作并打印工资条.mp4

图 6-47　工资说明

（3）制作工资表。结果可参考图 6-48。

序号	时间	姓名	部门	岗位工资	薪级工资	职务补贴	绩效考核	补贴	岗位津贴	应发额	扣会费	扣公积金	扣医保	应缴税额	扣所得税	实发额	电子邮箱
0001	2013.01	王致远	信息技术系	1040	583	1240	400	656	4100	8019	8	986	164	3361	231.10	6,629.90	wangzhiyuan@163.com
0002	2013.01	林忠雨	信息技术系	850	613	1100	340	586	4100	7589	7	857	143	3082	203.20	6,378.80	linzhongyu@163.com
0003	2013.01	吕伟	信息技术系	680	233	960	300	531	3600	6304	4	706	118	1976	92.60	5,383.40	lvwei@163.com
0004	2013.01	赵永	信息技术系	680	233	960	300	491	3600	6264	4	610	102	2048	99.80	5,448.20	zhaoyong@163.com
0005	2013.01	郭晓晖	信息技术系	730	417	960	300	486	2600	5493	5	674	112	1202	36.06	4,665.94	guoxiaohui@163.com
0006	2013.01	钱锐	信息技术系	680	317	960	300	492	3600	6349	4	646	108	2091	104.10	5,486.90	qianrui@163.com
0007	2013.01	梁艳	信息技术系	680	295	960	300	486	2600	5321	4	712	119	986	29.58	4,456.42	liangyan@163.com
0008	2013.01	王求地	信息技术系	680	295	960	300	537	2100	4872	4	653	109	606	18.18	4,087.82	wangqiudi@163.com
0009	2013.01	钱军	信息技术系	620	215	960	260	448	3100	5603	4	627	105	1367	41.01	4,825.99	qianjun@163.com

图 6-48　工资表

步骤提示如下。

① 工资表中的“姓名”“部门”可以通过 VLOOKUP 函数在“人事档案信息”表中查找相应序号后自动填写。

② 计算相关数据。计算完第 1 行数据后进行自动填充即可。注意相对引用与绝对引用的使用。

③ 岗位津贴可以参照“工资说明”中的“岗位津贴说明”。在 J2 单元格中输入公式＝VLOOKUP(VLOOKUP(A2,人事档案信息！＄A＄3：＄O＄32,5,FALSE),说明！＄A＄4：＄B＄9,2,FALSE)。

④ 应发额＝岗位工资＋薪级工资＋职务补贴＋绩效考核＋补贴＋岗位津贴。在 K2 单元格中输入公式＝SUM(E2：J2)。

⑤ 应缴税额＝应发额－会费－公积金－医保－3500。在 O2 单元格中输入公式＝IF((K2－SUM(L2：N2)－3500)＜＝0,0,K2－SUM(L2：N2)－3500)。

注意：如果应缴税额小于 0，则记为 0。

税率参考“工资说明”中的“个人所得税税率表”。在 P2 单元格中输入公式＝IF(O2＜＝1500,O2 * 0.03,IF(O2＜＝4500,O2 * 0.1－105,IF(O2＜＝9000,

O2＊0.2－555,IF(O2＜＝35000,O2＊0.25－1005,IF(O2＜＝55000,O2＊0.3－2755,IF(O2＜＝80000,O2＊0.35－5505,O2＊0.45－13505))))))。

⑥ 实发额＝应发额－会费－公积金－医保－所得税。在 Q2 单元格中输入公式＝K2－L2－M2－N2－P2。

(4) 制作打印工资条。制作出的工资条可参考图 6-49 所示。

序号	时间	姓名	部门	岗位工资	薪级工资	职务补贴	绩效考核	补贴	岗位津贴	应发额	扣会费	扣公积金	扣医保	应缴税额	扣所得税	实发额
0001	2013.01	王致远	信息技术系	1040	583	1240	400	656	4100	8019	8	986	164	3361	231.10	6629.90

序号	时间	姓名	部门	岗位工资	薪级工资	职务补贴	绩效考核	补贴	岗位津贴	应发额	扣会费	扣公积金	扣医保	应缴税额	扣所得税	实发额
0002	2013.01	林忠雨	信息技术系	850	613	1100	340	586	4100	7589	7	857	143	3082	203.20	6378.80

序号	时间	姓名	部门	岗位工资	薪级工资	职务补贴	绩效考核	补贴	岗位津贴	应发额	扣会费	扣公积金	扣医保	应缴税额	扣所得税	实发额
0003	2013.01	吕伟	信息技术系	680	233	960	300	531	3600	6304	4	706	118	1976	92.60	5383.40

序号	时间	姓名	部门	岗位工资	薪级工资	职务补贴	绩效考核	补贴	岗位津贴	应发额	扣会费	扣公积金	扣医保	应缴税额	扣所得税	实发额
0004	2013.01	赵永	信息技术系	680	233	960	300	491	3600	6264	4	610	102	2048	99.80	5448.20

序号	时间	姓名	部门	岗位工资	薪级工资	职务补贴	绩效考核	补贴	岗位津贴	应发额	扣会费	扣公积金	扣医保	应缴税额	扣所得税	实发额
0005	2013.01	郭晓晖	信息技术系	730	417	960	300	486	2600	5493	5	674	112	1202	36.06	4665.94

图 6-49 工资条

由图 6-49 可知,每个人的工资条需要三行,第一行是工资项目(及工资表的表头),第二行是对应的工资数据,第三行是空行(为方便切割)。每一页需要打印多人的工资条。

可以利用 Excel 的函数将工资表转换为工资条,步骤如下。

① 新建工作表"工资条"。选定"工资条"工作表,单击 A1 单元格。

② 在 A1 单元格中输入公式＝IF(MOD(ROW( ),3)＝0,"",IF(MOD(ROW( ),3)＝1,工资表!A$1,INDEX(工资表! $1:$31,(ROW( )＋4)/3,COLUMN( ))))。向右进行自动填充,向下自动填充两行,第一个人的工资条制作完成。

函数说明:ROW( )返回当前单元格的行号;COLUMN( )返回当前单元格的列号;INDEX( )返回数组中指定的单元格或单元格数组的数值。

函数 MOD(ROW( ),3)的值是该单元格所在行被 3 除的余数。如果余数是 0,此行为标题行,单元格显示工资表!A$1 中的值;如果余数是 1,此行为数据行,单元格显示 INDEX(工资表! $1:$31,(ROW( )＋4)/3,COLUMN( )))的值,如工资条中的 A2、A5、A8…单元格的值正好是工资表中 A2、A3、A4…单元格的值。如果余数是 2,此行为空行。

③ 对前三行的单元格进行格式设置,然后选中前三行,向下进行自动填充,完成整个工资表的制作。

思考:*是否还有其他方法可以将工资表转换为工资条。*

(5) 利用邮件合并功能发送工资条至个人邮箱。电子工资条是一种新生工资条形式,主要以电子邮件、手机短信、Web 页面为载体,操作简单方便,保密性好,是网络技术发展的结果,必将取代传统纸质工资条。

可以利用 Word 中的邮件合并功能将每个人的工资条发至个人邮箱,步骤可以参考第 5 单元的综合任务 5.5.3,邮件合并时使用的文档类型选择"电子邮件"。

注意：由于 Word 和 Excel 对数字格式的处理方式不一致，在合并后的 Word 中，会出现小数点后有很多位的情况。此时可以在数字处右击，从弹出的快捷菜单中选择“切换域代码”命令，数字会变成域代码的形式，如{MERGEFIELD"扣所得税"}，修改为{MERGEFIELD"扣所得税"\#"0.00"}，再右击，选择“更新域”命令即可。

5. 任务结果

任务结果如图 6-50 所示。

王致远，您好！

您 2013 年 1 月的工资详情如下：

姓名	部门	岗位工资	薪级工资	职务补贴	绩效考核	补贴	岗位津贴	应发额	扣会费	扣公积金	扣医保	扣所得税	实发额
王致远	信息技术系	1040	583	1240	400	656	4100	8019	8	986	164	231.10	6629.90

感谢您对单位做出的贡献与努力，祝您工作顺利。

如有疑问，请咨询人事处，联系电话：010-66666666。

人事处
2013 年 1 月 1 日

图 6-50　邮件内容

6.5.3　任务：数据验证（数据有效性）的使用

1. 任务目的

根据具体任务，掌握 Excel 正确录入数据的方法。

2. 任务要求

（1）制作教材发行情况一览表。
（2）根据具体任务计算总码洋。

3. 任务分析

本任务旨在考查 Excel 数据有效性验证的能力。首先需要正确录入数据，然后利用公式对总码洋分析计算并设置数据格式。

4. 步骤提示

（1）启动 Excel，制作教材发行情况一览表。

（2）数据有效性验证。选中 C4 单元格，选择“数据”选项卡中的“数据验证”命令。在如图 6-51 所示“数据验证”对话框的“设置”选项卡下，“允许”下拉列表中选择“小数”选项；在“数据”下拉列表中选择“等于”选项；在“数值”文本框中输入 35。

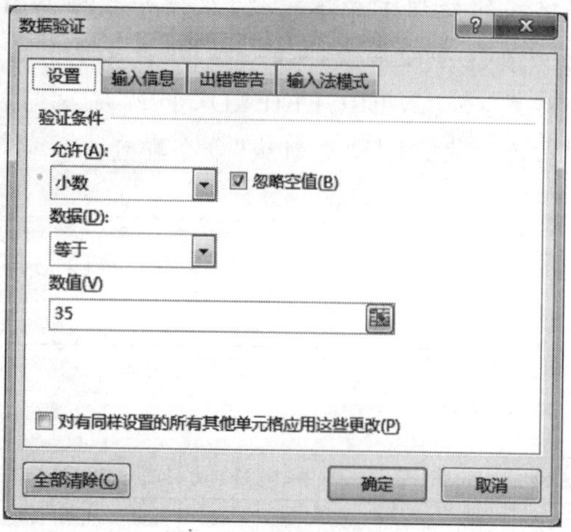

图 6-51 “数据验证”对话框

数据验证(数据有效性)的使用.mp4

(3) 根据工作表中的数据,在 C4 单元格内输入数据 35,数据格式与该列其他数值的格式为##.00(如:35.00),如图 6-52 所示。

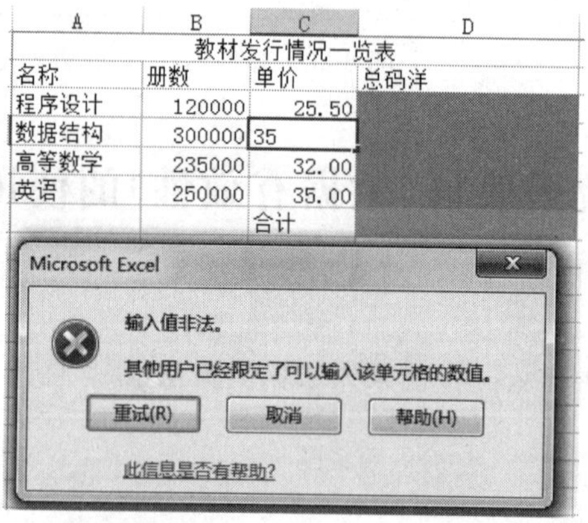

图 6-52 输入数据

(4) 将所有数据复制到工作表 Sheet2 的相应单元格,并以“总码洋”为关键字,递增排序。

(5) 存盘退出 Excel。

5. 任务结果

任务结果如图 6-53 所示。

	A	B	C	D
1	教材发行情况一览表			
2	名称	册数	单价	总码洋
3	程序设计	120000	25.50	¥ 3,060,000.00
4	高等数学	235000	32.00	¥ 7,520,000.00
5	英语	250000	35.00	¥ 8,750,000.00
6	数据结构	300000	35.00	¥ 10,500,000.00
7			合计	¥ 29,830,000.00

图 6-53 教材发行情况一览表

6.5.4　任务：学生五级制成绩转换方法

1. 任务目的

掌握 Excel 中 IF 函数、IF 函数嵌套使用的方法以及 COUNTIF、COUNTA 等函数的应用。

2. 任务要求

(1) 制作本班学生成绩数据表。
(2) 掌握公式的综合应用和公式自动填充。

3. 任务分析

本任务旨在考查 Excel 公式综合应用的能力。首先，需要设计本班学生成绩数据表样式，然后根据公式求总分，用 IF 函数求出优秀学生，再用 IF 函数嵌套的使用方法，求出该学生相应的五级制成绩，最后调用函数求出本班的优秀率进行统计分析。

4. 步骤提示

(1) 启动 Excel，制作本班学生成绩数据表，对录入的数据进行有效性验证，确保录入的成绩在 0～100 分，否则视为无效成绩。

(2) 根据公式求总分，其计算公式为总分＝平时×30％＋期末×70％，结果保留一位小数。

(3) 用 IF 函数，求出优秀学生。若总分＞＝90 分，则评为优秀学生。例如，根据公式 IF(D2＞＝90,"优秀","")，求出第一位同学王伟是否为优秀学生，其余同学根据公式自动填充。

(4) 用 IF 函数嵌套的使用方法，求出该学生相应的五级制成绩。若总分＞＝90 分，则评为优秀学生；若总分＞＝80 分，则评为良好学生；若总分＞＝70 分，则评为中等学生；若总分＞＝60 分，则评为及格学生；若总分＜60 分，则评为不及格学生。例如，根据公式＝IF(D2＞＝90,"优秀",IF(D2＞＝80,"良好",IF(D2＞＝70,"中等",IF(D2＞＝60,"及格","不及格"))))，求出第一位同学王伟的五级制成绩，其余同学成绩根据公式自动填充。

(5) 求出本班的优秀率(优秀率＝优秀人数/总人数)。
(6) 操作提示：＝COUNTIF(E2：E11,"优秀")/COUNTA(A2：A11)。
(7) 存盘退出 Excel。

5. 任务结果

任务结果如图 6-54 所示。

学生五级制成绩转换方法.mp4

	A	B	C	D	E	F	G
1	姓名	平时	期末	总分	总评	五级制	优秀率
2	王伟	78	80	79.4		中等	
3	李博豆	89	76	79.9		中等	
4	程霞	79	75	76.2		中等	
5	马宏	90	62	70.4		中等	
6	李文玫	96	95	95.3	优秀	优秀	10%
7	丁虎平	69	74	72.5		中等	
8	张珊	60	78	72.6		中等	
9	柳萍	72	97	89.5		良好	
10	张一栋	65	68	67.1		及格	
11	李斯	56	59	58.1		不及格	

图 6-54 学生成绩数据表

6.5.5 任务：创建与使用 Excel 2013 图表模板

1. 任务目的

掌握 Excel 图表模板的创建与保存方法，以及调用自定义的图表模板和修改图表模板等操作。

创建与使用 Excel 2013 图表模板.mp4

2. 任务要求

(1) 制作本班学生考勤跟踪表。
(2) 绘制"簇状柱形图"图表。
(3) 另存为 Excel 模板。
(4) 修改 Excel 模板。
(5) 保存实用、美观的本班学生考勤跟踪表。

3. 任务分析

本任务旨在考查 Excel 图表模板创建与保存的应用能力。首先，需要制作本班学生考勤跟踪表，其次，绘制"簇状柱形图"图表对学生请假情况进行统计分析；最后，保存为 Excel 模板形式，以便其他系别可以调用和修改该模板。

4. 步骤提示

(1) 启动 Excel，制作本班学生考勤跟踪表，汇总周一至周五的考勤情况，并统计出事假和病假的天数，如图 6-55 所示。

(2) 绘制"簇状柱形图"图表。选中姓名、事假和病假三列数据，统计学生请假情况。

(3) 另存为 Excel 模板。例如，命名为"综合任务 6.5.5 创建与使用 Excel 2013 图表模板.xltx"。

(4) 修改 Excel 模板。操作提示：调用自定义的 Excel 模板，如图 6-56 所示。

(5) 在模板的"姓名"列前插入"系别"列。

(6) 存盘退出 Excel。

5. 任务结果

学生考勤结果如图 6-57 所示。

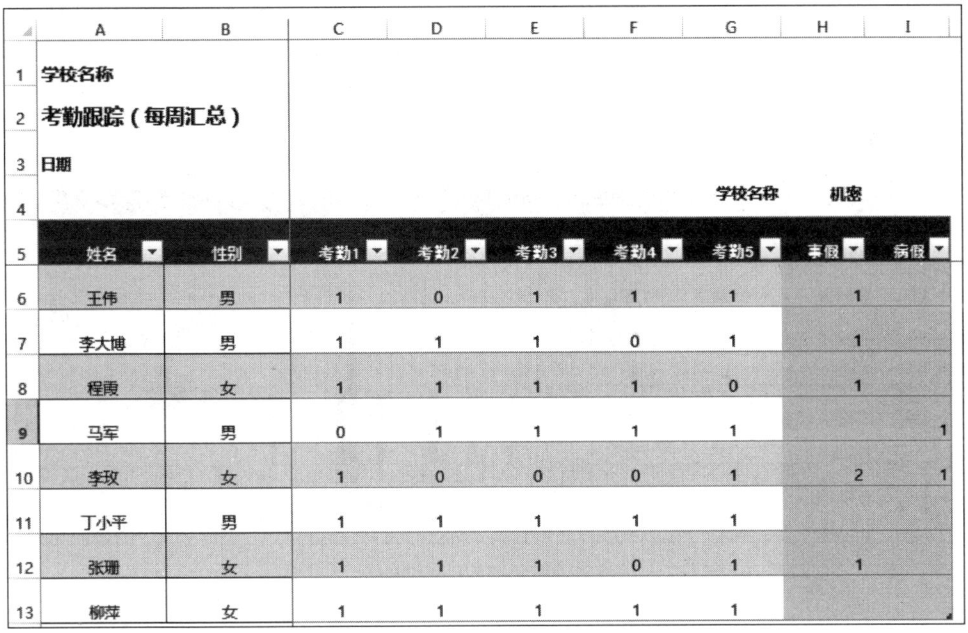

学校名称

考勤跟踪（每周汇总）

日期

学校名称　机密

姓名	性别	考勤1	考勤2	考勤3	考勤4	考勤5	事假	病假
王伟	男	1	0	1	1	1	1	
李大博	男	1	1	1	0	1	1	
程雨	女	1	1	1	1	0	1	
马军	男	0	1	1	1	1		1
李玫	女	1	0	0	0	1	2	1
丁小平	男	1	1	1	1	1		
张珊	女	1	1	1	0	1	1	
柳萍	女	1	1	1	1	1		

图 6-55　考勤记录表

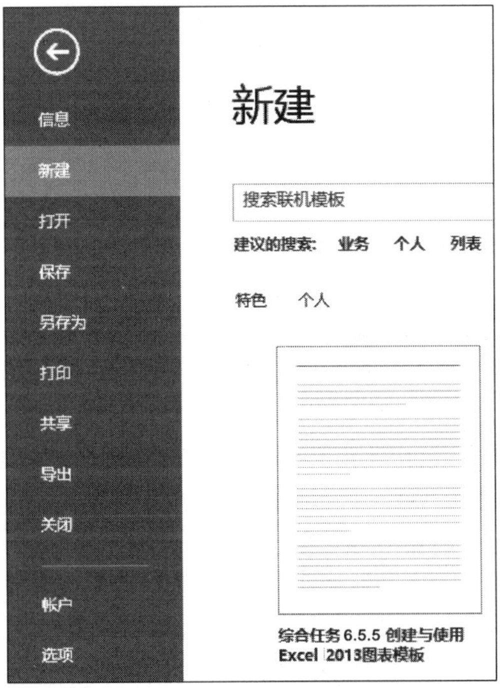

图 6-56　自定义 Excel 模板

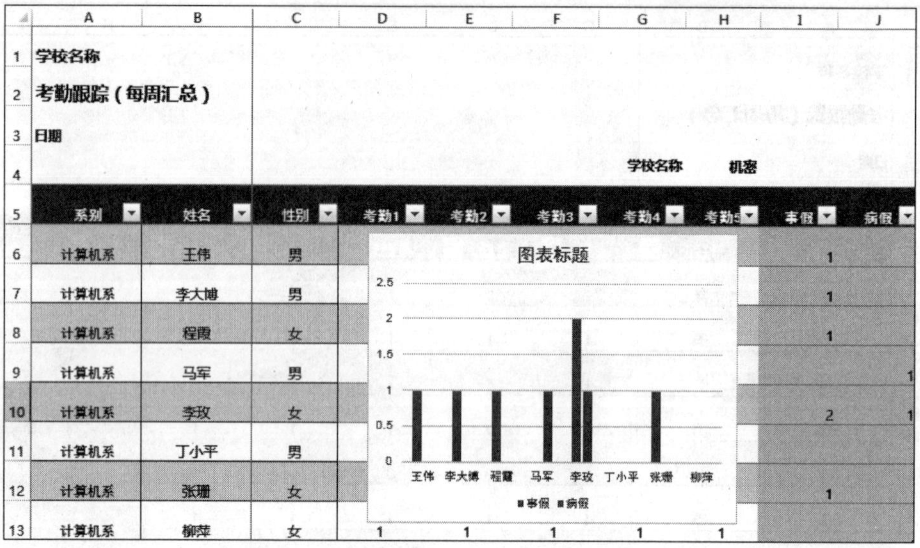

图 6-57　学生考勤结果

6.6　考 证 辅 导

1. 全国计算机等级考试考证辅导

1）考试要求

一级考试的基本要求为：了解电子表格软件的基础知识，掌握电子表格软件 Excel 的基本操作和应用。

一级考试的考试内容如下。

（1）电子表格的基本概念和基本功能，Excel 的基本功能、运行环境、启动和退出。

（2）工作簿和工作表的基本概念和基本操作，工作簿和工作表的建立、保存和退出；数据输入和编辑；工作表和单元格的选定、插入、删除、复制、移动；工作表的重命名和工作表窗口的拆分和冻结。

（3）工作表的格式化，包括设置单元格格式、设置列宽和行高、设置条件格式、使用样式、自动套用模式和使用模板等。

（4）单元格绝对地址和相对地址的概念，工作表中公式的输入和复制，常用函数的使用。

（5）图表的建立、编辑、修改以及修饰。

（6）数据清单的概念，数据清单的建立，数据清单内容的排序、筛选、分类汇总，数据合并，数据透视表的建立。

（7）工作表的页面设置、打印预览和打印，工作表中链接的建立。

（8）保护和隐藏工作簿和工作表。

二级考试的基本要求为：掌握 Excel 的操作技能，并熟练应用进行数据计算及分析。

二级考试的考试内容如下。

(1) Excel 的基本功能，工作簿和工作表的基本操作，工作视图的控制。

(2) 工作表数据的输入、编辑和修改。

(3) 单元格格式化操作、数据格式的设置。

(4) 工作簿和工作表的保护、共享及修订。

(5) 单元格的引用、公式和函数的使用。

(6) 多个工作表的联动操作。

(7) 迷你图和图标的创建、编辑与修饰。

(8) 数据的排序、筛选、分类汇总、分组显示和合并计算。

(9) 数据透视表和数据透视图的使用。

(10) 数据模拟分析和运算。

(11) 宏功能的简单使用。

(12) 获取外部数据并分析处理。

(13) 分析数据素材，并根据需求提取相关信息引用到 Excel 文档中。

2) 模拟练习

(1) 按要求完成下列操作。

① 打开工作簿文件“练习 6.1-素材.xlsx”，将工作表 Sheet1 的 A1：D1 单元格合并为一个单元格，内容水平居中，计算“增长比例”列的内容，增长比例=(当年数量－去年数量)/去年数量，将工作表命名为“书籍统计表”。

② 选取“书籍统计表”的“书籍类别”列和“增长比例”列的单元格内容，建立“簇状圆锥图”，X 轴上的项为专业名称，图表标题为“书籍数量情况图”，插入表的 A9：D20 单元格区域内。

(2) 按要求完成下列操作。

小王是一位中学教师，在教务处负责初二年级学生成绩管理。由于学校地处偏远地区，缺乏必要的教学设施，只有一台配置不太高的 PC 可以使用。他在这台 PC 中安装了 Microsoft Office，决定通过 Excel 管理学生成绩，以弥补学校缺少数据库管理系统的不足。

现在，第一学期期末考试刚刚结束，小王老师初二年级两个班的成绩均录入了文件名为“练习 6.2-素材”的 Excel 工作簿文档中。

请根据下列要求帮助小王老师对该成绩单进行整理和分析。

① 对工作表“第一学期期末成绩”中的数据列表进行格式化操作，将第一列“学号”列设为文本，将所有成绩列设为保留两位小数的数值；将字体设置为黑体，14 磅，居中对齐，所有成绩数据设置为水平居中，设置底纹颜色为黄色。

② 利用“条件格式”功能进行下列设置：将语文、数学、英语三科中不低于 110 分的成绩所在单元格以一种颜色填充，其他四科中高于 95 分的成绩以另外一种颜色的字体标出，所用颜色深浅以不遮挡数据为宜。

③ 通过函数计算第一个学生的总分及平均分，以公式复制的形式得到其他人的总分

及平均分。

④ 从左往右数,“学号”列的第 1、2 位代表学生所在年级,第 3、4 位代表学生所在班级,第 5、6 位代表学生所在本班的编号,例如 130101,代表 13 级 1 班 1 号。请通过函数抽取每个学生所在的班级并按下列对应关系填写在“班级”对应列中,例如:

“学号”的 3、4 位	对应班级
01	1 班
02	2 班

⑤ 复制工作表“第一学期期末成绩”,将副本放置到原表的右侧;将本表标签的颜色改为深红色,并将副本重新命名,新表名需包含“分类汇总”字样。

⑥ 通过分类汇总功能求出每个班各科的平均成绩,并将每组结果分页显示。

⑦ 以分类汇总结果为基础,创建一个簇状柱形图,对每个班各科平均成绩进行比较,并将该图表放置在一个新工作表中。

2. 全国计算机信息高新技术考试考证辅导

1) 考试要求

(1) 工作表的行、列操作:插入、删除、移动行或列,设置行高和列宽,移动单元格区域。

(2) 设置单元格格式:设置单元格或单元格区域的字体、字号、字形、字体颜色,底纹和边框线,对齐方式,数字格式。

(3) 为工作表插入批注:为指定单元格添加批注。

(4) 多工作表操作:将现有工作表复制到指定工作中,重命名工作表。

(5) 工作表的打印设置:设置打印区域、打印标题。

(6) 建立公式:利用建立公式程序建立指定的公式。

(7) 建立图表:使用指定的数据建立指定类型的图表,并对图表进行必要的设置。

(8) 公式、函数的应用:应用公式或函数计算数据的总和、平均值、最大值、最小值或指定的运算内容。

(9) 数据的管理:对指定的数据排序、筛选、合并计算、分类汇总。

(10) 数据分析:为指定的数据建立数据透视表。

(11) 文本与表格间的相互转换:在字表处理程序中,按要求将表格转换为文本,或将文本转换为表格。

(12) 录制新宏:在电子表格程序中,录制指定的宏。

(13) 邮件合并:创建主控文档,获取并引用数据源,合并数据和文档。

2) 模拟练习

(1) 电子表格的基本操作。在 Excel 2013 中打开文件“练习 6.3-素材.xlsx”,并按下列要求进行操作。

① 设置工作表及表格,结果如图 6-58 所示。

a. 工作表的基本操作。

将 Sheet1 工作表中的所有内容复制到 Sheet2 工作表中,并将 Sheet2 工作表重命名为“销售情况表”,将此工作表标签的颜色设置为标准色中的“黄色”;在标题行下方插入

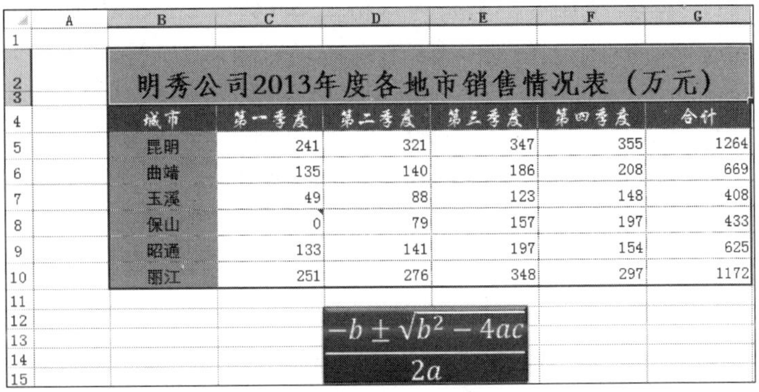

	A	B	C	D	E	F	G
1							
2 3		明秀公司2013年度各地市销售情况表（万元）					
4		城市	第一季度	第二季度	第三季度	第四季度	合计
5		昆明	241	321	347	355	1264
6		曲靖	135	140	186	208	669
7		玉溪	49	88	123	148	408
8		保山	0	79	157	197	433
9		昭通	133	141	197	154	625
10		丽江	251	276	348	297	1172
11							
12–15				$\frac{-b\pm\sqrt{b^2-4ac}}{2a}$			

图 6-58　单元格格式设置样文

一个空行，并设置行高为 10；将 B2：G10 列宽设置为 12；将“昆明”一行移至“曲靖”一行的上方；完成本题后续操作步骤后再删除第 A 列(空列)。

b. 单元格格式的设置。

- 在“销售情况表”工作表中，将单元格区域 B2：G3 合并后居中，字体设置为华文仿宋、20 磅、加粗，并为标题行填充天蓝色(RGB：146，205，220)底纹。
- 将单元格区域 B4：G4 的字体设置为华文行楷、14 磅、白色，文本对齐方式为居中，为其填充红色(RGB：200，100，100)底纹。
- 将单元格区域 B5：G10 的字体设置为华文细黑、12 磅，文本对齐方式为居中，为其填充玫瑰红色(RGB：230，175，175)底纹，并将其外边框设置为粗实线，内部框线设置为虚线，颜色均为深红色。

c. 表格的插入设置。

- 在“销售情况表”工作表中，为 0(C8)单元格插入批注“该季度没有进入市场”。
- 在“销售情况表”工作表中表格的下方建立“常用根式”公式 $\frac{-b\pm\sqrt{b^2-4ac}}{2a}$，并为其应用“强烈效果-蓝色，强调颜色 1”的形状样式，字体设置为 12 磅；放置于 D12：E15。

② 建立图表，结果如图 6-59 所示。

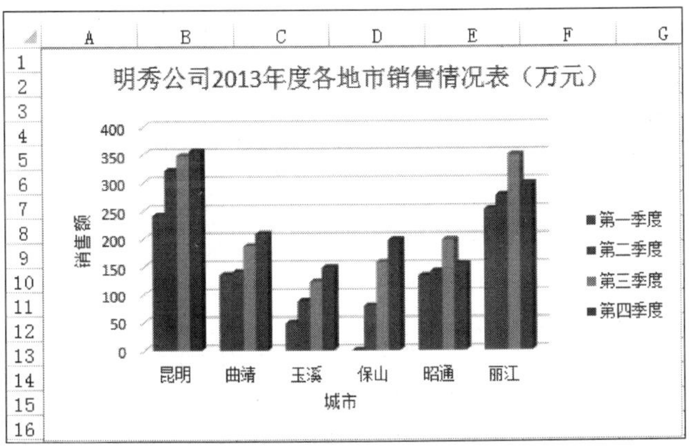

图 6-59　销售情况表

a. 使用“销售情况表”工作表中的相关数据在 Sheet3 工作表中创建一个三维簇状柱形图。

b. 按图 6-55 所示为图表添加图表标题及坐标标题。

③ 工作表的打印设置。

a. 在“销售情况表”工作表第 8 行的上方插入分页符。

b. 设置表格的标题行为顶端打印标题，打印区域为单元格区域 A1：G16，设置完成后进行打印预览。

(2) 电子表格的数据处理。

打开文件“练习 6.4-素材.xlsx”，按下列要求操作。

① 数据的查找与替换：在 Sheet1 工作表中查找出所有的数值 88，并将其全部替换为 80。

② 公式、函数的应用：使用 Sheet1 工作表中的数据，应用函数公式统计出各班的总分，并计算各科平均分，结果分别填写在相应的单元格中。

③ 基本数据分析。

- 数据排序及条件格式的应用：按图 6-60 所示，使用 Sheet2 工作表中的数据，以“总分”为主要关键字，“数学”为次要关键字进行升序排序，并对相关数据应用“图标集”中“四等级”的条件格式，实现数据的可视化效果。

	A	B	C	D	E	F	G
1	江北中学高三考试成绩表						
2	姓名	班级	语文	数学	英语	政治	总分
3	曹行	高三（一）	87	60	86	65	298
4	吴适	高三（二）	90	65	80	76	311
5	张新华	高三（四）	73	69	94	77	313
6	刘浩	高三（四）	92	81	73	69	315
7	李明	高三（三）	68	62	91	95	316
8	郑文文	高三（一）	75	77	90	75	317
9	王洪	高三（四）	69	97	83	76	325
10	赵瑞	高三（二）	79	83	89	80	331
11	高新民	高三（三）	89	81	84	80	334
12	周凯	高三（三）	99	79	82	76	336
13	徐玉	高三（二）	78	94	87	80	339
14	钱明	高三（四）	94	93	92	87	366
15	各科平均分		82.8	78.4	85.9	78.0	

图 6-60　成绩表样表

- 数据筛选：按图 6-61 所示，使用 Sheet3 工作表中的数据，筛选出各科分数均大于或等于 80 的记录。

	A	B	C	D	E	F	G
1	江北中学高三考试成绩表						
2	姓名	班级	语文	数学	英语	政治	总分
3	曹行	高三（-					298
11	高新民	高三（三）	89	81	84	80	334
14	钱明	高三（四）	94	93	92	87	366

图 6-61　经过筛选的成绩表

- 合并计算：按图 6-62 所示，使用 Sheet4 工作表中的数据，在“各班各科平均成绩表”的表格中进行求“平均值”的合并计算操作。
- 分类汇总：使用 Sheet5 工作表中的数据，以“班级”为分类字段，对各科成绩进行

	A	B	C	D	E
1	各班各科平均成绩表				
2	班级	语文	数学	英语	政治
3	高三（一）班	76.0	76.0	91.5	78.5
4	高三（二）班	84.3	85.0	85.0	79.7
5	高三（三）班	83.7	72.7	86.7	73.3
6	高三（四）班	84.3	79.0	83.3	80.0

图 6-62 合并计算结果

"平均值"的分类汇总。

- 数据的透视分析：使用"数据源"工作表中的数据，以"班级"为报表筛选项，以"日期"为行标签，以"姓名"为列标签，以"迟到"为计数项，从 Sheet6 工作表的 A1 单元格起建立数据透视表。

(3) Word 与 Excel 进阶。

打开"练习 6.5-素材.docx"文件，按下列要求操作。

① 选择性粘贴。在 Excel 2013 中打开文件 TF8-1A.xlsx，将工作表中的表格以"Microsoft Excel 工作表对象"的形式粘贴至 A8.docx 文档中标题"恒大中学 2010 年秋季招生收费标准(元)"的下方，结果如图 6-63 所示。

恒大中学 2010 年秋季招生收费标准（元）

学部	学费	书费	服装费	降温取暖费	伙食费	合计
小学全年	5000	150	200	150	1600	7100
小学半年	2500	75	200	75	800	3650
初中全年	5800	400	300	150		6650
初中半年	2900	200	300	75		3475
高中全年	5000	400	300	150		5850
高中半年	2500	200	300	75		3075

图 6-63 数据粘贴

② 文本与表格间的相互转换。按图 6-64 所示，将"恒大中学各地招生站及联系方式"下的文本转换成 3 列 7 行的表格形式，固定列宽为 4 厘米，文字分隔位置为制表符；为表格自动套用"中等深浅底纹 1-强调文字颜色 4"的表格样式，表格对齐方式为居中。

恒大中学各地招生站及联系方式

招生站	地址	联系电话
川汇区	永安大厦 505 室	8286176
郸城	烟草宾馆 205 室	3218755
沈丘	良友宾馆 201 室	5102955
商水	烟草宾馆 302 室	5455469
西华	箕城宾馆 102 室	2531717
太康	县委招待所 212 室	6827309

图 6-64 恒大中学各地招生站及联系方式

③ 录制新宏。

- 在 Excel 2013 中新建一个文件，在该文件中创建一个名为 A8A 的宏，将宏保存在当前工作簿中，用 Ctrl+Shift+F 作为快捷键，功能为在选定单元格内填入 5+7*20 的结果。

- 完成以上操作后,将该文件以“启用宏的工作簿”类型保存至考生文件夹中。

④ 邮件合并。

- 在 Word 2013 中打开文件 TF8-1B. docx,以 A8-B. docx 为文件名保存至考生文件夹中。
- 选择“信函”文档类型,使用当前文档,将文件 TF8-1C. xlsx 中的数据作为收件人信息,进行邮件合并,结果如图 6-65 所示。

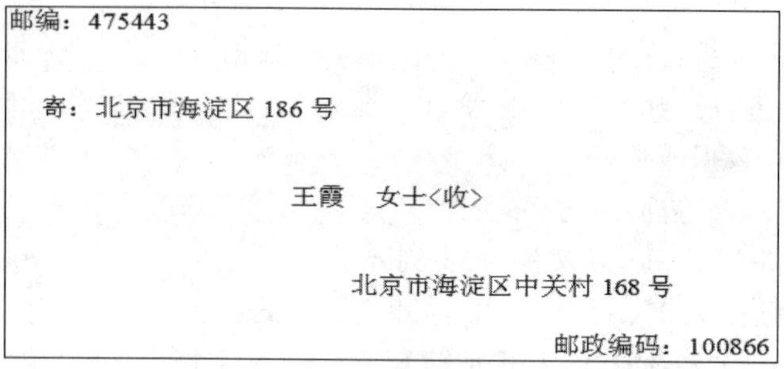

图 6-65　邮件信封

- 将邮件合并的结果以 A8-C. docx 为文件名保存至考生文件夹中。

第7单元　多媒体信息处理

多媒体技术的出现,使计算机的应用变得更加丰富多彩。近年来,以计算机多媒体技术为核心发展起来的数字图像处理技术、数字影音技术、计算机游戏技术、动画技术的应用,对人们的工作、学习和生活产生了越来越大的影响。本单元的学习旨在帮助大家了解多媒体的基本概念、掌握常见的多媒体素材的获取和查看、编辑的简单方法,及视频的编辑。

学习目标

(1) 了解多媒体的概念。

(2) 掌握音频素材获取和播放的方法。

(3) 掌握图形图像素材获取和查看的方法。

(4) 掌握视频的播放和剪辑的方法。

7.1　能力自测

1. 知识水平测评

在20分钟内回答下列问题。

(1) 请列举你曾经使用过的多媒体图像处理软件。

(2) 请列举你知道的一些多媒体动画技术的应用。

2. 技能水平测评

(1) 利用Photoshop软件对所给素材图片进行处理。

① 将图片垂直旋转90°。

② 消除图片中人物的红眼。

③ 修剪图片背景中多余的人物。

④ 将图片进行艺术化处理。

⑤ 将处理完的图片保存为PSD格式。

(2) 从网上下载10首自己喜欢的歌曲,使用Winamp软件播放。

(3) 将处理后的图片和歌曲,利用软件进行合成。

7.2 学习指南

1. 知识要点

多媒体信息处理知识要点.pdf

2. 技能指南

1）音频获取

音频的获取方式主要有自行录制、网络下载和素材库三种。

(1) 自行录制。执行“开始”|“所有程序”|“附件”|“录音机”命令,启动“录音机”程序即可录制音频。

(2) 网络下载。打开百度搜索引擎,选择“音乐”选项,输入关键字,如“背景音乐”,单击“百度一下”按钮,可进行素材试听并下载。

(3) 素材库。可以从素材库中查找和下载音频素材。

2）图形图像获取

可通过网络下载、抓图软件抓图、扫描仪扫描、手机(相机、摄像机)、专用摄像机、摄像头、航空拍摄等方法获取图形图像。

使用扫描仪扫描时,应先按正确方法连接扫描仪,并根据需要安装驱动程序,然后通过 Windows 7 操作系统自带的画图程序,执行“文件”|“从扫描仪或相机”命令,打开如图 7-1 所示的扫描对话框,根据需要操作即可。

3）视频的获取

根据设备及软件的不同,有导入视频光盘中的视频素材、通过网络下载、利用视频编辑软件制作、利用手机(数码相机、数码摄像机)录制等多种获取视频的方式。

使用 Windows Live 影音制作截取视频时,执行“开始”|“所有程序”|Windows Live|“Windows Live 影音制作”命令,即可启动“Windows Live 影音制作”程序,然后按需要进行操作即可。

4）光盘刻录

要将数据文件刻录成光盘存储,首先要选择带有刻录功能光驱的计算机。在 Windows 7 操作系统中,可以直接使用系统自带的光盘刻录功能,也可使用专业的刻录软件。刻录软件有很多,主要涵盖了数据刻录、影音光盘制作、音乐光盘制作、音视频编辑以及光盘备份与复制。Nero 就是一款功能强大的刻录软件,支持多种刻录格式和完善的刻录功能,可以自由创建、翻录、复制、刻录、编辑、共享和上传各种数字文件,如音乐、视频、照片等。

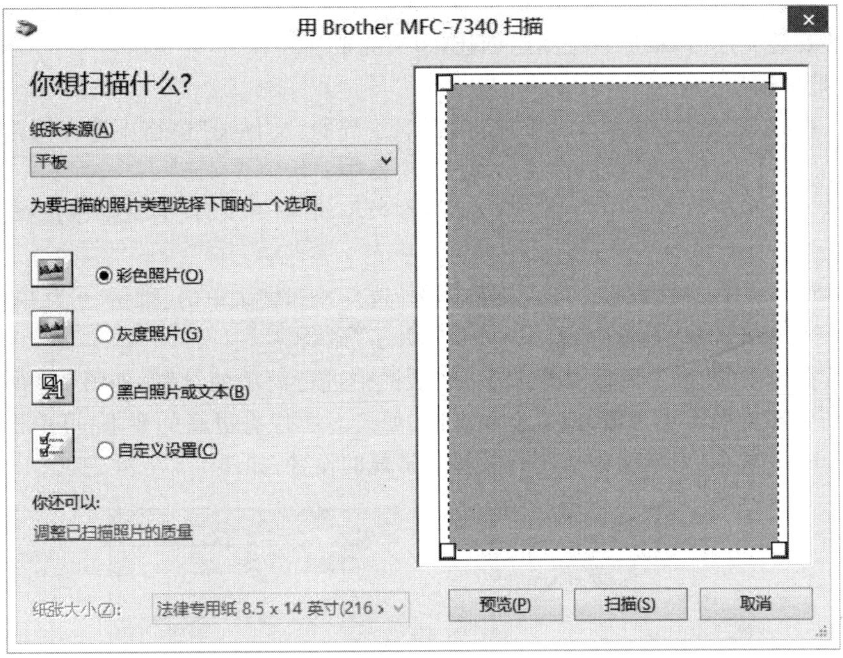

图 7-1　扫描图像

7.3 实验指导

实验：下载、安装并使用看图软件

1. 实验目的

以 ACDSee 为例，掌握看图软件的安装、下载和使用方法。

2. 实验内容

(1) 下载和安装 ACDSee 软件。
(2) 利用 ACDSee 批量调整图像大小。
(3) 利用 ACDSee 批量重命名图像。
(4) 对图像文件进行批量格式转换。
(5) 卸载 ACDSee 软件。

3. 实验步骤

1) ACDSee 的下载和安装

(1) 到 ACDSee 的官网下载官方免费版软件，下载地址为 http://cn.acdsee.com。

(2) 双击 ACDSee 的安装文件,按照安装提示完成 ACDSee 的安装过程。

(3) 安装完成后,根据系统提示创建账户,完成注册。

2) 批量调整大小

(1) 打开 ACDSee 软件,在“管理”模式下左侧的“文件夹”窗格中选择图片所在的文件夹,文件夹中的所有图片会在“文件列表”窗格中显示。

或者单击“文件”菜单中的“打开”命令,在弹出的“打开文件”对话框中选择图片,单击“打开”按钮。

(2) 按住 Ctrl 键选取多个需处理的图像,选择“工具”菜单的“批量”子菜单中的“调整大小”命令,或者选择“批量”菜单中的“调整大小”命令。

(3) 在弹出的“批量调整图像大小”对话框中进行简单的设置,如图 7-2 所示。主要是设置所需图片的大小参数,即宽度和高度,如果对图像有更高的要求,可单击“选项”按钮,在弹出的“选项”对话框中可进行一些非常规的设置,如图 7-3 所示。

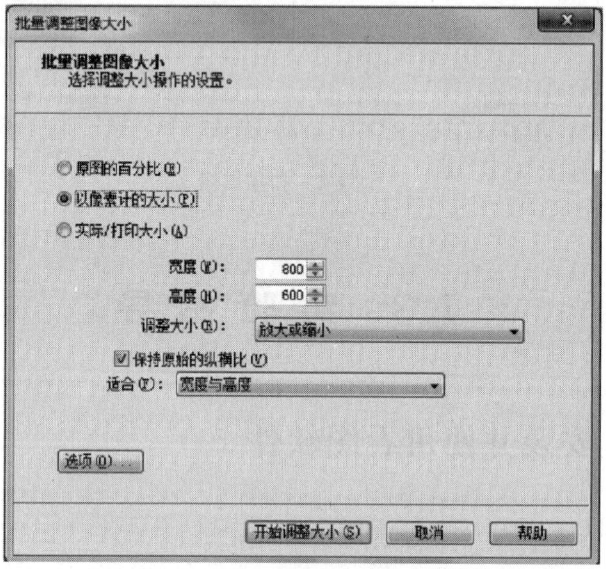

图 7-2 “批量调整图像大小”对话框

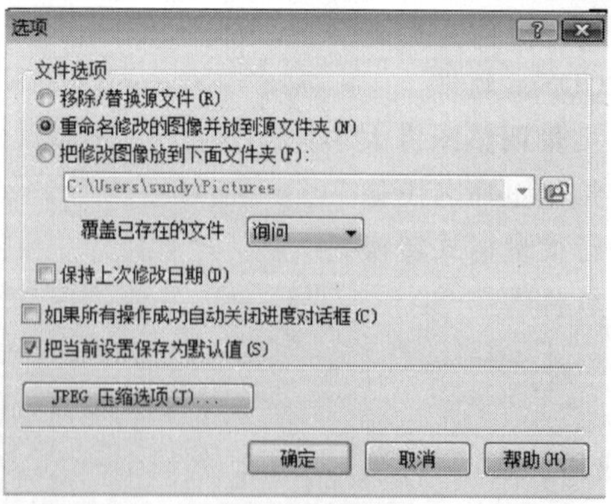

图 7-3 非常规设置

(4) 确认无误之后，单击“确定”按钮，回到“批量调整图像大小”对话框，单击“开始调整大小”按钮，即可完成图像的调整。

3) 批量重命名

(1) 用 ACDSee 打开要批量重命名的图像文件，然后选中要进行转换的图像，选择“工具”菜单中的“批量”子菜单中的“重命名”命令，或者选择“批量”菜单中的“重命名”命令。

(2) 在弹出的“批量重命名”对话框中设置重命名文件模板等，单击“开始重命名”按钮，即可批量重命名，如图 7-4 所示。

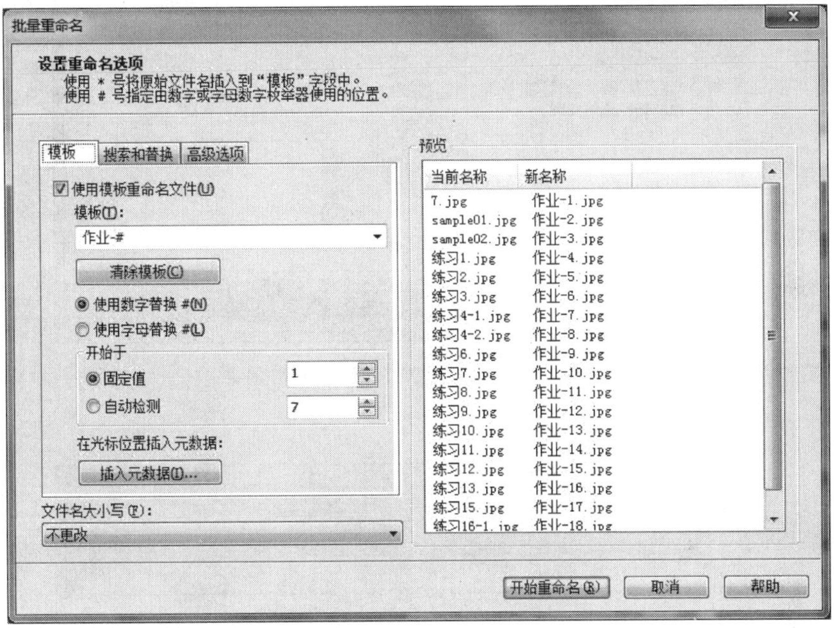

图 7-4　“批量重命名”对话框

4) 批量转换文件格式

(1) 用 ACDSee 打开要批量转换格式的图像文件，然后选中要进行转换的图像，单击“工具”菜单中的“批量”子菜单中的“转换文件格式”命令，或者单击“批量”菜单中的“转换文件格式”命令，弹出如图 7-5 所示的对话框。

(2) 在左侧选中目标图像将要转成的新的文件格式类型，单击“下一步”按钮，在如图 7-6 所示的对话框中设置新的格式文件将要放置的位置，这里可以设置其位置与源文件不在同一文件夹下，然后单击“下一步”按钮。单击“确定”按钮，即可完成图像文件格式的转换。

ACDSee 的功能不仅于此，它还可以进行图像文件的批量旋转、创建压缩包、生成图册等。

5) 卸载 ACDSee

依次选择“开始”|“控制面板”|“程序和功能”命令，在弹出的“程序和功能”窗口中选择“ACDSee 官方免费版”，双击该程序，根据系统提示即可卸载 ACDSee。

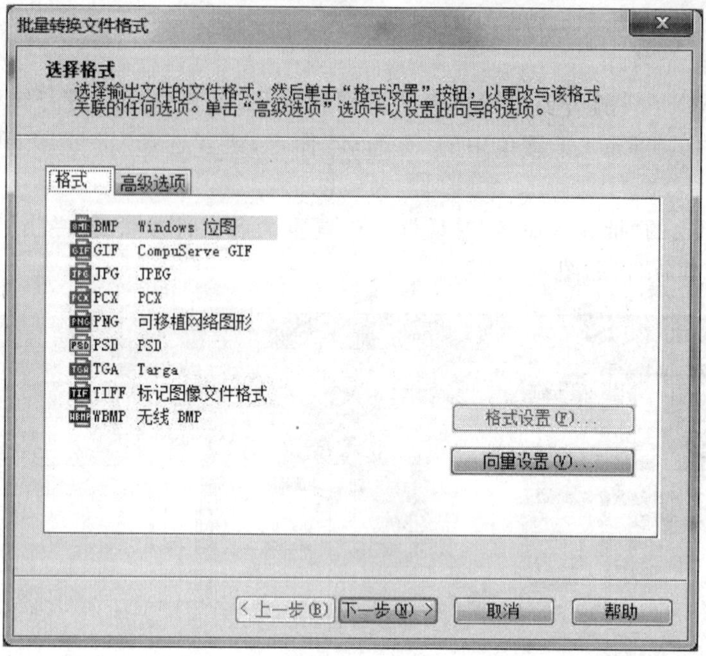

图 7-5 “批量转换文件格式”对话框

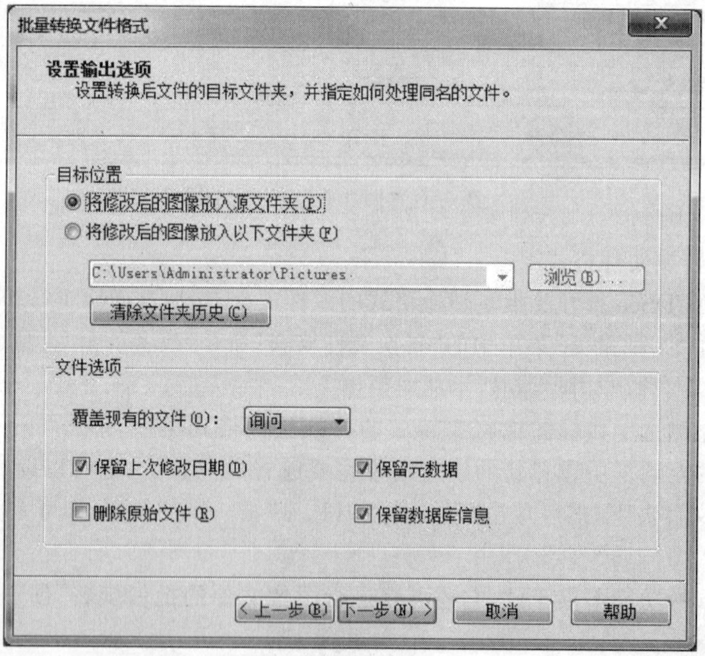

图 7-6 设置输出选项

7.4　习题精解

1. 选择题

(1) MPEG 是(　)的压缩编码方案。

A. 单色静态图像　B. 彩色静态图像　C. 数字视频　D. 数字音频

答案：C

解析：MPEG 格式是采用 ISO/IEC 颁布的运动图像压缩算法进行压缩的视频文件格式。与之对应，JPEG 是常用的图像文件格式，是一种有损压缩格式，广泛应用于网络图像传输和光盘读物中。

(2) 多媒体的关键技术是数据的(　　)。

A. 交互性　B. 压缩　C. 格式　D. 可靠性

答案：B

解析：数据压缩技术是计算机处理语音、静止图像和视频图像数据，进行数据网络传输的重要基础。未经压缩的图像及视频信号数据量非常大，不仅超出了多媒体计算机的存储和处理能力，更是当前 Word 版本通信信道速率所不能及的。因此，为了使这些数据能够进行存储、处理和传输，必须进行数据压缩。

2. 简答题

(1) 什么是 PDF 格式文件？这种格式文件有哪些特点？

答案：PDF(Portable Document Format，便携式文件格式)也称为可移植文档格式，是 Adobe 公司开发的电子文件格式。PDF 格式文件与操作系统平台无关，即不管是在 Windows、UNIX 还是 Mac OS 操作系统中，这种格式的文件都是通用的。

PDF 格式文件具有以下特点。

① 支持跨平台。使用与操作系统平台无关。

② 保留文件原有格式。PDF 格式文件在传输过程中及被对方收到时，均保持"原貌"，具有安全可靠性。如果对 PDF 格式文件进行修改，会留下相应的痕迹。

③ 不论大小都可以将带有格式的文字、图形图像、超文本链接、声音和动态影像等多媒体电子信息封装在一个文件中。

④ PDF 文件包含一个或多个"页"，每一页都可单独处理，特别适合多处理器系统的工作。

⑤ 文件使用工业标准的压缩算法，集成度高，易于存储与传输。

PDF 文件的这些特点使它成为在 Internet 上进行电子文档发行和数字化信息传播的理想文档格式。

(2) 比较数码设备中 CF 卡、SD 卡和 TF 卡的异同。

答案：这些存储卡本质上都是闪存卡，功能基本一样，只是存储卡的规格不同。不同的存储卡适合不同的数码设备(品牌和机型)。

CF 卡(Compact Flash Card)多用于解决数码单反相机的存储问题,有可永久保存数据、无须电源、速度快等优点,价格低于其他类型的存储卡。

SD 卡(Secure Digital Memory Card)是小型数码相机等数码设备的存储卡或读/写设备。多数笔记本电脑都集成了 SD 读卡器,可以方便地读取 SD 卡的信息。

TF 卡(Trans-Flash Card)即 micro SD 卡,是一种超小型大容量移动存储卡,多用于智能手机、平板电脑等小型电子产品。

7.5 综合任务

7.5.1 任务:花朵盛开

任务:花朵盛开.pdf

花朵盛开制作过程.mp4

7.5.2 任务:敲敲打打的文字美

1. 任务目的

使用 Premiere 软件制作影视作品中常见的伴随着打字声音的打字效果。

2. 任务要求

使用 Premiere 软件的裁剪等特效进行敲打字幕的制作。

3. 任务分析

本任务旨在考查对 Premiere 软件裁剪特效的掌握。Adobe Premiere 是一款常用的视频编辑软件,本例将利用两种方法制作影视作品中常见的伴随着打字声音的打字效果,如图 7-7 所示。通过本例学习应掌握多序列、"裁剪"视频特效以及添加音频的应用。

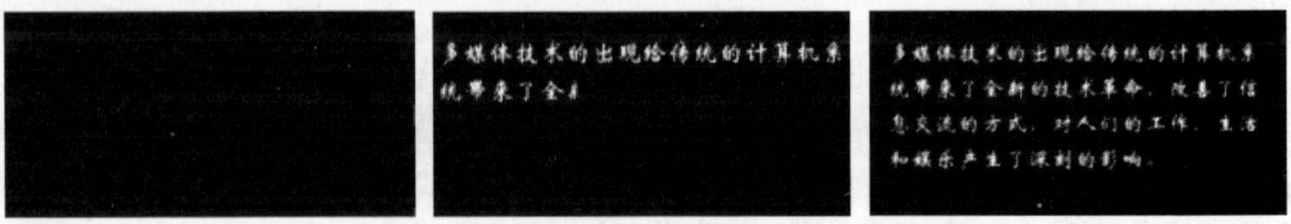

图 7-7 伴随着打字声音的打字效果

4. 步骤提示

1）制作伴随着打字声音的打字效果方法 1

（1）创建字幕。

① 启动 Premiere Pro CS6，然后单击“新建项目”按钮，新建一个名称为“伴随着打字声音的打字效果”、编辑模式为标准 48kHz 的 DV-PAL 制的项目文件。

② 单击“项目”面板下方的 (新建分项)按钮，从弹出的快捷菜单中选择“字幕”命令，然后在弹出的“新建字幕”对话框中保持默认参数，如图 7-8 所示，单击“确定”按钮，进入“字幕 01”字幕的设计窗口。

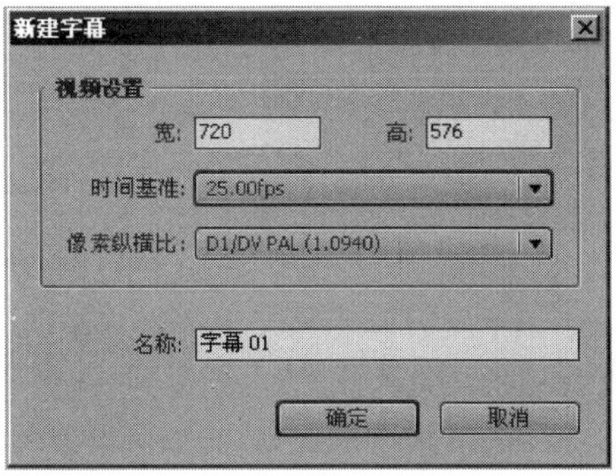

图 7-8　“新建字幕”对话框

伴随着打字声音的打字效果方法 1. mp4

③ 打开素材“文字. txt”文件，然后按 Ctrl＋A 组合键全选文字，再按 Ctrl＋C 组合键进行复制。接着回到字幕设计窗口，单击工具箱中的 T (文字工具)按钮，在字幕设计窗口中拖拉出一文字区域，最后按 Ctrl＋V 组合键进行粘贴。

④ 此时字体会出现乱码现象，这是因为字体不正确的原因。选中文字，然后在右侧的“字幕属性”面板中设置“字体”为 HYDaHeiJ，“字号”为 35，“行距”为 20，接着单击左侧“字幕动作”面板中的 (垂直居中)和 (水平居中)按钮，将文字居中对齐。

⑤ 单击字幕设计窗口右上角的 按钮，关闭字幕设计窗口，此时创建的“字幕 01”字幕会自动添加到“项目”面板中。

（2）制作第 1 行文字的打字效果。

① 从“项目”面板中将“字幕 01”拖入“时间线”面板的“视频 1”轨道中，入点为 00：00：00：00，出点为 00：00：12：00。

② 在“效果”面板中展开“视频特效”文件夹，然后选择“变换”中的“裁剪”特效，如图 7-9 所示。接着将其拖入“时间线”面板“视频 1”轨道中的“字幕 01”素材上。

③ 制作只显示第 1 行文字的效果。选择“视频 1”轨道中的“字幕 01”字幕素材，然后在“效果控制台”面板中将“裁剪”特效“底部”数值设置为 60.0％。

④ 制作第 1 行文字逐个出现的效果。从“效果”面板中将“裁剪”特效再次拖到“时间线”面板的“字幕 01”素材上，然后将时间滑块移动到 00：00：00：00 的位置，在“效果控制

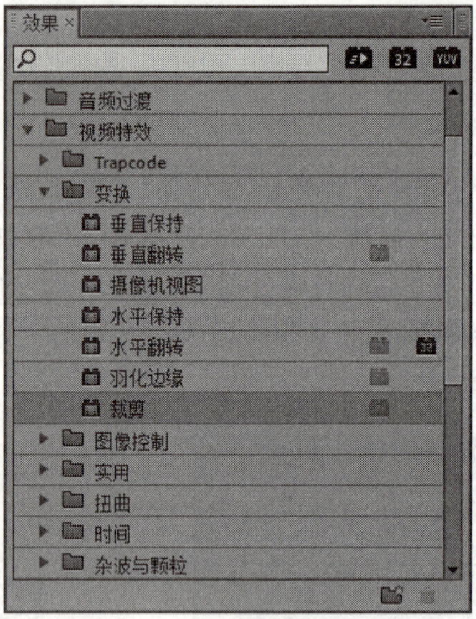

图 7-9　选择“裁剪”特效

台”面板中单击第 2 个“裁剪”特效中“右侧”前面的按钮,插入关键帧,并将数值设置为 90%。接着将时间滑块移动到 00：00：03：00 的位置,将“右侧”的数值设置为 9.0%。

⑤ 在“节目”面板上单击按钮,即可看到第 1 行文字逐个出现的效果。

(3) 制作第 2 行文字的打字效果。

① 从“项目”面板中将“字幕 01”拖入“时间线”面板的“视频 2”轨道中,入点为 00：00：03：00,出点为 00：00：12：00(即与“视频 1”中的“字幕 01”素材结尾对齐)。

② 将“视频 1”轨道中的“字幕 01”字幕素材的两个“裁剪”特效复制给“视频 2”轨道中的“字幕 01”字幕素材。方法:选中“视频 1”轨道中的“字幕 01”字幕素材,然后在“效果控制台”面板中选择两个“裁剪”特效,按 Ctrl+C 组合键进行复制。接着激活“视频 2”轨道,使之高亮显示,再选择“视频 2”轨道中的“字幕 01”素材,将时间滑块定位在 00：00：03：00 的位置,在“效果控制台”面板中按 Ctrl+V 组合键进行粘贴。最后修改粘贴后的第 1 个“裁剪”参数,将“顶部”的数值设置为 40.0%,将“底部”的数值设置为 52.0%。

③ 在“节目”面板上单击按钮,即可看到第 2 行文字逐个出现的效果。

(4) 制作第 3 行文字的打字效果。

① 从“项目”面板中将“字幕 01”拖入“时间线”面板的“视频 3”轨道中,入点为 00：00：06：00,出点也为 00：00：12：00(即与“视频 1”中的“字幕 01”素材结尾对齐)

② 激活“视频 3”轨道,使之高亮显示,再选择“视频 3”轨道中的“字幕 01”素材,将时间滑块定位在 00：00：06：00 的位置,在“效果控制台”面板中按 Ctrl+V 组合键进行粘贴,最后修改粘贴后的第 1 个“裁剪”参数,将“顶部”的数值设置为 49.0%,将“底部”的数值设置为 42.0%。

③ 在“节目”面板上单击按钮,即可看到第 3 行文字逐个出现的效果。

(5) 制作第 4 行文字的打字效果。

① 从"项目"面板中将"字幕 01"拖入"时间线"面板的"视频 3"的上方,此时会自动产生一个"视频 4"轨道,然后将拖入该轨道的"字幕 01"的入点设置为 00:00:09:00,出点也为 00:00:12:00(即与"视频 1"中的"字幕 01"素材结尾对齐)。

② 激活"视频 4"轨道,使之高亮显示,再选择"视频 4"轨道中的"字幕 01"素材,将时间滑块定位在 00:00:09:00 的位置,在"效果控制台"面板中按 Ctrl+V 组合键进行粘贴,最后修改粘贴后的第 1 个"裁剪"参数,将"顶部"的数值设置为 58.0%,将"底部"的数值设置为 0.0%。

③ 在"节目"面板上单击 ▶ 按钮,即可看到第 4 行文字逐个出现的效果。

(6) 添加打字声音。

① 选择"文件"|"导入"命令,导入素材"打字声音.wav"文件。

② 从"项目"面板中将导入的"打字声音.wav"拖入时间线音频轨道上,入点为 00:00:00:00。

③ 至此,伴随着打字声音的打字效果制作完毕,选择"文件"|"导出"|"媒体"命令,将其输出为"伴随着打字声音的打字效果 1.avi"文件。

2) 制作伴随着打字声音的打字效果方法 2

伴随着打字声音的打字效果方法 2.mp4

上面这种方法使用了 4 个轨道,如果文字的行数较多,制作起来占用的轨道数会很多,非常不方便。此时可以采用下面这种只使用了两个轨道的打字效果的制作方法,具体制作步骤如下。

(1) 创建"序列 02"。

① 单击"项目"面板下方的 (新建分项)按钮,从弹出的快捷菜单中选择"序列"命令。

② 在弹出的"新建序列"对话框中设置参数,单击"确定"按钮,进入"序列 02"的编辑状态。

(2) 制作第 1 行文字的打字效果。

① 从"项目"面板中将"字幕 01"拖入"时间线"面板的"视频 1"轨道中,入点为 00:00:00:00,出点为 00:00:03:00。

② 在"效果"面板中展开"视频特效"文件夹,然后选择"变换"中的"裁剪"特效,接着将其拖入"时间线"面板"视频 1"轨道中的"字幕 01"素材上。

③ 制作只显示第 1 行文字的效果。选择"视频 1"轨道中的"字幕 01"字幕素材,然后在"效果控制台"面板中将"裁剪"特效"底部"数值设置为 60.0%。

④ 制作第 1 行文字逐个出现的效果。从"效果"面板中将"裁剪"特效再次拖到"时间线"面板的"字幕 01"素材上,从而给它添加第 2 个"裁剪"特效。然后将时间滑块移动到 00:00:00:00 的位置,在"效果控制台"面板中单击第 2 个"裁剪"特效中"右侧"前面的 按钮,插入关键帧,并将数值设置为 90%。接着将时间滑块移动到 00:00:03:00 的

位置,将"右侧"的数值设置为 9.0%。

⑤ 在"节目"面板上单击▶按钮,即可看到第 1 行文字逐个出现的效果。

(3) 制作第 2~4 行文字的打字效果。

① 选中"时间线"面板"视频 1"轨道中的"字幕 01"素材,然后按 Ctrl+C 组合键进行复制,接着依次在 00:00:03:00、00:00:06:00 和 00:00:09:00 处,按 Ctrl+V 组合键进行粘贴,如图 7-10 所示。

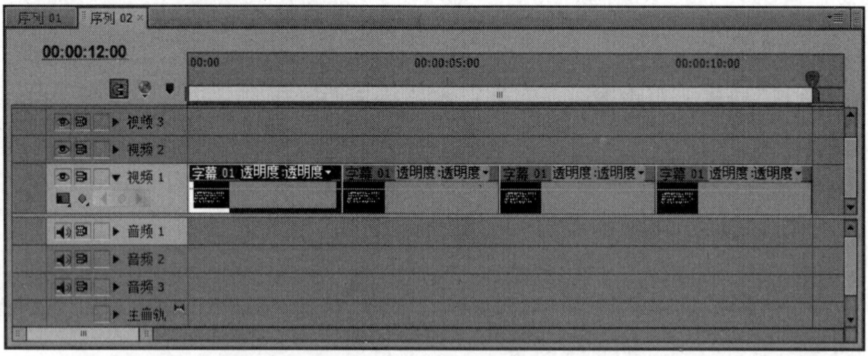

图 7-10 粘贴"字幕 01"素材后的"时间线"面板

② 选中"视频 1"轨道中的第 2 段"字幕 01"素材,然后在"特效控制台"面板中将第 1 个"裁剪"特效的"顶部"数值设置为 40.0%,将"底部"数值设置为 52.0%,如图 7-11 所示,从而只显示出第 2 行文字。接着在"节目"面板上单击▶按钮,即可看到第 2 行文字逐个出现的效果。

③ 选中"视频 1"轨道中的第 3 段"字幕 01"素材,然后在"特效控制台"面板中将第 1 个"裁剪"特效的"顶部"数值设置为 49.0%,将"底部"数值设置为 42.0%,如图 7-12 所示,从而只显示出第 3 行文字。接着在"节目"面板上单击▶按钮,即可看到第 3 行文字逐个出现的效果。

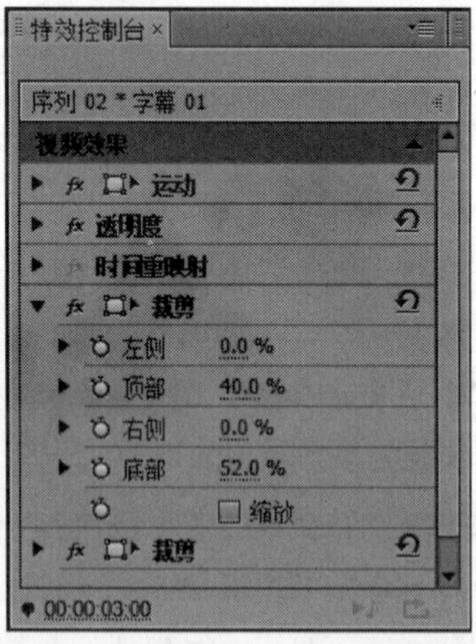

图 7-11 设置"顶部"和"底部"参数

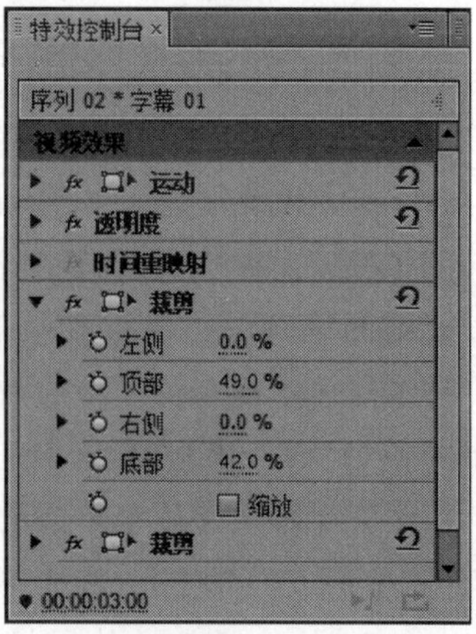

图 7-12 修改"顶部"和"底部"参数

④ 选中“视频 1”轨道中的第 4 段“字幕 01”素材，然后在“特效控制台”面板中将第 1 个“裁剪”特效的“顶部”数值设置为 58%，将“底部”数值设置为 0.0%，从而只显示出第 4 行文字。接着在“节目”面板上单击▶按钮，即可看到第 4 行文字逐个出现的效果。

(4) 制作打过的文字不消失的效果。

此时文字换入下一行后，前面的文字便消失了，这是不正常的，下面就来解决这个问题。具体步骤如下。

① 选中“视频 1”轨道中的第 1 段“字幕 01”素材，按 Ctrl+C 组合键进行复制，然后选中“视频 2”轨道使其高亮显示，接着将时间滑块移动到 00：00：03：00 的位置，按 Ctrl+V 组合键进行粘贴。最后选中粘贴后的素材，在“特效控制台”面板中删除第 2 个“裁剪”特效。此时在“节目”面板上单击▶按钮，即可看到在第 1 行文字不消失的情况下，第 2 行文字逐个出现的效果。

② 选中“视频 2”轨道上的第 2 段素材，按 Ctrl+C 组合键进行复制，然后选中“视频 2”使其高亮显示，接着将时间滑块移到 00：00：06：00 的位置，按键 Ctrl+V 组合键进行粘贴。最后选中粘贴后的素材，在“特效控制台”面板中删除第 2 个“裁剪”特效，并将第 1 个“裁剪”特效中的“顶部”的数值设置为 0.0%，“底部”的数值设置为 52.0%。此时在“节目”面板上单击▶按钮，即可看到，在第 1、2 行文字不消失的情况下，第 3 行文字逐个出现的效果。

③ 选中“视频 1”轨道上的第 3 段“字幕 01”素材，按 Ctrl+C 组合键进行复制，然后选中“视频 2”使其高亮显示，接着将时间滑块移到 00：00：09：00 的位置，按 Ctrl+V 组合键进行粘贴。最后选中粘贴后的素材，在“特效控制台”面板中删除第 2 个“裁剪”特效，并将第 1 个“裁剪”特效中的“顶部”的数值设置为 0.0%，“底部”的数值设置为 42.0%。此时在“节目”面板上单击▶按钮，即可看到，在第 1～3 行文字不消失的情况下，第 4 行文字逐个出现的效果。

(5) 添加打字声音。

① 从“项目”面板中将导入的“打字声音.wav”拖入“时间线”面板的“音频 1”轨道上，入点为 00：00：00：00。

② 至此，伴随着打字声音的打字效果制作完毕，选择“文件”|“导出”|“媒体”命令，将其输出为“伴随着打字声音的打字效果 2.avi”文件。

7.6 考证辅导

1. 全国计算机等级考试考证辅导

1) 考试要求

一级考试的考试内容为：多媒体技术的概念与应用。

二级考试的基本要求为：掌握多媒体技术基本概念和基本应用。考试内容与一级相同。

2) 模拟练习

(1) 与传统媒体相比，多媒体的特点不包括(　　)。

A. 多样性　　B. 集成性　　C. 交互性　　D. 分时性

答案：D

解析：与传统媒体相比，多媒体具有交互性、集成性、多样性和实时性的特点。

(2) 以下文件格式中，不属于视频文件的是(　　)。

A. JPG　　B. AVI　　C. MOV　　D. MPEG

答案：A

解析：JPG 是图像文件格式。

(3) DVD 视频节目和 HDTV 编码压缩都采用(　　)压缩标准。

A. MPEG-1　　B. MPEG-2　　C. MPEG-4　　D. MP3

答案：B

解析：MPEG 标准规定了声音数据和电视图像数据的编码和解码过程以及声音和数据之间的同步等问题。MPEG-1 是 VCD 的主要压缩标准，MPEG-2 是最早的 DVD 标准，适用于 HDTV。MPEG-4 标准主要应用于视频电话、视频电子邮件和电子新闻。MP3 是一种音频压缩技术，是 MPEG1 的第三层。

(4) GIF 格式文件的最大缺点是最多只能处理(　　)种色彩，因此不能用于存储真彩色的大图像文件。

A. 128　　B. 256　　C. 512　　D. 160 万

答案：B

解析：GIF 格式只能用 256 色索引表控制颜色，意味着只有 256 个颜色。因为颜色少，适合于网络，传输速度快。

(5) 灰度图像中亮度表示范围有(　　)个灰度等级。

A. 128　　B. 255　　C. 1024　　D. 160 万

答案：B

解析：在 RGB 模型中，如果 R=G=B 时，则彩色表示一种灰度颜色。因此，灰度图像每个像素只需一个字节存放灰度值(又称强度值、亮度值)，灰度范围为 0～255。

(6) 目前通用的压缩编码国际标准主要有(　　)和 MPEG。

A. JPEG　　B. AVI　　C. MP3　　D. DVD

答案：A

解析：多媒体数据压缩编码的国际标准有静态图像压缩编码的国际标准(JPEG 标准)和运动图像压缩编码的国际标准(MPEG 标准)。

(7) 数据压缩技术利用了数据的(　　)，以减少图像、声音、视频中的数据量。

A. 冗余性　　B. 可靠性　　C. 压缩性　　D. 安全性

答案：A

解析：图像数据压缩技术就是研究如何利用图像数据的冗余性来减少图像数据量的方法。

2. 全国计算机信息高新技术考试考证辅导

此部分内容在全国计算机信息高新技术考试中不涉及。

第 8 单元　信息展示与发布

Microsoft PowerPoint 2013 是微软公司开发的 Microsoft Office 2013 系列办公组件之一，主要用于制作电子演示文稿。它提供了在计算机上生成、显示和制作演示文稿的各种工具，同时在演示文稿中可以嵌入音频、视频剪辑及 Word 或 Excel 等其他应用程序的文档。Camtasia Studio 8 是美国 TechSmith 公司出品的屏幕录像和编辑软件，主要用于屏幕录像、视频剪辑和编辑。它可以方便地录制屏幕和配音、剪辑视频、添加字幕及制作视频封面。58 同城是网络信息发布的平台，可以发布新信息、修改已发布的信息以及删除发布的信息。Power BI 是微软公司开发的数据可视化软件，可以在较短时间内生成各种图表。学会使用这些工具，是当代信息发展的要求。

学习目标

(1) 掌握 PowerPoint 2013 演示文稿的创建、编辑及输出方法。

(2) 掌握 Camtasia Studio 8 的视频录制、编辑及导出方法。

(3) 掌握基于网络信息的发布、修改及删除方法。

(4) 掌握 Power BI 的数据导入、数据可视化及图表导出方法。

8.1 能力自测

1. 知识水平测评

请 20 分钟之内回答下列问题。

(1) 你使用 PowerPoint 2013 设计过演示文稿吗？其设计原则是什么？

(2) 你知道 Camtasia Studio 8 视频剪辑及添加字幕的方法吗？

(3) 你在 58 同城网站发布过信息吗？

(4) 使用 Power BI 可视化数据需要注意的问题是什么？

2. 技能水平测评

按照要求实现信息的展示与发布，具体要求如下。

(1) 使用 Power BI 将已提供的 Excel 数据可视化为柱状图。

(2) 使用 Camtasia Studio 8 录制操作步骤并导出视频。

（3）使用 PowerPoint 2013 制作“数据可视化”的演示文稿，演示文稿内容要包括标题、图片、视频、动画效果和幻灯片模板。

8.2 学习指南

8.2.1 使用 PowerPoint 2013 展示与发布演示文稿

1. 知识要点

PowerPoint 2013
知识要点.pdf

2. 技能指南

在 Windows 7 操作系统中，依次选择“开始”|“所有程序”| Microsoft Office | Microsoft PowerPoint 2013 命令，启动 PowerPoint 2013。

1）创建演示文稿

（1）创建空白演示文稿。依次选择“文件”|“新建”命令，在右侧的列表框中选择“空白演示文稿”选项，即可完成创建。

（2）用主题创建演示文稿。依次选择“文件”|“新建”命令，在右侧的列表框中选择一个主题图标然后单击，在弹出的对话框中选择“标题版式”，单击“创建”按钮即可完成创建。

（3）用模板创建演示文稿。依次选择“文件”|“新建”命令，在右上方的在线搜索栏中输入模板的关键字，在检索出来的结果中选择适合的模板，在弹出的对话框中单击“创建”按钮，下载结束后即可完成创建。

2）编辑演示文稿

（1）文本的输入与编辑。文本的输入与编辑通常是在普通视图下进行的，主要包括插入、删除、复制、移动等。输入文本时，一是在占位符上单击，输入或粘贴文本；二是在占位符以外的位置使用文本框输入。若对某文本进行编辑，应先选择该文本，可以是整个文本框、整段文本或部分文本。

（2）格式化幻灯片。格式化幻灯片包括文本格式化、使用主题和幻灯片背景等。

通过“开始”选项卡“字体”组的命令，可以设置字体、字号、颜色等。通过“段落”组的“行距”命令可以设置行间、段前、段后的距离；通过“段落”组中的“分栏”按钮，可以对幻灯片文本进行分栏；使用“段落”组中的“项目符号”命令，可以设置项目符号和编号。

通过“设计”选项卡“背景”组中的“背景样式”命令，可以设置幻灯片的背景。

（3）图片的插入与编辑。确定图片要插入的位置，单击“插入”选项卡|“图片”工具按钮，在弹出的窗口中选择图片，然后单击“插入”按钮即可。

若要对图片进行编辑，则选择“格式”选项卡，可以在“调整”组内，单击“更正”按钮改善图片的亮度、对比度或清晰度；或单击“颜色”按钮更改图片颜色以提高质量或匹配文档内容；或单击“艺术效果”按钮将艺术效果添加到图片，使其更像草图或油画；也可以在“样式”组内，单击“图片样式”按钮，添加边框或柔化边缘。

(4) 插入其他对象。在幻灯片的“插入”选项功能区内，除了插入文本和图片外，还可以在“媒体”组中单击“音频”或“视频”工具按钮，插入音频和视频文件，也可以在“插图”组中单击“形状”、SmartArt、“图表”工具按钮分别插入不同形状的图形、SmartArt 图形及各种图表(如饼图、柱状图及雷达图)。

(5) 设置幻灯片切换和动画效果。先选中幻灯片，然后在“切换”选项卡中的“切换到此幻灯片”组中选择相应的切换效果。若实现幻灯片中对象的动画效果，则要先选中需要设置动画效果的对象，然后通过“动画”选项卡的“动画”组进行设置。

(6) 设置幻灯片主题。先选中需要设置为主题的幻灯片，然后选择“设计”选项卡的“主题”组，单击预览图右侧的下拉按钮，打开主题库选择一个主题即可。

(7) 设置幻灯片母版。选择“视图”选项卡，单击“母版视图”组中的“幻灯片母版”按钮，即可进入母版编辑状态。关闭母版后，母版将按修改后的格式保存。

3) 管理幻灯片

幻灯片管理包括选择、插入、删除、移动、复制、隐藏幻灯片。

(1) 选择幻灯片。可以在幻灯片/大纲窗格中单击对应幻灯片的缩略图，选择一张幻灯片。也可以选择连续多张幻灯片，方法是单击所选第一张幻灯片的缩略图，然后按住 Shift 键的同时单击最后一张幻灯片的缩略图；若间隔选择幻灯片，可以单击所选第一张幻灯片的缩略图，然后按住 Ctrl 键的同时逐个单击要选择的各幻灯片缩略图。

(2) 插入幻灯片。一是在需要插入幻灯片的位置右击，在弹出的快捷菜单中选择“新建幻灯片”命令；二是按 Ctrl＋M 组合键；三是单击功能区内的“新建幻灯片”按钮；四是在大纲/幻灯片视图窗格中选中一张幻灯片，直接按 Enter 键，即可插入一张幻灯片，插入位置位于当前所选幻灯片之后。

(3) 删除幻灯片。选中要删除的幻灯片，然后按 Delete 键删除。

(4) 移动幻灯片。选中要移动的幻灯片，单击“开始”功能区“剪贴板”组中的“剪切”按钮，或按 Ctrl＋X 组合键，在目标位置再单击“粘贴”按钮或按 Ctrl＋V 组合键，即可将幻灯片移动到目标位置。

(5) 隐藏幻灯片。单击“幻灯片放映”选项卡下的“隐藏幻灯片”按钮，或右击要隐藏的幻灯片，选择“隐藏幻灯片”命令即可隐藏幻灯片。

4) 输出演示文稿

(1) 保存演示文稿。选择“文件”|“保存”菜单命令，或单击工具栏上的“保存”按钮，在弹出的“另存为”对话框中选择要保存的路径，在“文件名”文本框中为演示文稿命名，最后单击“保存”按钮，即可保存演示文稿。也可以按 Ctrl＋S 组合键，保存演示文稿。

(2) 导出演示文稿。选择“文件”|“导出”菜单命令，可将演示文稿导出为 PDF 格式的文件、视频文件、Word 格式的讲义、打包的 CD 文件。

(3) 打印演示文稿。选择“文件”|“打印”菜单命令，可将演示文稿打印成纸张文档，

可以设置演示文稿的打印范围、打印方式等。

8.2.2 使用 Camtasia Studio 8 展示与发布视频资源

1. 知识要点

CamtasiaStudio 8
知识要点.pdf

2. 技能指南

在 Windows 7 操作系统中,依次选择“开始”|“所有程序”| TechSmith | Camtasia Studio 8 命令,启动 Camtasia Studio 8.4。

1) 录制屏幕

(1) 启动屏幕录制。依次选择菜单“工具”|“录制屏幕”命令,或单击软件界面左上角的 Record the screen 按钮,弹出屏幕录制窗口。

(2) 功能设置。在 Select area 区域可以选择全屏或定制屏幕录制,在 Recorded inputs 区域可以设置是否开启计算机的摄像头或麦克风功能。

(3) 屏幕录制操作。单击该窗口右侧的红色 rec 按钮,弹出 3 秒倒计时的提示对话框,倒计时结束时开始对屏幕进行录制,并提示按 F10 键暂停录制。此时,该窗口从左至右依次显示屏幕录制的时间、麦克风状态,以及 Delete、Pause 和 Stop 按钮。如果对录制的视频不满意,可以单击 Delete 按钮删除;若要暂停,单击 Pause 按钮(此时变为 Resume 按钮),恢复录制则单击 Resume 按钮;录制完成,单击 Stop 按钮。

(4) 预览及保存文件。单击 Stop 按钮后,弹出 Preview(预览)对话框,若需要对录屏文件编辑,则单击 Save and Edit 按钮,保存为 trec 格式的视频文件;若不需要编辑,则单击 Produce 按钮,保存为 trec 格式的视频文件,并自动启动发布窗口,根据要求发布视频文件;若不满意,则单击 Delete 按钮删除。

2) 录制 PPT

(1) 加载 Camtasia 插件。在 PowerPoint 2013 中,选择“文件”|“选项”,加载 Camtasia 插件。或在 Camtasia Studio 8.4 中,单击“工具”|“选项”|“合作”标签,在“PowerPoint 加载区”内勾选“PowerPoint 加载(B)”前的复选框,然后单击“确定”按钮。加载成功后,才可以使用 PPT 录制功能。

(2) 录制 PPT。在 PowerPoint 2013 中,选择“加载项”选项卡,在“自定义工具栏”组内,单击红色 Record 按钮,此时弹出“录制”对话框,幻灯片处于放映状态,单击 Click to begin recording 按钮开始录制 PPT。若要暂停录制,则按 Ctrl+Shift+F9 组合键;若要中止录制,则按 Ctrl+Shift+F10 组合键,或按 Esc 键。

(3) 编辑视频文件。录制完成后,按 Esc 键弹出对话框,单击 Stop recording 按钮,弹出保存文件 trec 格式文件的窗口。保存后,在弹出的对话框中,单击 Edit your recording

按钮，进入 Camtasia Studio 8.4 编辑器界面，在此可以进行视频文件的编辑。

3）素材导入

选择 Clip Bin 选项卡，然后依次选择“文件”|“导入媒体”命令，在弹出的打开文件窗口，导入需要的视频、音频或图片文件。或在左侧空白的 Clip Bin 功能区内右击，在弹出的菜单中选择“导入媒体”命令。导入成功后，素材文件会出现在 Clip Bin 功能区内。

4）视频编辑

（1）视频分割与剪切。拖动鼠标将 Clip Bin 功能区内的视频移到底部的媒体文件剪辑区的轨道上，并将其调整到时间标尺的零点位置，此时视频文件出现在右上方的媒体播放区。单击“播放”按钮播放视频素材，若发现需要裁剪的部分，则在起点处单击“暂停”按钮，然后单击轨道上的视频文件使之高亮显示，单击标尺上方的“分割”按钮，则视频文件被分割；接着采用同样的方法分割终点。

在轨道上单击视频的分割区，使之高亮显示，然后单击标尺上方的“剪切”按钮，则该段视频被剪切，同时将后半部分视频移动到前半部分，与之衔接。

（2）转场过渡。为了使剪切后不同分段的视频衔接自然流畅，还需要增添转场过渡效果。选择 Transitions 选项卡，在此功能区内可以选择合适的转场效果，如溶解、褪色、波纹等转场特效。

（3）标注文本。选择 Callouts 选项卡，在此功能区内，单击“形状”组的箭头按钮，选择并单击 Text 按钮，在“文本”组的输入框内输入需要标注的文字，同时在右上方播放区调整文字出现的位置，然后在轨道上设置文字播放的起始时间。

5）视频输出

视频编辑完成后，依次选择“文件”|“生成并共享”命令，在弹出的“视频生成向导”对话框中选择视频发布方式，可以选择网络或本地，一般选择本地。例如，选择 MP4 only (up to 720p)，单击“下一步”按钮，在弹出的对话框中输入视频文件名称，并选择保存该视频文件的文件夹，然后单击“完成”按钮即可输出视频文件。

8.2.3　基于网络的信息发布

1. 知识要点

基于网络的信息发布知识要点.pdf

2. 技能指南

以 58 同城网站为例，介绍如何进行用户注册、登录以及发布、修改和删除信息。

1）用户注册与登录

单击网站首页底部的“帮助中心”链接，在“帮助中心”页面的右上角单击“注册”链接，在会员注册页面的输入框内分别输入手机号、动态码、用户名、密码及密码确认，然后单击

“注册”按钮。如果已经是会员,则直接单击“帮助中心”页面右上角的“登录”链接,即可进入该平台。

2) 发布信息

在信息发布页面,选择要发布信息的分类,然后输入信息,若信息包含图片可以选择从本地上传到网络,单击“预览”链接浏览效果,检查无误后单击“发布”按钮即可完成信息发布操作。如果需要信息验证,还需要通过“微信”或“支付宝”支付1元的验证费。

3) 修改信息

在“信息发布成功”页面,单击“管理信息”链接进入信息管理页面,在此页面中单击“修改”链接,则进入信息修改页面,完成修改后,单击“发布”按钮即可完成信息修改操作。

4) 删除信息

在信息管理页面,单击“删除”链接,则直接将该信息删除。如果支付过验证费用,则系统会在7个工作日内退还费用。

8.2.4 使用 Power BI 展示与发布数据资源

1. 知识要点

使用 Power BI 展示与发布数据资源知识要点.pdf

2. 技能指南

在 Windows 7 操作系统中,依次选择“开始”|“所有程序”| Microsoft Power BI Desktop | Power BI Desktop 命令,启动 Power BI Desktop。

1) 导入数据

(1) 选择数据源。选择“开始”选项卡,在“外部数据”组内,单击“获取数据”按钮。在弹出的“获取数据”对话框中,选择文本数据文件、数据库、Power BI 数据文件、Azure 云数据等数据类型,然后单击“连接”按钮。如果选择了文本数据文件,则弹出“打开”对话框,选择数据文件,单击“打开”按钮。

(2) 加载数据。选择需要可视化的表格,然后单击“加载”按钮。数据加载成功后,在编辑器的右侧会列出数据表格中的字段。

2) 以图表形式展示数据

(1) 创建视觉对象。在编辑器的右侧首先选择某个表的一个字段(例如“城市”字段),拖动鼠标将其移动到左侧的报表画布区域,则显示包含该字段的空白“视觉对象”;其次选择并移动第二个字段(例如“销售额”字段),将其拖动到新建的“视觉对象”中;最后选择并单击右侧“可视化效果”窗格内的图形(例如“簇状柱形图”),则在左侧新建的“视觉对象”中显示该图形。此图形将第二个字段在第一个字段条件下的意义展示出来(例如,以“簇状柱形图”形式将各城市的销售额展示出来,以显示各城市之间销售额的对比情况，直观明了）。

（2）创建报表。当在一个页面创建两个以上的“视觉对象”时就称为报表。如果是报表的首页，可以命名该页面为“概述”。由于报表可以有多个页面，因此在报表画布区域的底部，单击“新建页”按钮就可以生成新的报表页，在此可以创建“视觉对象”来可视化数据。也可以选择“开始”选项卡，在“插入”组内，单击“新建页面”按钮创建新的报表页。

（3）发布报表。如果是注册用户，登录后可使用发布报表功能。保存报表文件后，选择“开始”选项卡，在“共享”组内，单击“发布”按钮，弹出的对话框会提示选择 Power BI 服务中想要共享报表的位置，例如工作区、团队工作区或 Power BI 服务中的一些其他位置。需要注意的是，使用者必须具有 Power BI 许可证才能将报表共享到 Power BI 的远程服务中。

8.3 实验指导

8.3.1 实验：创建、编辑及输出演示文稿

1. 实验目的

（1）能根据需求使用 PowerPoint 2013 创建幻灯片。

（2）掌握幻灯片的主题和背景的设置方法。

（3）掌握幻灯片母版的设置方法。

（4）掌握幻灯片中各种动画效果的设置方法。

（5）掌握幻灯片输出方法。

2. 实验内容

（1）新建并修饰幻灯片。

（2）设置幻灯片母版。

（3）设置动画效果与切换效果。

（4）设置放映和输出方式。

3. 实验步骤

1）启动 PowerPoint 2013

（1）选择“开始”|“所有程序”| Microsoft Office | Microsoft PowerPoint 2013 命令，启动 PowerPoint 2013。

（2）如果已经在桌面建立了 PowerPoint 2013 快捷方式图标，双击该图标，可以快速启动 PowerPoint 2013。

（3）打开“实验 8.1 任务描述.pptx”文件，阅读实验任务描述，如图 8-1 所示。

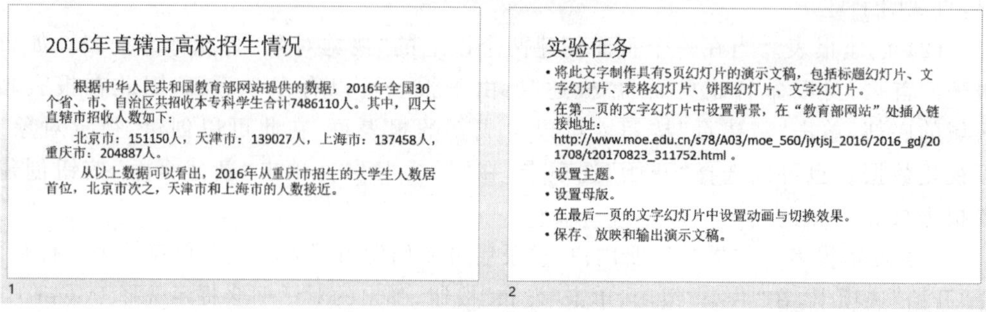

图 8-1　实验任务描述

2）制作标题幻灯片

制作演示文稿.mp4

（1）选择“文件”|“新建”命令，进入“新建演示文稿”界面。

（2）选择“空白演示文稿”图标，单击“创建”按钮。

（3）出现有上下两个占位符的空白幻灯片，单击上面的占位符，提示文字隐去，输入标题文字“2016 年直辖市高校招生情况”，如图 8-2 所示。

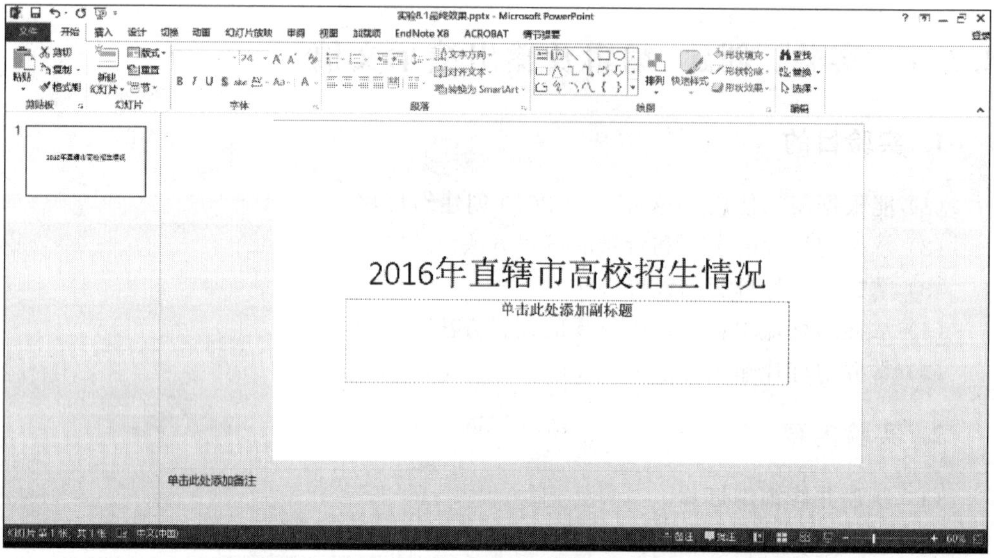

图 8-2　创建标题幻灯片

3）制作第一页文字幻灯片

（1）新建幻灯片。在大纲/幻灯片视图窗格中选中标题幻灯片，直接按 Enter 键，即可插入一张空白幻灯片，包含上下两个占位符。

（2）添加标题。单击上面的占位符，提示文字隐去，输入标题文字“全国招生总人数”并将字体设置为“微软雅黑”。

（3）添加文本。单击下面的占位符，提示文字隐去，输入文字“根据中华人民共和国教育部网站提供的数据，2016 年全国 30 个省、市、自治区共招收本专科学生合计 7486110 人。”并将字体设置为“微软雅黑”。

(4) 插入链接地址。

① 拖动鼠标将“教育部网站”文字选中,单击“插入”选项卡“链接”组中的“超链接”按钮,弹出“插入超链接”对话框。

② 在对话框的地址栏中输入具体的网址,http://www.moe.edu.cn/s78/A03/moe_560/jytjsj_2016/2016_gd/201708/t20170823_311752.html,然后单击“确定”按钮。

(5) 设置图片背景。

① 单击“设计”选项卡“自定义”组中的“设置背景格式”按钮,在右侧显示“设置背景格式”对话框。

② 在“填充”选项区中选择“图片或纹理填充”,出现图片或纹理填充设置选项。单击“文件”按钮,在弹出的对话框中选择背景图片,然后单击“打开”按钮。可通过设置透明度百分比数值(75%)调节图片背景的透明度,如图 8-3 所示。

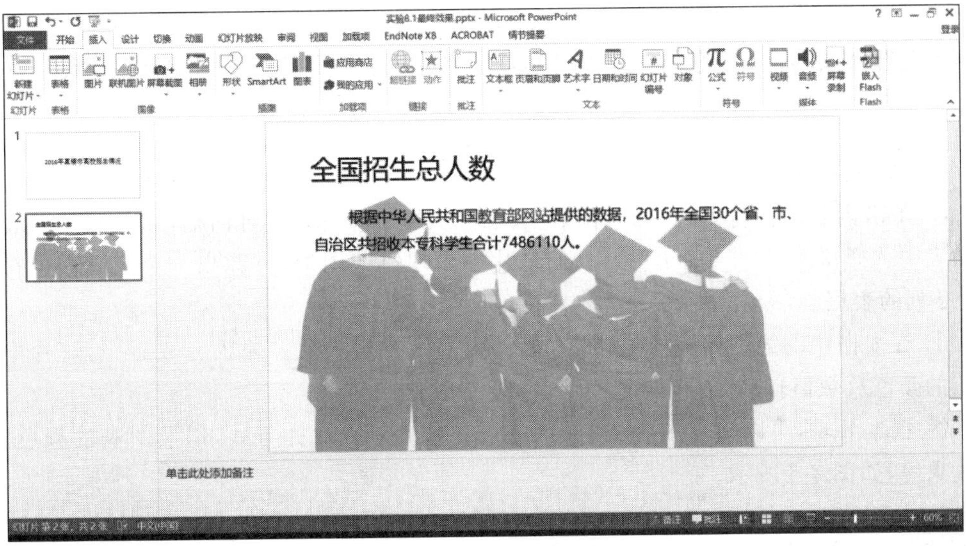

图 8-3 设置图片背景

4) 制作表格幻灯片

(1) 添加标题。在新插入的一张空白幻灯片中,单击上面的占位符,提示文字隐去,输入标题文字“直辖市招生人数统计表”,并将字体设置为“微软雅黑”。

(2) 插入表格。

① 单击内容占位符中的“插入表格”图标,出现“插入表格”对话框,在其中输入列数为 3,行数为 5,单击“确定”按钮,出现一个 5 行 3 列的表格。

② 输入表格中的文本。

③ 利用“表格工具”的“设计”和“布局”选项卡设置表格文本的字体、字号、字形、对齐方式,以及表格的线型、颜色、填充效果等,如图 8-4 所示。

5) 制作图表幻灯片

(1) 添加标题。在新插入的一张空白幻灯片中,单击上面的占位符,提示文字隐去,输入标题文字“直辖市招生人数图表”,并将字体设置为“微软雅黑”。

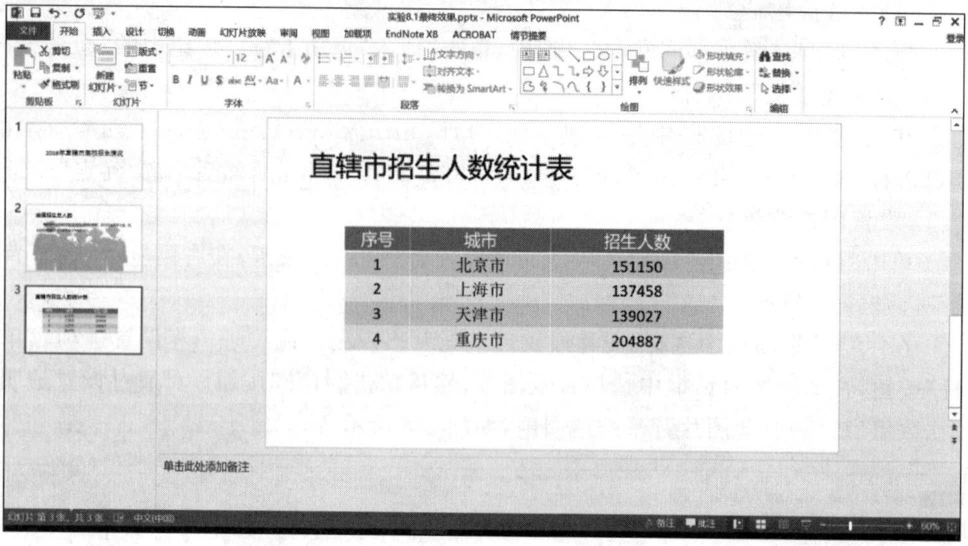

图 8-4　插入表格

(2) 插入图表。

① 单击内容占位符中的“插入图表”图标,出现“插入图表”对话框,在左侧的图表类型列表中选择饼图,单击“确定”按钮,幻灯片中出现饼图图形,并弹出一个充满占位符的5行2列的表格。

② 在表格中的第一列输入城市名,第二列输入招生人数。输入完成后,幻灯片中的饼图的颜色及数值自动更新,同时关闭表格。

③ 根据要求,可以设置图表文本的字体、字号、字形、对齐方式,以及图表的颜色、填充效果等,如图 8-5 所示。

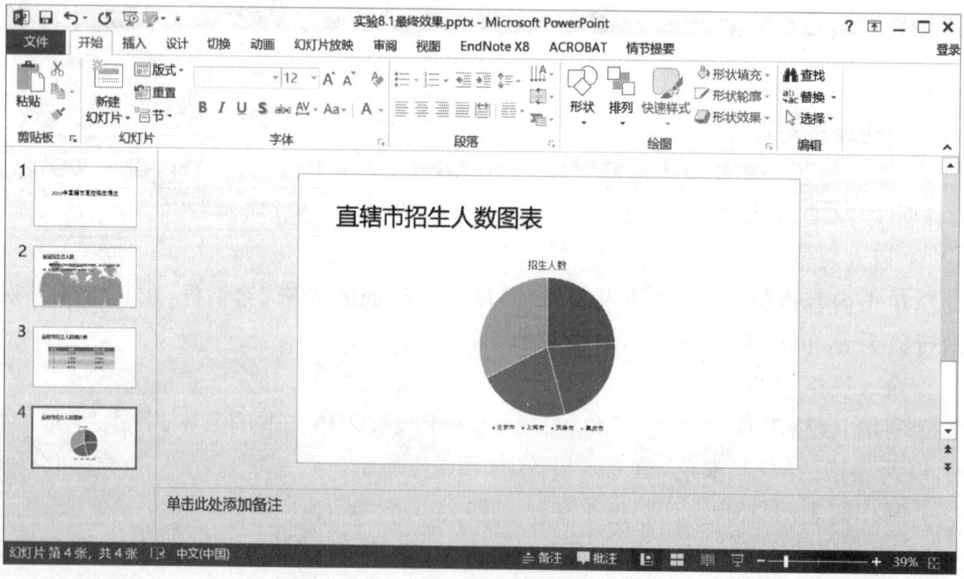

图 8-5　插入图表

6）制作最后一页文字幻灯片

(1) 添加标题。在新插入的一张空白幻灯片中，单击上面的占位符，提示文字隐去，输入标题文字“结语”，并将字体设置为“微软雅黑”。

(2) 添加文本。单击下面的占位符，提示文字隐去，输入文字“从以上数据可以看出，2016 年从重庆市招生的大学生人数居首位，北京市次之，天津市和上海市的人数接近。”并将字体设置为“微软雅黑”。

(3) 设置切换与动画效果。

① 选择“切换”选项卡，单击“切换到此幻灯片”组中的“快速样式”列表中的“淡出”切换效果，即从图表幻灯片以淡出方式切换到此幻灯片。

② 切换到“动画”选项卡，选中文本框并单击“高级动画”组中的“添加动画”按钮，在下拉列表中选择“强调”中的“放大/缩小”按钮，完成文字的动画设置。

7）设置主题

(1) 在“设计”选项卡的“主题”组中选择一种合适的幻灯片主题，例如选择“水滴”主题。

(2) 在“视图”选项卡的“演示文稿视图”组中，单击“幻灯片浏览”按钮，浏览应用主题之后的效果，如图 8-6 所示。

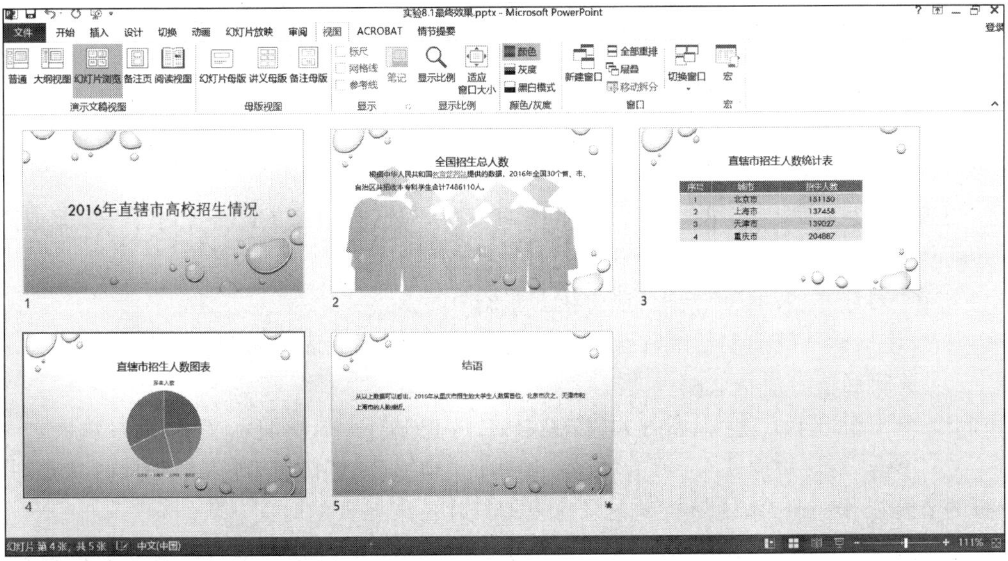

图 8-6　设置主题

8）修改母版

(1) 单击“视图”选项卡“母版”组中的“幻灯片母版”按钮，进入幻灯片母版视图，如图 8-7 所示。

(2) 在母版视图中，修改占位符文字字形为加粗。

(3) 单击“幻灯片母版”选项卡中的“关闭母版视图”按钮，退出幻灯片母版视图。通过修改幻灯片母版，可以修改所有幻灯片的样式。

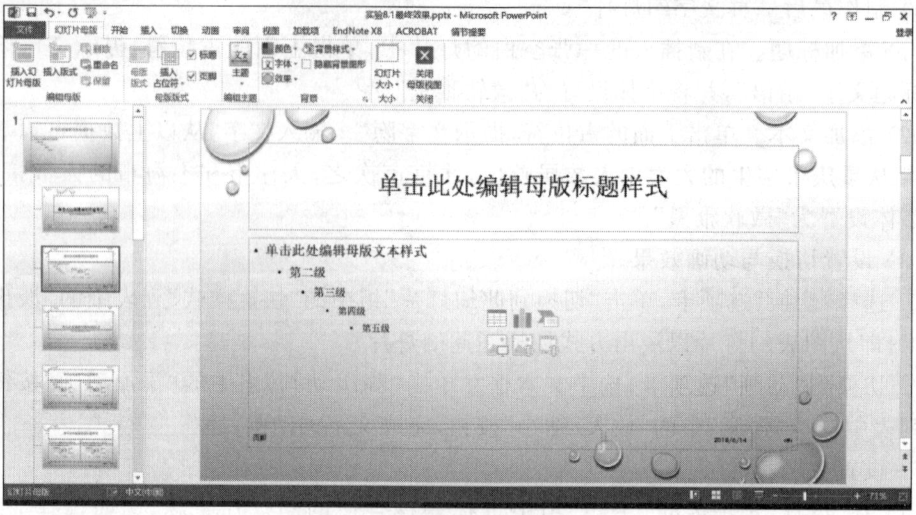

图 8-7 幻灯片母版视图

9）管理幻灯片

(1) 保存幻灯片。选择"文件"选项卡中的"另存为"命令,在弹出的对话框中输入文件名。本例以"实验 8.1 最终效果.pptx"为名保存文件。

(2) 复制、移动幻灯片。

① 在"幻灯片/大纲"窗格中,选中第 2 张幻灯片。

② 单击"开始"选项卡的"剪贴板"组中的"复制"按钮,或按 Ctrl+C 组合键,复制幻灯片。

③ 单击"开始"选项卡的"剪贴板"组中的"粘贴"按钮,或按 Ctrl+V 组合键,完成幻灯片的复制,此时复制后的幻灯片在原幻灯片的后面。

④ 在"幻灯片/大纲"窗格中,选中第 3 张幻灯片。

⑤ 按住鼠标左键拖动幻灯片至第 4 张幻灯片之后,横线表示将要移动的位置。

10）放映和输出演示文稿

(1) 单击窗口下方的"视图方式"按钮中的"放映"按钮,放映演示文稿,观察效果。

(2) 单击"幻灯片放映"选项卡"设置"组中的"排练计时"按钮,进入排练计时状态,按汇报的节奏操作一遍,系统将自动记录每幅幻灯片持续播放的时间。

(3) 播放结束后,在弹出的对话框中单击"是"按钮,保留新的幻灯片排练时间,然后从头开始放映演示文稿,查看排练计时的效果。

(4) 为每幅幻灯片撰写旁白配音文字稿。在计算机已经安装了麦克风的前提下,将第 1 张幻灯片置于当前编辑状态,单击"幻灯片放映"选项卡"设置"组中的"录制幻灯片演示"按钮,演示文稿进入排练和录音状态,模拟演练并读/写旁白,系统自动录音。

(5) 从第 1 张幻灯片开始放映,查看排练和旁白的效果。如果不满意可重新录制。

(6) 选择"文件"选项卡中的"另存为"命令,把演示文稿文件另存为 PowerPoint 放映(*.ppsx)和 PDF(*.pdf)文件。打开 PPT 和 PDF 文件,观看效果。

8.3.2 实验：创建、编辑及输出视频资源

1. 实验目的

（1）能使用 Camtasia Studio 8 录制视频。
（2）能剪掉多余的视频/音频片段。
（3）能添加转场效果和字幕。
（4）能输出视频文件。

2. 实验内容

（1）使用 Camtasia Studio 8 录制视频。
（2）剪掉多余的视频/音频片段。
（3）添加转场效果和字幕。
（4）输出视频文件。

3. 实验步骤

1）启动 Camtasia Studio 8.4

（1）在 Windows 7 操作系统中，依次选择“开始”|“所有程序”|TechSmith|Camtasia Studio 8 命令，启动 Camtasia Studio 8.4。

（2）如果已经在桌面建立了 Camtasia Studio 8.4 快捷方式图标，双击该图标，可以快速启动 Camtasia Studio 8.4。

（3）打开“实验 8.2 任务描述.pptx”文件，阅读实验任务描述，如图 8-8 所示。

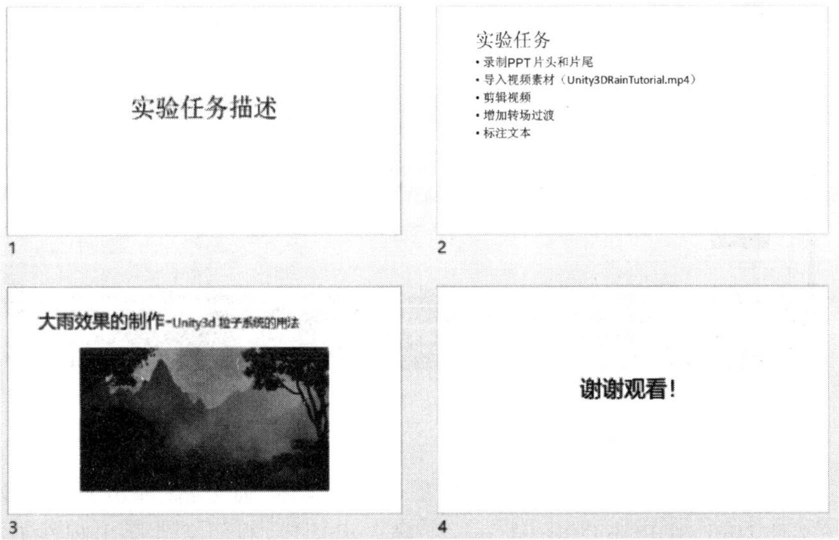

图 8-8　实验任务描述

2）录制屏幕

(1) 录制片头和片尾。选择菜单“工具”|“录制屏幕”命令，或单击软件界面左上角的 Record the screen 按钮，弹出屏幕录制窗口。单击该窗口右侧的红色 rec 按钮，弹出 3 秒倒计时的提示对话框，倒计时结束开始对屏幕进行录制。放映 PPT 的片头和片尾幻灯片，此时将整个过程录制下来，如图 8-9 所示。

(2) 保存录制的视频文件。录制完成，单击图 8-9 中右下角的 Stop 按钮，弹出 Preview(预览)对话框，如图 8-10 所示。

单击 Save and Edit 按钮保存视频，文件名为 statrt&end. trec。保存成功后，该文件会出现在 Clip Bin 功能区内，同时自动将其屏幕置于轨道 2，系统音频置于轨道 1，如图 8-11 所示。

视频资源
实验. mp4

图 8-9　视频录制

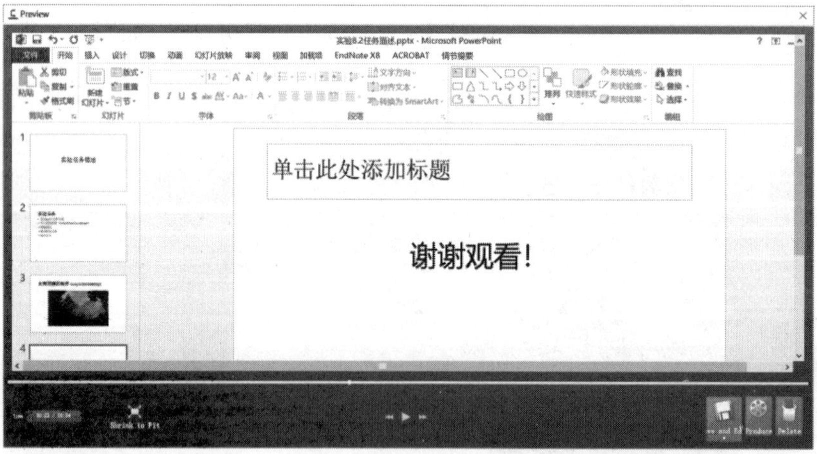

图 8-10　视频预览

3）导入视频

单击 Clip Bin 选项卡，然后选择“文件”|“导入媒体”命令，在弹出的打开文件窗口，导入视频文件 Unity3DRainTutorial. mp4。导入成功后，视频文件会出现在 Clip Bin 功能区内，如图 8-12 所示。

图 8-11　保存后的视频

图 8-12　导入视频

4）编辑视频

（1）视频分割与剪切。

① 录制视频的分割与剪切。单击右上侧的视频预览区的“播放”按钮，当播放至片头部分时，单击“暂停”按钮，同时单击素材编辑区中的“分割”按钮。按照此方法，在片头结束处、片尾开始处和片尾结束处作分割，共分割成 4 个视频片段，如图 8-13 所示。

按 Ctrl 键选中片段 1 及片段 4 的音视频部分，按 Ctrl+X 组合键将其剪切，然后将剩下的片段拖动至时间标尺的零点。如果不需要系统音频，可以将其删除，空出轨道 1。

图 8-13　录制视频的分割

② 导入视频的分割与剪切。将 Clip Bin 功能区内的 Unity3DRainTutorial. mp4 拖动至轨道 1,单击右上侧的视频预览区的“播放”按钮,在 4 分 54 秒处,单击素材编辑区中的“分割”按钮,将此视频分割为两个片段,选中并删除第 2 个片段。

③ 整合视频。按 Ctrl+X 组合键将轨道 2 中的片尾视频片段剪切,将轨道 1 的视频拉至轨道 2 中,并将标尺移动到视频的末端,按 Ctrl+C 组合键将片尾视频片段移动到此,如图 8-14 所示。

图 8-14　整合视频

(2) 转场过渡。按 Ctrl 键选中片段 1 及片段 2,选择 Transitions 选项卡,在此功能区内选择“梯度擦拭”转场过渡效果,并将其拖动至两个片段视频的结合处,此时出现标有“梯度擦拭”白色文字的黄色条带连接两个视频片段,如图 8-15 所示。单击右上侧的视频预览区的“播放”按钮，预览转场过渡效果。

按照同样的方法，实现片段 2 及片段 3 的转场过渡效果。

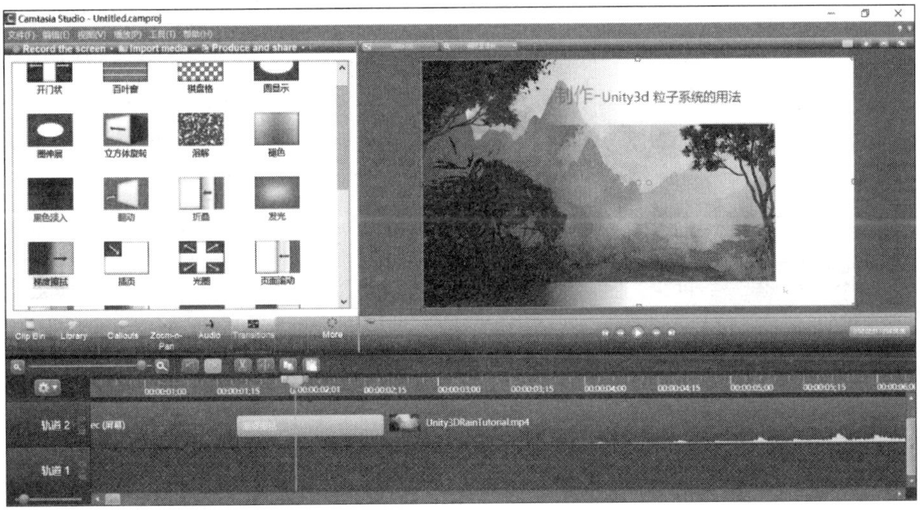

图 8-15　转场过渡

(3) 标注文本。选择 Callouts 选项卡，在此功能区内，单击“形状”组的箭头按钮，选择并单击 Text 按钮，在“文本”组的输入框内输入“使用 Photoshop 编辑雨滴纹理图片”文字，此段文字自动放置在轨道 3 上，然后在轨道 2 视频上设置文字播放的起始时间为 00：00：13；10—00：00：18；10，同时在右上方播放区将文字移动到屏幕下方位置，如图 8-16 所示。

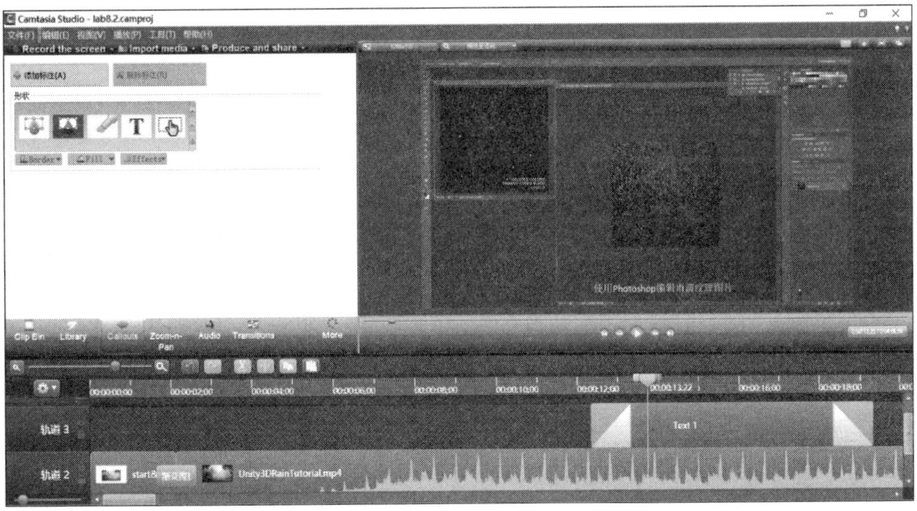

图 8-16　标注文字

按照同样的方法，在轨道 2 视频的起始时间 00：02：39；03—00：02：49；17 内，标注“在 Unity3d 2017 中创建雨滴的粒子系统”文字。

5）输出视频

（1）保存项目文件。选择“文件”|“保存项目”命令，在弹出的“保存项目”对话框中将项目文件保存为 lab8.2.camproj。

（2）发布视频。视频编辑完成后，选择“文件”|“生成并共享”命令，在弹出的“视频生成向导”对话框中选择 MP4 only(up to 720p)，单击“下一步”按钮，在弹出的对话框中输入视频文件名称：unity3d_rain_ps.mp4，并选择保存该视频文件的文件夹，然后单击“完成”按钮即可输出视频文件，如图 8-17 所示。

图 8-17　发布视频

8.3.3　实验：大数据可视化数据展示

1. 实验目的

（1）能导入数据文件。

（2）能选择合适的视觉对象。

（3）能调整可视化对象元素。

（4）能自定义可视化效果。

（5）能可视化图表。

2. 实验内容

（1）导入数据文件。

（2）选择合适的视觉对象。

（3）调整可视化对象元素。

（4）自定义可视化效果。

（5）制作可视化图表。

大数据可视化数据展示.mp4

3. 实验步骤

1）了解实验任务

本实验任务是使用 Power BI Desktop 可视化工具，通过导入微软公司提供的文本数据文件(Financial Sample. xlsx)获取数据，并将销售额生成可视化图表，包括在各国的销售额(地图)、细分市场的销售额(饼图)、总销售额(卡片图)、总销售件数(卡片图)、不同日期的销售额(簇状柱形图)和不同产品的销售额(树状图)，最终效果如图 8-18 所示。

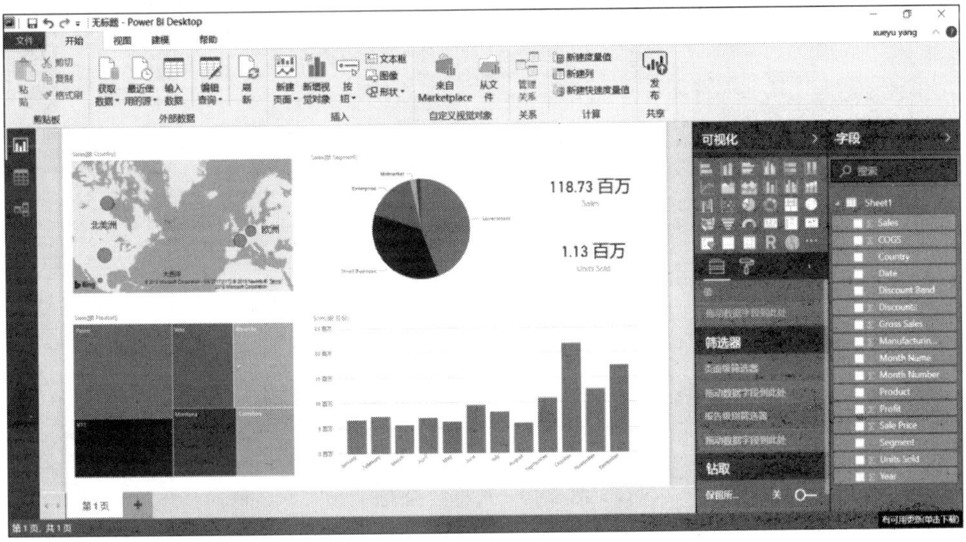

图 8-18　数据可视化效果

2）启动 Power BI Desktop

(1) 在 Windows 7 操作系统中，选择“开始”|“所有程序”|Microsoft Power BI Desktop|Power BI Desktop 命令，启动 Power BI Desktop。

(2) 如果已经在桌面建立了 Power BI Desktop 快捷方式图标，双击该图标，可以快速启动 Power BI Desktop。

3）导入数据文件

选择“开始”选项卡，在“外部数据”组内，单击“获取数据”按钮。在弹出的“获取数据”对话框中，选择右侧列表框中的 Excel 文本数据文件，然后单击“连接”按钮。在弹出的“打开”对话框中，选择数据文件 Financial Sample. xlsx，单击“打开”按钮。进入“导航器”对话框，勾选左侧选项列表中 Sheet1 前的复选框，则 Sheet1 表中的所有数据在右侧预览区中显示出来，如图 8-19 所示。

单击“加载”按钮，数据加载成功后，在编辑器的右侧会列出数据表格中的字段，如图 8-20 所示。

4）以图表形式展示数据

(1) 创建地图。在编辑器的右侧选择 Sheet1 表中的 Sales(销售额)字段，并拖动到左侧的报表画布区域，则显示包含该字段的空白“视觉对象”；然后选择并拖动第二个字段

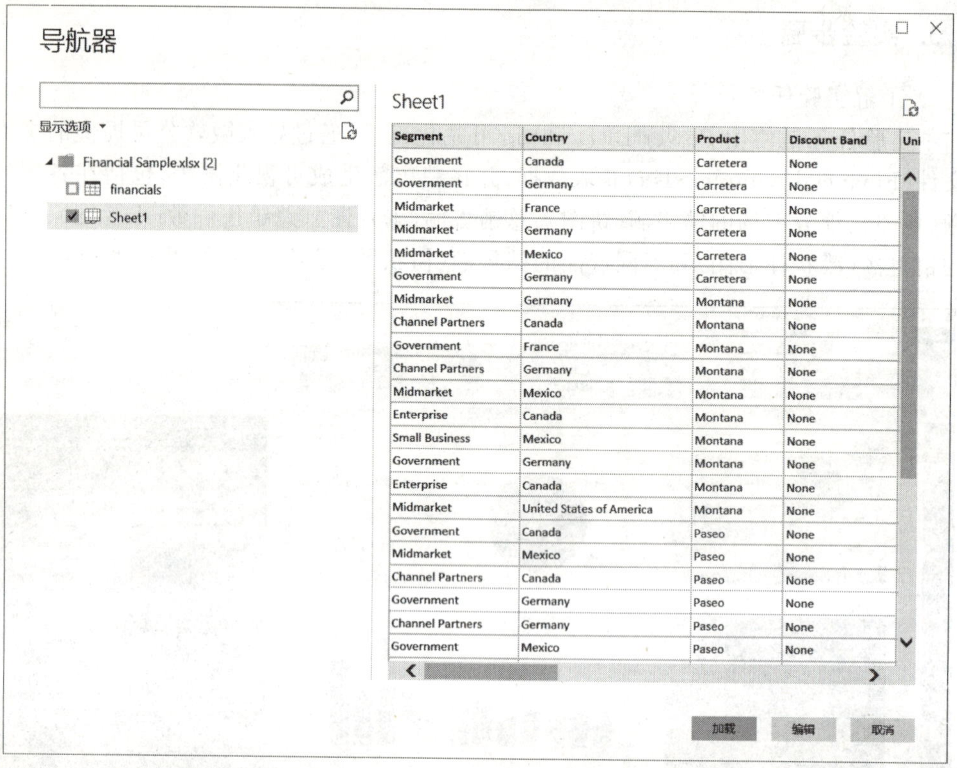

图 8-19　选择数据表

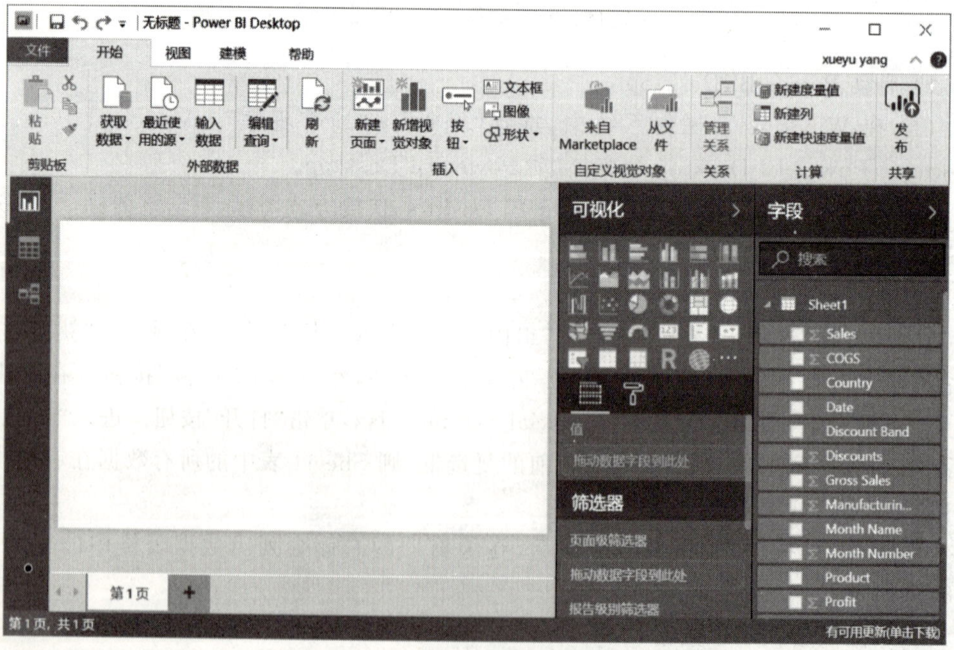

图 8-20　加载后的数据

Country(国家),将其拖动到新建的"视觉对象"中;最后,选择并单击右侧"可视化效果"窗格内的"地图"图形,则在左侧新建的"视觉对象"中显示在不同国家的销售额可视化图形,如图 8-21 所示。

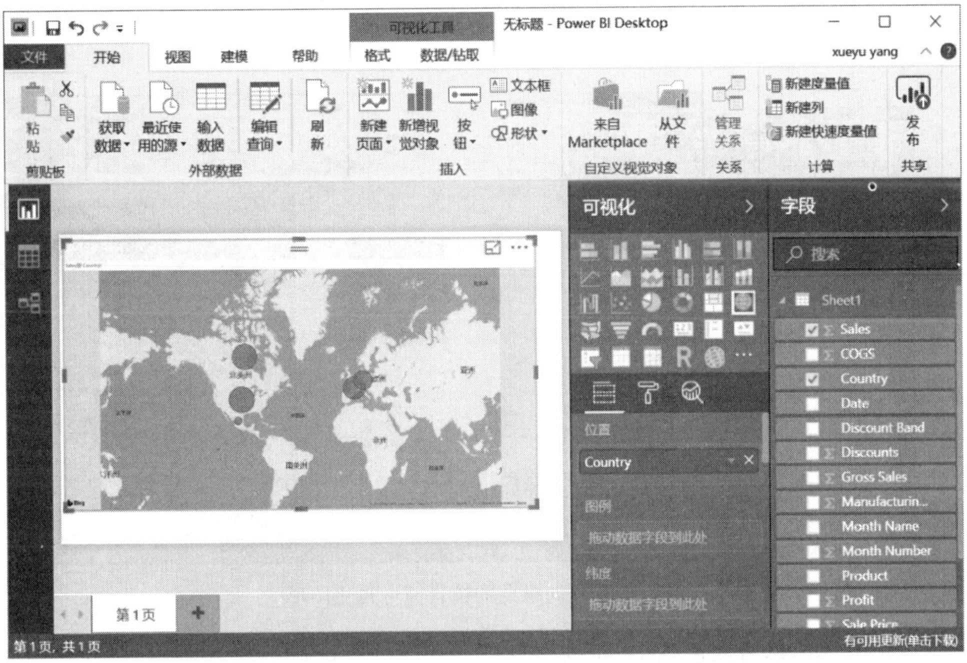

图 8-21　创建地图

(2) 创建卡片图。选择 Sheet1 表中的 Sales(销售额)字段,并拖动到左侧的报表画布区域,则显示包含该字段的空白"视觉对象";然后选择并单击右侧"可视化效果"窗格内的"卡片图"图形,则在左侧新建的"视觉对象"中显示销售额可视化图形。采用同样的方法创建 Units Sold(销售件数)字段的可视化图形,如图 8-22 所示。

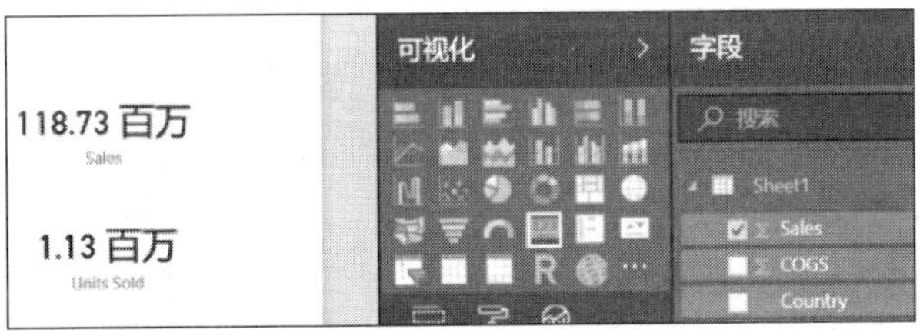

图 8-22　创建卡片图

(3) 创建饼图、簇状柱形图和树状图。采用创建地图的方法,创建饼图、簇状柱形图和树状图。相同的是,每次新建图形时均选择 Sheet1 表中的 Sales(销售额)字段,并拖动到左侧的报表画布区域,则显示包含该字段的空白"视觉对象";不同的是,每次新建图形时分别选择第二个字段 Segment、Date 和 Product,并将其拖动到新建的"视觉对象"中;最后,分别选择并单击右侧"可视化效果"窗格内的"饼图""簇状柱形图"和"树状图"图形,则在左侧新建的"视觉对象"中分别显示在不同细分市场、不同时期和不同产品的销售额可视化图形,如图 8-18 所示。

需要注意的是,在创建不同时期的销售额可视化图形时,默认的是按年份显示的销售额,单击“视觉对象”中的“双箭头”按钮,则是按季度显示销售额簇状柱形图,再次单击此按钮,则是按月份显示的销售额簇状柱形图,单击“单箭头”按钮则返回上一级别的图形,如图 8-23 所示。

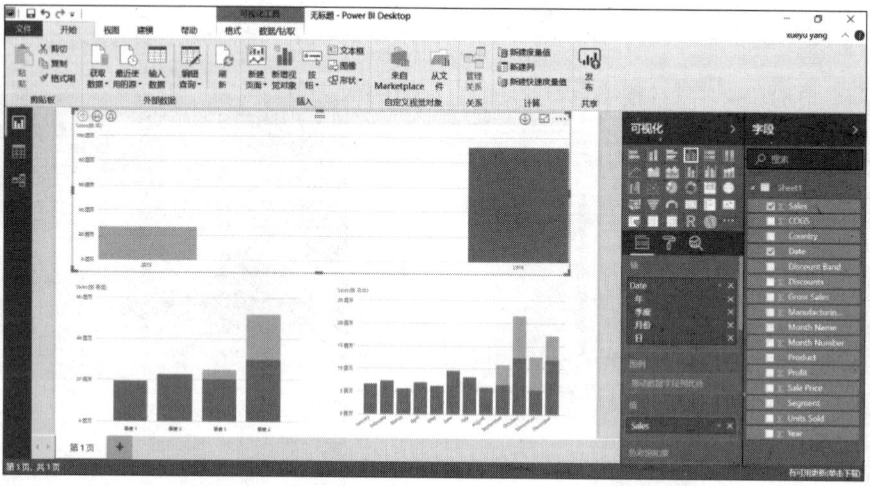

图 8-23　不同时期的销售额可视化图形

在图 8-23 中,单击深色 2014 年的销售额柱状图,则按季度和月份显示的柱状图的颜色发生相应的变化。

5) 发布报表

如果是注册用户,登录后可使用发布报表功能。

保存报表文件后,选择“开始”选项卡,在“共享”组内,单击“发布”按钮,在弹出的对话框中选择“我的工作区”,然后单击“选择”按钮,如图 8-24 所示。

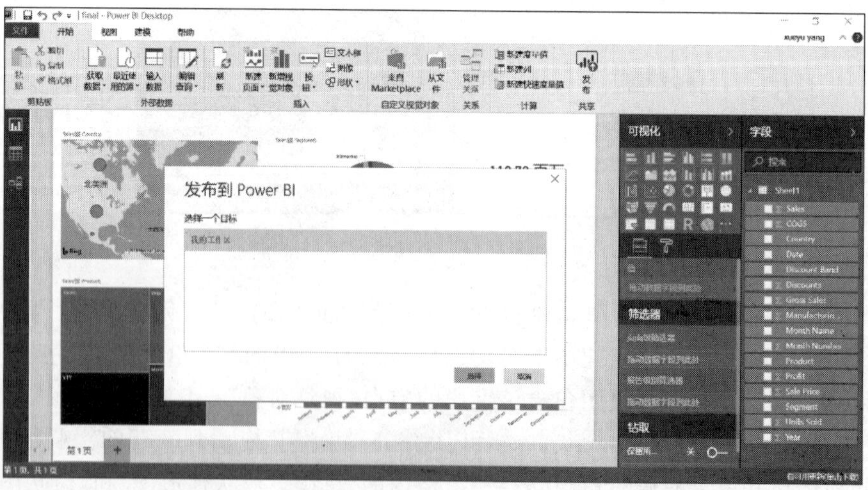

图 8-24　选择发布位置

发布成功后，登录到远程的 Power BI 工作区，浏览报表的发布效果，如图 8-25 所示。

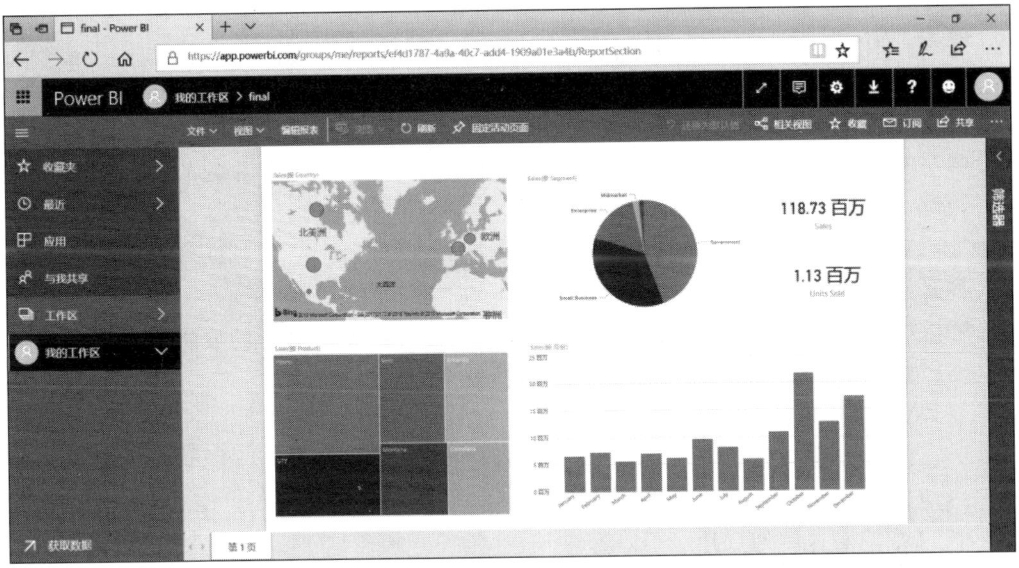

图 8-25　发布成功的报表

8.4　习题精解

1. 选择题

(1) 幻灯片模板文件的默认扩展名是(　　)。

A. .ppsx　　B. .pptx　　C. .potx　　D. .ppt

答案：C

解析：PowerPoint 2003 版本及以前的默认扩展名为.ppt，2007 版本及以后的默认扩展名为.pptx，模板文件的默认扩展名为.potx，如果将幻灯片保存为.ppsx 类型，则始终在幻灯片放映视图（而不是普通视图）中打开演示文稿。

(2) 在制作过程中如果对页面版式不满意，可以通过(　　)选项卡中的“版式”进行调整。

A. 文件　　B. 开始　　C. 插入　　D. 设计

答案：B

解析：单击“开始”选项卡的“版式”按钮，在下拉菜单中选择相应的版式，可以更换当前幻灯片的版式。

(3) 在幻灯片视图下，单击“开始”选项卡的“新建幻灯片”按钮，将(　　)。

A. 在当前幻灯片之前插入一张新幻灯片

B. 在当前幻灯片之后插入一张新幻灯片

C. 可以在当前幻灯片之后或之前插入一张新幻灯片

D. 幻灯片覆盖当前

答案：B

解析：单击“开始”选项卡的“新建幻灯片”按钮后会在当前幻灯片之后插入一张新幻灯片。

(4) 在 PowerPoint 2013 中，如果希望在演示过程中终止幻灯片的放映，则随时可按(　　)键。

A. Esc　　B. Alt+F4　　C. Ctrl+C　　D. Delete

答案：A

解析：在播放幻灯片的过程中，按 Esc 键可以随时终止幻灯片的放映。

(5) 如果一组幻灯片中的几张暂时不想让观众看见，最好(　　)。

A. 删除这些幻灯片

B. 在自定义放映方式时，取消这些幻灯片

C. 新建一组不含这些幻灯片的演示文稿

D. 隐藏这些幻灯片

答案：D

解析：对于制作完成的演示文稿，如果希望其中的部分幻灯片在放映时不显示出来，可以选中不想播放的幻灯片，单击“幻灯片放映”选项卡中的“隐藏幻灯片”按钮，将其隐藏即可。

(6) 在 PowerPoint 中如果希望幻灯片能够按照预设时间自动播放，应设置(　　)。

A. 排练计时　　B. 自定义放映

C. 动作设置　　D. 观看方式

答案：A

解析：在 PowerPoint 2013 中，使用排练计时可以在全屏的方式下放映幻灯片，将每张幻灯片播放所用的时间记录下来，在播放幻灯片时就能够按照预设时间自动播放。

(7) PowerPoint 的(　　)功能可以解决在没有安装 PowerPoint 的计算机上播放制作完成的幻灯片。

A. 打包　　B. 排练计时　　C. 自定义动画　　D. 自定义放映

答案：A

解析：将 PPT 打包可解决运行环境的限制和文件损坏或无法调用的不可预料的问题，比如，打包文件能在没有安装 PowerPoint、Flash 等环境下运行。

(8) 关闭 PowerPoint 2013 可按(　　)。

A. Alt+F4　　B. Ctrl+F4　　C. Esc　　D. End

答案：A

解析：按 Alt+F4 组合键可以退出 PowerPoint。

(9) Camtasia Studio 标注文字在(　　)功能区。

A. Transitions　　B. Clip Bin

C. Callouts　　D. Library

答案：C

解析：选择 Callouts 选项卡，进入该功能区标注文字。

(10) Camtasia Studio 按(　　)键停止录制。

A. F1　　B. F2　　C. F9　　D. F10

答案：D

解析：录制屏幕时，弹出 3 秒倒计时的提示对话框，倒计时结束即开始对屏幕进行录制，并提示按 F10 键暂停录制。

(11) 分类信息发布平台具有分类信息简单、实用、(　　)等特点。

A. 维护成本较高　　B. 维护成本较低

C. 系统自动维护　　D. 网站人工维护

答案：B

解析：因为注册用户可以自行发布、修改和删除信息，所以维护成本较低。

(12) Power BI Desktop 不可以导入的数据文件的扩展名是(　　)。

A. .xlsx　　B. .pdf　　C. .csv　　D. .xml

答案：B

解析：PDF 是 Portable Document Format(便携式文件格式)的缩写，它可以将文字、字型、格式、颜色及独立于设备和分辨率的图形图像等封装在一个文件中。使用 PDF 阅读软件可阅读此格式的文件，但 Power BI Desktop 不能导入此类型的文件。

2. 简答题

(1) 如何调整主题的配色方案和背景?

答案：单击“设计”选项卡的“主题”组的常用主题右侧的下拉按钮，在弹出的下拉列表中，根据需要选择一种配色方案即可修改配色方案。

(2) 如何添加组织结构图?

答案：① 选择要添加组织结构图的幻灯片。

② 单击“插入”选项卡中的 SmartArt 按钮，在弹出的“选择 SmartArt 图形”对话框中选择“组织结构图”，单击“确定”按钮。

(3) 如何在幻灯片中插入艺术字?

答案：① 选择要插入艺术字的幻灯片。

② 在“插入”选项卡的“文本”组中单击“艺术字”。

③ 选择任一艺术字样式，然后输入艺术字文本。

(4) PowerPoint 2013 设置了哪些幻灯片切换效果? 如何进行切换效果的设置?

答案：PowerPoint 2013 设置了“细微型”“华丽型”以及“动态内容”三种切换效果。设置方法：选择要应用切换效果的幻灯片，在“切换”选项卡的“切换到此幻灯片”组中，单击要应用于该幻灯片的幻灯片切换效果。

(5) PowerPoint 2013 如何进行自定义动画的设置?

答案：PowerPoint 2013 中有以下 4 种自定义动画效果。

① “进入”效果。选择“动画”选项卡，选择“添加动画”中的“进入”或“更多进入效

果”，自定义对象的出现动画形式，如可以使对象逐渐淡入焦点、从边缘飞入幻灯片或者跳入视图中等。

② “强调”效果。选择“动画”选项卡，选择“添加动画”中的“强调”或“更多强调效果”，这些效果的示例包括使对象缩小或放大、更改颜色或沿其中心旋转等。

③ “退出”效果。选择“动画”选项卡，选择“添加动画”中的“退出”或“更多退出效果”，自定义对象退出时所表现的动画形式，如让对象飞出幻灯片、从视图中消失或者从幻灯片旋出等。

④ “动作路径”效果。选择“动画”选项卡，选择“添加动画”中的“动作路径”或“其他动作路径”，这一动画效果是根据形状或者直线、曲线的路径展示对象游走的路径，使用这些效果可以使对象上下移动、左右移动、沿着星形或圆形图案移动。

(6) 怎样用 Camtasia Studio 8.4 实现画中画效果？

答案：① 导入主视频和画中画视频。

② 分别将两个视频拖动到不同的轨道上。

③ 缩小画中画视频的屏幕并将位置调整到主视频屏幕的右下方。

④ 如果需要画中画视频静音，则在轨道中选中该视频，右击，选择“编辑音频”命令，在出现的 Audio 功能区中单击“静音”按钮。

(7) Camtasia Studio 8.4 怎么隐藏光标？

答案：① 在轨道中选择要编辑的.trec 格式的视频文件。

② 选择 More|Cursor Effect 选项卡，在此功能区内有 Mouse cursor visible 选项，前面的复选框是系统默认勾选的，取消勾选，则光标在输出视频时被隐藏。

(8) Power BI Desktop 如何连接到 Web 数据源？

答案：① 在 Power BI Desktop“主页”功能区选项卡中，下拉“获取数据”旁边的箭头，然后选择 Web 并单击“连接”按钮。

② 在弹出的对话框中，将某个 URL 粘贴到 URL 文本框，然后单击“确定”按钮。

③ 在连接到期望的网页后，Power BI“导航器”对话框会在页面中显示可用表的列表，选择一个数据表，单击“加载”按钮将其加载到报表中。

8.5 综合任务

8.5.1 任务：制作艺术创作多媒体演示文稿

任务：制作艺术创作多媒体演示文稿.pdf

8.5.2 任务：制作“VR的山水场景创作”视频文件

任务：制作“VR的山水场景创作”视频文件.pdf

8.5.3 任务：制作“工资与受教育年限数据”的可视化信息

任务：制作“工资与受教育年限数据”的可视化信息.pdf

参 考 文 献

[1] 王岳斌,杨克昌.计算机导论[M].4 版.北京:中国水利水电出版社,2012.
[2] Manyika J. Big data: The next frontier for innovation, competition, and productivity[OL]. http://www.mckinsey.com/insights/business-technology/big-data-the-next-frontier-for-innovation.
[3] 微软:https://docs.microsoft.com/zh-cn/power-bi/desktop-what-is-desktop.
[4] R 软件数据集:https://www.stat.auckland.ac.nz/~wild/data/Rdatasets/.